U0178488

Scratch
底层架构
源码分析

孟灿◎编著

机械工业出版社
China Machine Press

图书在版编目（CIP）数据

Scratch底层架构源码分析 / 孟灿编著. —北京：机械工业出版社，2020.10

ISBN 978-7-111-66770-4

Ⅰ.S… Ⅱ.孟… Ⅲ.程序设计 Ⅳ.TP311.1

中国版本图书馆CIP数据核字（2020）第198645号

Scratch 底层架构源码分析

出版发行：机械工业出版社（北京市西城区百万庄大街22号 邮政编码：100037）

责任编辑：迟振春　　　　　　　　　　　　　　责任校对：姚志娟

印　　刷：中国电影出版社印刷厂　　　　　　　版　　次：2020年11月第1版第1次印刷

开　　本：186mm×240mm　1/16　　　　　　　印　　张：18.5

书　　号：ISBN 978-7-111-66770-4　　　　　　定　　价：99.00元

客服电话：（010）88361066　88379833　68326294　　　投稿热线：（010）88379604

华章网站：www.hzbook.com　　　　　　　　　　读者信箱：hzit@hzbook.com

截至目前，全球已经有超过 150 个国家和地区的人在使用 Scratch。Scratch 被翻译成了 40 多种语言。作为一种可拖曳、图形化的编程语言，它已经深入人心。

Scratch 不仅是一个学习工具，从更加广泛的意义上来说也是教育的一部分。国内外目前正在掀起一波 Scratch 教学和研究的热潮。就国内而言，基于 Scratch 的少儿编程教育发展得已经非常成熟，许多公司和科研机构纷纷进入该领域，并推出了自己的产品和研究成果，此外，基于 Scratch 的论文、图书、论坛、会议及竞赛也非常多。

在这样的大环境下，Scratch 技术开发人员越来越受到相关教学和培训机构的青睐，就业市场方面对 Scratch 技术人才的需求量也在逐年增加。可以说，Scratch 技术人员必将是未来的一大人才缺口，因此掌握 Scratch 技术对于社会和个人而言都具有非常重要的意义。

笔者是在 2018 年开始接触 Scratch 技术的。刚开始笔者还只是停留在 Scratch 语言的使用层面，并没有深入了解其内部的实现原理。2019 年，笔者真正开始参与 Scratch 技术开发工作，当时有幸加入了一家名为"核桃编程"的少儿编程教育公司，基于 Scratch 开源项目做二次开发，推出了相关的编程教育产品。

在从事 Scratch 开发工作期间，笔者被其强大的功能深深地吸引，决心要深入理解它的实现原理。但是在实践过程中，笔者发现国内已经出版的图书都是介绍 Scratch 如何使用的，还没有一本是介绍 Scratch 语言的底层架构技术与实现的，而且互联网上几乎没有相关资料，想要深入学习，只有阅读 Scratch 的底层实现源码这一个途径。另外，Scratch 的底层源码注释也很不完善，阅读门槛很高。于是笔者就有了编写一本介绍 Scratch 底层源码图书的想法，希望给后来者提供一点帮助，让他们尽量少走一些弯路。

本书特色

本书从 Scratch 底层源码讲起，首先对源码进行结构和流程上的梳理，然后深入每个模块，详细地讲解核心概念，并对其实现原理做深入分析，读者只要具备前端开发的相关知识就可以很轻松地理解和掌握本书内容。本书具有以下三大特色：

- 挑选 Scratch 生态最核心的内容进行深入剖析，同时尽可能覆盖主要知识点，避免知识盲区。
- 讲解深入浅出，对一个大的知识模块先从宏观上进行概括性描述，再逐步深入分析，减少跳跃性，以方便读者学习。
- 具有非常强的实用性，能让读者深入理解 Scratch 生态的底层技术，并针对不同的业务场景对 Scratch 进行二次开发。

本书内容

本书内容涵盖 Scratch 技术生态中的核心技术点，如 Scratch 代码块、Scratch 虚拟机、Scratch 渲染引擎、Scratch 存储模块和 Scratch 用户界面等。各章内容简单介绍如下：

第 1 章对 Scratch 进行概述，并简要介绍项目中用到的两个重要工具 Webpack 和 NPM。

第 2 章详细介绍积木块 Scratch-blocks，并对其源码进行详细分析。

第 3 章主要介绍虚拟机 Scratch-vm 的相关技术。

第 4 章深入剖析渲染引擎 Scratch-render。

第 5 章详细介绍 Scratch 的存储技术 Scratch-storage。

第 6 章详细介绍 Scratch 的图形化界面 Scratch-gui。

第 7 章主要介绍 Scratch 生态中一些非核心但非常重要的技术，包括绘图编辑器 Scratch-paint、音频引擎 Scratch-audio 及解析验证工具 Scratch-parser。

本书读者对象

- Scratch 技术开发人员；
- Scratch 技术研究人员；
- 游戏引擎开发人员；
- 想扩充自己技术栈的前端开发人员；
- 其他对少儿编程有兴趣的人员。

源码下载地址

本书涉及的 Scratch 源码下载地址如下：
- Blockly：https://github.com/google/blockly；
- Scratch-blocks：https://github.com/LLK/scratch-blocks；
- Scratch-vm：https://github.com/LLK/scratch-vm；
- Scratch-render：https://github.com/LLK/scratch-render；
- Scratch-storage：https://github.com/LLK/scratch-storage；
- Scratch-gui：https://github.com/LLK/scratch-gui；

- Scratch-paint：https://github.com/LLK/scratch-paint；
- Scratch-audio：https://github.com/LLK/scratch-audio；
- Scratch-parser：https://github.com/LLK/scratch-parser。

售后支持

限于作者水平，加之写作时间有限，书中可能存在一些疏漏和不当之处，敬请各位读者指正。读者阅读本书时若有疑问，可以通过以下方式反馈。

E-mail：hzbook2017@163.com

微信：mengcan555

知乎：www.zhihu.com/people/mengcan555

编者

本书知识结构导图

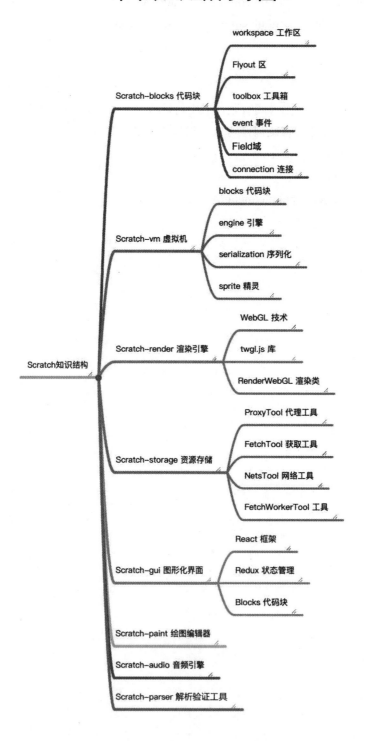

workspace 工作区

Flyout 区

toolbox 工具箱

Scratch-blocks 代码块

event 事件

Field域

connection 连接

blocks 代码块

engine 引擎

Scratch-vm 虚拟机

serialization 序列化

sprite 精灵

WebGL 技术

twgl.js 库

Scratch-render 渲染引擎

RenderWebGL 渲染类

Scratch知识结构

ProxyTool 代理工具

FetchTool 获取工具

Scratch-storage 资源存储

NetsTool 网络工具

FetchWorkerTool 工具

React 框架

Redux 状态管理

Scratch-gui 图形化界面

Blocks 代码块

Scratch-paint 绘图编辑器

Scratch-audio 音频引擎

Scratch-parser 解析验证工具

目录

前言
本书知识结构导图

第 1 章　开始 Scratch 之旅 ··· 1

1.1　Scratch 概述 ··· 1

　　1.1.1　Scratch 发展历史 ··· 1

　　1.1.2　Scratch 技术生态 ··· 2

　　1.1.3　Scratch 使用现状 ··· 2

　　1.1.4　Scratch 源码分析的意义 ·· 2

1.2　Webpack 打包工具简介 ··· 3

　　1.2.1　Webpack 的核心概念 ··· 3

1.3　NPM 包管理工具简介 ··· 4

　　1.3.1　NPM 的组成 ·· 4

　　1.3.2　NPM 的使用场景 ··· 4

1.4　小结 ··· 5

第 2 章　Scratch-blocks：积木块源码分析 ···································· 6

2.1　Scratch-blocks 概述 ··· 6

　　2.1.1　Blockly 技术简介 ··· 6

　　2.1.2　Scratch-blocks 与 Blockly 之间的关系 ························ 8

　　2.1.3　Scratch-blocks 的作用 ·· 9

　　2.1.4　Scratch-blocks 的分类 ·· 9

2.2　Scratch-blocks 代码结构与流程 ·· 9

　　2.2.1　Scratch-blocks 代码结构 ··· 10

　　2.2.2　Scratch-blocks 代码流程 ··· 12

2.3　Scratch-blocks 核心代码分析 ·· 14

　　2.3.1　blockly_uncompressed_vertical.js：垂直方向的非压缩打包文件 ·· 14

　　2.3.2　options.js：配置工作区 ··· 17

　　2.3.3　inject.js：将 Scratch-blocks 注入页面 ······················ 19

　　2.3.4　workspace 模块：工作区 ······································· 28

　　2.3.5　toolbox.js：工具箱 ··· 34

　　2.3.6　Flyout 模块：工具箱中的托盘 ································· 38

　　2.3.7　xml.js：XML 读写器 ··· 46

　　2.3.8　event 模块：各模块之间的通信 ······························· 54

　　2.3.9　Field 模块：代码块上的域 ····································· 63

2.3.10　blockly.js：Blockly 的核心 JS 库 ··· 75

2.3.11　connection 模块：代码块之间的连接 ··· 81

2.3.12　input.js：代码块上的输入 ··· 94

2.3.13　mutator.js：代码块的变形器 ··· 97

2.3.14　extensions.js：代码块的扩展 ··· 102

2.3.15　block.js：定义一个代码块 ··· 105

2.4　小结 ·· 120

第 3 章　Scratch-vm：虚拟机源码分析 ··· 121

3.1　Scratch-vm 概述 ··· 121

3.1.1　Scratch-vm 的职责 ··· 121

3.2　Scratch-vm 代码结构与流程 ··· 122

3.2.1　Scratch-vm 代码结构 ··· 122

3.2.2　Scratch-vm 代码流程 ··· 123

3.3　Scratch-vm 核心代码分析 ··· 129

3.3.1　virtual-machine.js：最外层的 API 定义 ··································· 129

3.3.2　blocks 模块：代码块原语的实现 ··· 138

3.3.3　dispatch 模块：消息派发系统 ··· 151

3.3.4　engine 模块：虚拟机的引擎 ··· 155

3.3.5　serialization 模块：序列化与反序列化 ··································· 188

3.3.6　sprite 模块：精灵的渲染 ··· 196

3.4　小结 ·· 199

第 4 章　Scratch-render：渲染引擎源码分析 ····································· 200

4.1　Scratch-render 渲染技术概述 ··· 200

4.1.1　WebGL 概述 ··· 200

4.1.2　canvas 概述 ··· 201

4.1.3　twgl.js 概述 ··· 201

4.1.4　Scratch-render 概述 ··· 201

4.2　Scratch-render 代码结构与流程 ··· 202

4.2.1　Scratch-render 代码结构 ··· 202

4.2.2　Scratch-render 代码流程 ··· 203

4.3　Scratch-render 核心代码分析 ··· 211

4.3.1　twgl.js 关键函数介绍 ··· 212

4.3.2　RenderWebGL.js：渲染引擎最外层 API 的定义 ··················· 219

4.4　小结 ·· 227

第 5 章　Scratch-storage：资源存储源码分析 ··································· 228

5.1　Scratch-storage 概述 ··· 228

5.1.1　什么是 Scratch-storage ··· 228

5.1.2　Scratch-storage 的主要内容 ··· 229

5.2　Scratch-storage 代码结构与流程 ··· 229

　　　5.2.1　Scratch-storage 代码结构 ·· 229

　　　5.2.2　Scratch-storage 代码流程 ·· 230

　5.3　Scratch-storage 核心代码分析 ··· 239

　　　5.3.1　ProxyTool 模块：网络代理工具 ·· 239

　　　5.3.2　FetchTool 模块：基于 Fetch 的网络工具 ····························· 240

　　　5.3.3　NetsTool 模块：基于 Nets 的网络工具 ······························· 241

　　　5.3.4　FetchWorkerTool 模块：基于任务的网络工具 ····················· 241

　5.4　小结 ·· 245

第 6 章　Scratch-gui：图形化界面源码分析 ··· 246

　6.1　Scratch-gui 概述 ·· 246

　　　6.1.1　Scratch-gui 所处的位置 ··· 246

　　　6.1.2　Scratch-gui 的主要内容 ··· 247

　6.2　React 技术栈概述 ·· 247

　　　6.2.1　什么是 React ··· 247

　　　6.2.2　React 关键技术 ··· 248

　　　6.2.3　什么是 Redux ··· 249

　　　6.2.4　react-redux 介绍 ··· 249

　6.3　Scratch-gui 代码结构与流程 ··· 250

　　　6.3.1　Scratch-gui 代码结构 ·· 250

　　　6.3.2　Scratch-gui 代码流程 ·· 251

　6.4　Scratch-gui 核心代码分析 ··· 261

　6.5　小结 ·· 275

第 7 章　Scratch 生态其他项目 ··· 276

　7.1　Scratch-paint：绘图编辑器 ··· 276

　　　7.1.1　Scratch-paint 目录结构 ·· 276

　　　7.1.2　Scratch-paint 使用方法 ·· 277

　7.2　Scratch-audio：音频引擎 ··· 279

　　　7.2.1　Scratch-audio 目录结构 ··· 280

　　　7.2.2　Scratch-audio 在 Scratch-gui 中的使用 ······························ 280

　7.3　Scratch-parser：解析验证工具 ··· 283

　　　7.3.1　Scratch-parser 目录结构 ··· 283

　　　7.3.2　Scratch-parser 在 Scratch-vm 中的使用 ······························ 283

　7.4　小结 ·· 284

第 1 章　开始 Scratch 之旅

作为一种少儿编程语言，Scratch 已经在全球 150 多个国家和地区得到普及。随着使用人数的剧增，越来越多的技术开发人员投身到 Scratch 的研究中。本章将对 Scratch 进行总体的概述，并对项目中用到的两个重要工具进行大体介绍，以便为接下来的源码分析做好准备。

本章涉及的主要内容如下：
- Scratch 概述，讲述 Scratch 的发展历史、项目生态及使用现状。
- Scratch 源码分析的意义，介绍 Scratch 源码分析的动机及价值所在。
- Webpack 简介，从宏观上讲解 Webpack 的作用及它的 4 个核心概念。
- NPM 简介，从功能、组成及使用场景上对 NPM 进行概括介绍。

注意：有关 Webpack 和 NPM 的内容，读者可以参考其他相关资料或书籍，本书不做详细讲解。

1.1　Scratch 概述

Scratch 是麻省理工学院媒体实验室终身幼儿园小组的一个开源项目，可以免费使用。通过 Scratch，可以编写自己的交互式故事、游戏和动画，并与在线社区的其他人分享自己的创作。Scratch 可以帮助年轻人学会创造性的思考、有条理的推理及协作，这也是 21 世纪的基本生活技能。

1.1.1　Scratch 发展历史

Scratch 一共有三个大的版本，分别是 Scratch 1.0、Scratch 2.0 及目前最新的 Scratch 3.0，每一个版本的发展都历经了几年的时间，其间都有多个小的版本迭代，如今的 Scratch 3.0 已是一个相对稳定的版本。

Scratch 1.0 从 2003 年开始，一直延续到 2007 年 1 月才发布最终程序和 Scratch 网站，其中跨越了多个版本，从 v0.1 到 2006 年 11 月的教育测试版，包含多个不同的界面及不同块和功能的实验。

Scratch 2.0 的开发是一个历时数年和历经多个阶段的过程，其中有 v1.1、v1.2、v1.3 及 v1.4 四个版本，直到 2013 年 1 月 28 日才发布公测版，并最终于 2013 年 5 月 9 日正式发布。Scratch 2.0 的主要特点是重新设计了编辑器和网站，是第一个同时包含在线编辑和离线编辑的版本。发布之后，Scratch 2.0 仍旧不断地更新功能并对问题进行修复，直到 Scratch 3.0 正式发布。

Scratch 3.0 是当前的主要版本，于 2019 年 1 月 2 日正式发布。它是用 HTML 和 JavaScript 编写的，对 Scratch 进行了重新设计和实现，以新的、现代的外观和设计为特点，并可以与许多移动设备兼容，不需要依赖 Flash。

1.1.2　Scratch 技术生态

Scratch 现在已经发展成了一种生态，基于 Scratch 的项目在 GitHub 上已经非常多，以官方的为主，其中最核心的项目包括 Scratch-gui、Scratch-blocks、Scratch-vm、Scratch-render 及 Scratch-storage，只要掌握了以上几个核心项目，Scratch 生态的其他项目都很好理解，因此本书将分章对这些核心项目进行源码分析。

1.1.3　Scratch 使用现状

少儿编程曾一度被誉为 K12 教育中的一个黄金赛道，市场和资本都对其有非常高的期待。在国外，少儿编程起步较早，现在已经发展得比较成熟。国内虽然起步稍晚，但也在迅猛发展。

Scratch 作为一种可拖曳、图形化的少儿编程语言，在众多语言中脱颖而出成为佼佼者。它通过人性化的设计，将复杂的编程过程变得像搭积木一样简单，带领无数儿童敲开了编程的大门。现在它已被翻译为 40 多种语言。覆盖 150 多个国家和地区。最近几年，国内涌现出了一批 Scratch 教育公司，它们纷纷推出了自己的教育产品。与此同时，基于 Scratch 的论坛、图书、会议及竞赛也在逐年增加。

1.1.4　Scratch 源码分析的意义

2019 年，随着 Scratch 3.0 正式发布，国内外对 Scratch 的研究热情空前高涨，催生了很多互联网编程教育公司，它们在此开源项目的基础上进行了二次开发，推出了自己的少儿编程产品。笔者也有幸加入了这样一家公司。作为一名技术开发人员，在研究 Scratch

底层代码的过程中，笔者发现代码组织不规范，注释不充分，甚至找不到任何有价值的开发文档，理解起来非常吃力。

市面上有关 Scratch 的图书非常多，但都停留在语言介绍和使用层面上。到目前为止，还没有一本书是介绍 Scratch 底层技术的，并且网络上的分享资料也非常少且不系统。要想了解底层技术，只有看源码这一种方式，费时、费力且门槛高。这也是本书创作的最主要原因。

本书从源码入手，对 Scratch 生态中的一些核心项目进行了深入分析，以帮助技术开发人员从底层理解 Scratch 的原理，扫除认知上的障碍，提高开发效率，进而开发出更好的产品。

1.2　Webpack 打包工具简介

Scratch 生态的大部分项目都是基于 Webpack 打包的，熟悉 Webpack 对理解项目有很大的帮助。从本质上讲，Webpack 是一个 JavaScript 应用程序的静态模块打包工具。其在处理应用程序时会递归地构建一个依赖关系图，其中包含应用程序所需的每个模块，然后将所有这些模块打包成一个或者多个捆。其可以打包的资源不仅是 JavaScript 文件，还可以是图片和样式。

1.2.1　Webpack 的核心概念

Webpack 具有非常强大的功能，但其核心概念只有以下 4 个，理解它们是掌握 Webpack 的基础。

- 入口：Webpack 工作的起始点，可以配置一个或者多个入口。Webpack 以入口为起始构建其内部依赖图，进入入口后，Webpack 会找出其所有的直接依赖和间接依赖，最终输出到叫作"捆"的文件中。
- 出口：告诉 Webpack 在什么地方输出它创建的捆文件，以及如何对这些文件进行命名。
- 加载器：Webpack 自身只能理解 JavaScript，加载器的存在让 Webpack 能够处理那些非 JavaScript 文件。加载器可以将所有类型的文件转化为 Webpack 能处理的有效模块，这样就可以利用 Webpack 的打包能力对它们进行处理。
- 插件：加载器被用于转换某些类型的文件，而插件则用于执行范围更广的任务，从打包优化和压缩，一直到重新定义环境中的变量。插件接口功能极其强大，可以用来处理各种各样的任务。

1.3　NPM 包管理工具简介

NPM 是世界上最大的软件注册中心，每周大概有 30 亿次的下载量，包含超过 60 万个包，来自全球各地的开源开发者都在使用 NPM 共享包，许多组织也用 NPM 来管理私有开发。在 Scratch 中，很多项目是通过 NPM 包的形式引用第三方包，同时将自身打成一个 NPM 包，以供其他项目使用。

1.3.1　NPM 的组成

NPM 由网站、注册中心及命令行工具 3 个独立的部分组成，它们共同为我们提供了丰富的包管理功能。

- 网站：可以使用网站查找包、设置配置文件和管理 NPM 体验的其他方面。例如，可以设置组织来管理对公共包或私有包的访问。
- 注册中心：是一个大型的公共数据库，存放 JavaScript 软件及相关的元信息。
- 命令行工具：命令行工具从终端运行，它是大多数程序开发人员与 NPM 打交道的方式。

1.3.2　NPM 的使用场景

NPM 是随同 Node.js 一起安装的包管理工具，能够解决 Node.js 代码部署上的很多问题，其最常见的使用场景有以下 3 种：

- 允许用户从 NPM 服务器下载第三方包到本地使用。例如，在 Scratch-gui 中用到了第三方库 React。
- 允许用户从 NPM 服务器下载并安装第三方命令行程序到本地使用。例如，在 Scratch-gui 中用到了代码检测工具 Eslint。
- 允许用户将自己编写的包或命令行程序上传到 NPM 服务器供其他项目使用。例如，Scratch-vm 就被封装成了一个 NPM 包供 Scratch-gui 使用，同时 Scratch-gui 也被封装成了一个包供其他项目使用。

1.4　小　　结

    Scratch 作为一种图形化、可拖曳的编程语言，已经在全球 150 多个国家和地区得到普及，拥有 40 多种语言版本。在开始 Scratch 源码分析之前，本章从发展历史、项目生态、使用现状等多个角度对 Scratch 进行了概述，使读者对其有一个整体认识，同时也阐述了对其进行源码分析的意义。除此之外，对项目中用到的打包工具 Webpack 和包管理工具 NPM 也进行了简单的讲解。

第 2 章　Scratch-blocks：
积木块源码分析

在 Scratch 技术生态中，Scratch-blocks 占据着非常重要的地位，它是基于谷歌的 Blockly 技术发展而来。通过结合 Scratch-vm 虚拟机技术，它可以提供一种快速设计及开发可视化可拖曳编程接口的能力。本章将详细探讨 Scratch-blocks 技术，并结合实例对其源码进行深入分析。

本章涉及的主要内容如下：

- Blockly 技术，了解 Blockly 技术及其与 Scratch-blocks 的关系。
- Scratch-blocks 技术，对 Scratch-blocks 技术做到整体了解和宏观把控。
- Scratch-blocks 源码分析，深入理解 Scratch-blocks 技术的源码实现。

🔔注意：Scratch-blocks 是在 Blockly 源码的基础上修改而来的，其中可能会有部分未用到的 Blockly 源码。

2.1　Scratch-blocks 概述

本节首先介绍谷歌的 Blockly 技术。了解 Blockly 技术是深入理解 Scratch-blocks 技术的基础；然后介绍 Scratch-blocks 技术与 Blockly 技术之间的关系，以及 Scratch-blocks 技术做了哪些方面的创新及发展；接着讲解 Scratch-blocks 所发挥的作用及应用场景；最后从宏观层面介绍 Scratch-blocks 的分类，即它分为哪些类型的 block 块，以及每种类型的 block 块所承担的职责。

2.1.1　Blockly 技术简介

Blockly 技术是谷歌提供的一个类库，开发者利用它可以在网页端及移动端的应用程序中添加一个可视化的代码编辑器。这个代码编辑器使用一些环环相扣的图形化的 block 块来表示编码领域的专业概念，如变量、逻辑表达式、循环等。这样使用者就可以在不用担心编程语法及回避使用命令行工具的情况下，应用编程原理来编写程序，从而降低了编程的门槛。

从普通使用者的角度来看，Blockly 是 个直观的、可视化的编码工具。而从 个开发者的角度来看，Blockly 构建了一种可视化语言的用户界面，它可以把 block 块导出成多种编程语言，包括 JavaScript、Python、PHP、Lua 和 Dart。与其他可视化编程环境相比，它具有以下几点优势。

- 可以导出代码：用户可以把基于 block 块的程序导出为普通的编程语言并且平滑地过渡为基于文本的编程。
- 开源：Blockly 的一切都是开源的，任何人都可以跟踪、修改和使用它，Scratch-blocks 就是在此基础上做的二次开发。
- 可扩展：使用者可以根据自身需要增加自定义的 block 块，也可以删除不需要的 block 块。
- 高性能：可以利用 Blockly 完成一些较复杂的编程任务，例如在一个单独的 block 块上计算标准差。
- 国际化：Blockly 目前已经被翻译成 40 多种语言，包括阿拉伯语和希伯来语从右向左写的版本。

最初的时候，Blockly 有 Web、Android 和 iOS 这 3 个版本。但是自从 2018 年 9 月开始，官方弃用了 Blockly-Android 工程和 Blockly-iOS 工程，推荐在 WebView 中使用 Web 版的 Blockly 来创建 Android 和 iOS 应用。Blockly 是 100%客户端，不需要服务端支持，没有任何第三方依赖，所有的一切都是开源的，GitHub 上有其官方项目，我们可以直接使用它，也可以基于它做二次开发。

在页面中引入 Blockly 有两种方式，一种是通过 NPM 安装的方式：npm install blockly；一种是通过加入<script>标签的方式。本书以第二种方式为例介绍 Blockly 的引入，总共需要以下 5 个步骤：

（1）引入核心的 Blockly 脚本及核心的 block 块集合。

（2）引入消息的语言脚本。

（3）在网页的 body 标签中增加一个空的 div 元素。

（4）在网页的任何一个位置定义工具箱的结构。

（5）在步骤 3 创建的空 div 元素中注入 Blockly。示例代码如下：

```
// 引入核心 Blockly 脚本
<script src="blockly_compressed.js"></script>
// 引入核心 blocks 块集
<script src="blocks_compressed.js"></script>
// 引入消息的语言脚本
<script src="msg/js/en.js"></script>
// 在网页的 body 标签中增加一个空 div 标签
<div id="blocklyDiv" style="height: 480px; width: 600px;"></div>
```

```
// 定义工具箱的结构
<xml id="toolbox" style="display: none">
    <block type="controls_if"></block>
    <block type="logic_compare"></block>
    <block type="controls_repeat_ext"></block>
    <block type="math_number"></block>
    <block type="math_arithmetic"></block>
    <block type="text"></block>
    <block type="text_print"></block>
</xml>
// 把 Blockly 注入到空的 div 标签中
<script>
    var workspace = Blockly.inject('blocklyDiv', {toolbox: document.
getElementById(
        'toolbox')});
</script>
```

运行结果如图 2.1 所示，左边是工具箱，有需要的 block 块，右侧的空白区域是编码区，可以拖曳左侧相应的 block 块进行编码。

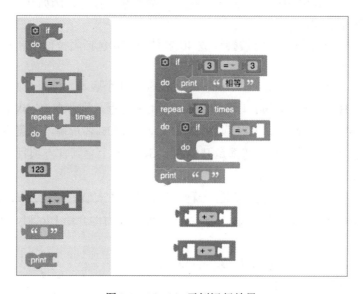

图 2.1　Blockly 示例运行结果

🔔注意：Scratch-blocks 是基于 Blockly 的 Web 版发展而来，本书以下内容提到的 Blockly 都是指其 Web 版。

2.1.2　Scratch-blocks 与 Blockly 之间的关系

Scratch-blocks 是新一代基于 block 块的图形化编程技术，它由谷歌公司与麻省理工学院媒体实验室合作开发而成，它在谷歌 Blockly 技术的基础上，融合了 Scratch 团队在为年轻的学习者设计创新性界面的专业能力。因此，在学习 Scratch-blocks 之前要先了解谷歌的 Blockly 技术。另外，Scratch-blocks 没有使用代码生成器，而是通过 Scratch 虚拟机技术创建高度动态的交互式编程环境。

　　由于 Scratch-blocks 项目是直接在 Blockly 的源码上做的二次开发，所以目前它们已经成为两个独立发展的项目，读者在学习 Scratch-blocks 源码的时候可能会有很多困惑，例如代码中有些注释和变量命名跟最终呈现的结果不太一致，如 Flyout 部分。此时读者可以查阅 Blockly 官方文档或者对比 Blockly 的源码，这样会更好理解一些。同时呼吁完善 Scratch-blocks 文档和注释。

2.1.3　Scratch-blocks 的作用

　　Scratch-blocks 技术为我们提供了一种可视化的拖曳式编程框架，其中包含多种代表不同语法的代码块，用户可以通过组装这些代码块来实现编程。它融合了两种不同的编程语法，用户可以依照水平或者垂直两种形式来组装代码块，Scratch 团队在过去的十年中，对其进行了设计和不断完善。

　　标准的 Blockly 语法是使用垂直方向上咬合的 block 块来实现编程的，很像乐高积木。而 Scratch-blocks 提供了另外一种水平方向上咬合的语法，并且使用图标代替文字来标识 block 块。水平咬合编程语法作为 Scratch-blocks 的一大创新点，其不仅对初级编程人员更加友好，而且更适合小屏幕设备的编程需求。

2.1.4　Scratch-blocks 的分类

　　Scratch-blocks 共分为三大类：公共类型、水平类型和垂直类型。它们在源码中所处的目录分别是 blocks_common、blocks_horizontal 和 blocks_vertical。公共类型块有颜色、数学、矩阵、音符值和文本；水平类型块包括控制、事件和 Wedo；垂直类型块比较多，有控制、数据、事件、查看、运动、运算和声音等。Scratch-blocks 也提供了扩展接口，用户可以根据需要自定义代码块。

2.2　Scratch-blocks 代码结构与流程

　　本节主要介绍 Scratch-blocks 的代码结构与执行流程，从宏观层面对源码进行阐述。读者通过本节的学习，可以了解到 Scratch-blocks 源码的目录结构，源码共分为几大部分，每个部分的职责及彼此之间的依赖关系。同时也会对代码的执行流程进行梳理，为深入阅读源码做好准备。

⚠ **注意**：本书将对 Scratch-blocks 工程的 develop 分支进行源码分析，因为此分支经常更新代码，本书会尽力保证同步。

2.2.1　Scratch-blocks 代码结构

本节将对 Scratch-blocks 源码的目录结构进行全面介绍。通过本节的学习，读者可以做到对代码结构有一个比较清晰的认识，同时可以做到熟悉每一部分的功能。源码的目录结构如下。

（1）.github：该文件夹里主要是一些 Markdown 模板文件，包括 pull request 模板、issue 模板及 contributing 说明文件。这些文件主要是为项目开源服务的，不属于 Scratch-blocks 项目的具体代码部分。

（2）.tx：该文件夹里的 config 文件用于将本地仓库中的文件映射到 transifex 中的资源，为语言翻译所用，方便项目国际化。因为在 Scratch-blocks 项目中依赖了第三方的 transifex 模块。

（3）blocks_common：该文件夹中是一些公共 block 块的定义，如颜色选择器、数学、矩阵、文本和音符值。

（4）blocks_horizontal：该文件夹中定义了一些水平方向的代码块，如控制、事件和 Wedo。

（5）blocks_vertical：该文件夹中是一些垂直方向的 block 块定义，如控制、数据、事件、查看、运动、运算和声音等。

（6）build：该文件夹服务于构建，其中的文件在 build.js 中有引用到。

（7）core：该文件夹中包含 Scratch-blocks 项目的核心逻辑部分，如工作空间、域、工具箱和 flyout 区域等。

（8）gh-pages：该文件夹中是一些准备发布到 GitHub Pages 上的内容。GitHub Pages 是设计用来从一个 GitHub 仓库托管个人、组织或者工程静态页面的服务，每一个 GitHub 仓库都可以设置相应的 GitHub Pages 内容。配置完成后，可以通过"https://用户名.github.io/仓库名"来访问。

（9）i18n：项目的国际化的部分。

（10）media：存放图片、音频、视频等媒体文件的地方。

（11）msg：存放项目中用到的所有消息，包括多种语言的版本，用于配合 I18N 国际化所用。

（12）shim：Webpack 的 shim 预置依赖模块，使用 Webpack 的 imports-loader 和 exports-loader 来提供 Blockly 的水平和垂直编程风格。

（13）tests：项目的测试部分，包含测试用例和实例。

（14）.editorconfig：该文件使同一个项目的多个开发人员在不同的编辑器和 IDE 中保持一致的编码样式。

（15）.eslintignore：在该文件中可以指定一些忽略 ESLint 代码检测的文件和目录。

（16）.eslintrc：定义 ESLint 代码检测规则的文件。

（17）.gitignore：在该文件中可以明确指定 Git 仓库中忽略的文件，不对这些文件进行版本跟踪。

（18）.npmignore：把一些不必要的文件排除在 NPM 包之外，如果项目中没有.npmignore，NPM 会按照.gitignore 匹配忽略的文件。

（19）.npmrc：NPM 的配置文件。

（20）.travis.yml：持续继承方案 Travis CI 的配置文件。

（21）build.py：一个构建文件，用于把核心的 Blockly 文件压缩为一个 JavaScript 文件，此脚本会生成两个版本的 Blockly 核心文件，分别是 blockly_compressed.js 和 blockly_uncompressed.js。

其中，压缩版本的文件是通过谷歌 Closure 编译器的在线 API 把所有 Blockly 核心文件连接在一起，在使用过程中无须再加载各文件。

非压缩版本的文件可以看成是一个可以逐一加载 Blockly 中核心文件的脚本，使用时在浏览器端需要更长的加载时间。但是它的优点也非常明显，如变量没有重命名，方便代码调试；代码修改后，只需要重新加载而不需要重新构建和编译，从而可以缩短开发的周期。

（22）cleanup.sh：在 pull_from_blockly.sh 文件中使用，在将 Blockly 合并到 Scratch-blocks 的时候用于清除一些特定的 Blockly 文件，因为有些文件和目录在 Scratch-blocks 中是不需要的。

（23）LICENSE：项目的许可说明文件。

（24）local_build.sh：用于在本地将核心的 Blockly 文件构建和压缩为一个 JavaScript 文件。它使用了谷歌 Closure 编译器的本地副本，并打开了一些简单的优化。在默认情况下只会生成一个压缩的文件 local_blockly_compressed_vertical.js，在未来会逐渐与 build.py 保持一致。

（25）package.json：一个方便管理 NPM 包的配置文件，其中列出了这个项目需要依赖的第三方包，并可以使用语义化的版本控制规则指定包的具体版本，同时使项目的构建可复制，方便与其他开发者共享。

（26）pull_from_blockly.sh：拉 Blockly 项目代码到 Scratch-blocks 项目，并做一些基本的清除工作。

（27）README.md：项目的说明文件。

（28）TRADEMARK：商标信息。

（29）webpack.config.js：构建工具 Webpack 的配置文件。

⏲注意：文件夹 core 中的内容是 Scratch-blocks 的核心部分，本章源码分析部分将重点讲解此部分内容。

2.2.2 Scratch-blocks 代码流程

在对 Scratch-blocks 项目的目录结构全面介绍过之后，接下来我们将重点放在整个项目的执行流程及核心代码之间的调用关系上。Blockly.inject 是 Scratch-blocks 的入口函数，本节将基于它从宏观层面介绍 Scratch-blocks 的整体执行流程，不做具体展开，以后的章节会针对每个部分详细介绍。

在整个执行流程中，包括 Blockly.Options 配置对象的创建、Blockly.Field 域缓存的开启、SVG 图像的创建、代码块和工作区拖曳优化的初始化、主工作区的创建、Blockly 的初始化及 SVG 图像的大小调整等，最终返回一个初始化之后的主工作区。Blockly.inject 函数的完整执行流程如图 2.2 所示。

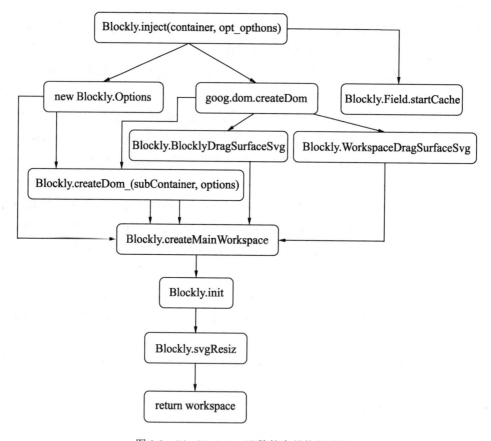

图 2.2 Blockly.inject 函数的完整执行流程

（1）在 HTML 页面中初始化一个 Scratch-blocks 编辑器，首先需要在页面中新建一个空的容器元素，通常是一个 div，然后调用 Blockly.inject(container, opt_opthons)函数，将 Scratch-blocks 注入此 div 容器中。

（2）Blockly.inject 函数是在 inject.js 文件中定义的，第一个参数 container 是一个容器元素或者容器的 ID，也可以是容器的 CSS 选择器，如果容器元素不在文档中，函数将抛出错误，程序终止执行；第二个参数 opt_opthons 是一个针对 Scratch-blocks 的字典类型配置对象，如媒体、工具箱和布局等。

（3）Blockly.Options 是 options.js 文件定义的一个类，opt_opthons 参数传给 new Blockly.Options(opt_options || {})生成一个控制工作区配置的 options 对象，如只读属性、工具箱、声音和滚动条等。

（4）基于 container 调用 goog.dom.createDom('div', 'injectionDiv')创建一个子 div 元素 subContainer，goog.dom.createDom 是 goog.dom 模块中的 dom.js 文件提供的一个函数，此函数会创建一个新的 dom 节点，并返回其引用。

goog.dom 是 google-closure-library 包提供的一个 dom 模块，它是由谷歌开发的一个强大的底层 JavaScript 闭包库，已经被广泛应用于谷歌的各种 Web 应用程序中，如谷歌搜索、谷歌邮箱和谷歌地图等。

google-closure-library 是 Scratch-blocks 项目的依赖包，必须事先安装好，它配置在根目录下 package.json 文件的 devDependencies 字段中。

（5）Blockly.Field.startCache 是 field.js 文件提供的一个方法，作用是打开域文本缓存，与其相对应的另一个方法是 Blockly.Field.stopCache，作用是关闭缓存。缓存的并不是 Field 域的值信息，而是宽度信息。每次调用 startCache 也必须调用 stopCache，并且缓存不可以在执行线程之间存在。

（6）Blockly.createDom_(subContainer，opthions)是 inject.js 里定义的函数，用于创建 SVG 图像，其中包括设置 subContainer 的文字方向属性、加载 CSS、构建 SVG DOM。不幸的是，目前在文字方向设置上 Chrome 和 FireFox 在 RTL（从右到左）模式下的内容布局是不一致的，因此 Blockly 强制使用 LTR（从左到右）模式，然后可以根据需要手动定位内容为 RTL 模式。

（7）Blockly.BlockDragSurfaceSvg 和 Blockly.WorkspaceDragSurfaceSvg 都是拖曳优化，使得在拖曳的过程中浏览器不会产生重绘，它们分别定义在 block_drag_surface.js 和 workspace_drag_surface_svg.js 文件中。BlockDragSurfaceSvg 用于生成当前拖动块的一个曲面，它是一个单独的 SVG 图像，只包含当前正在移动的 block 块。

WorkspaceDragSurfaceSvg 也是一个单独的浮动在工作区顶部的 SVG 图像，在拖动的过程中 block 块会被移动到这个 SVG 中，通过 CSS 转换整个 SVG 图像而不是转换 SVG 中的 block 块，因此在拖动的过程中浏览器不会产生重绘。

（8）Blockly.createMainWorkspace_(svg, options, blockDragSurface,workspaceDragSurface) 定义在 inject.js 文件中，它的主要职责是创建一个主工作区并将其添加到 SVG 图像中。期间也可以根据需要创建 Flyout，如果 options 中设置了非只读属性且没有滚动条，还会通过 addChangeListener 监听工作区的变化，把越界的块重新拉回工作区范围。到目前为止，SVG 就已经完全组装好了。

（9） Blockly.init_(workspace) 也定义在 inject.js 文件中，它的主要职责是通过 bindEventWithChecks_ 绑定一些事件处理程序来初始化 Blockly，然后会根据需要初始化工具箱或者 Flyout。

（10）Blockly.svgResize(workspace) 是 blockly.js 文件中的函数，在视图大小发生真实改变的情况下触发，它会根据视图的变化调整 SVG 图像的宽和高以完全填充容器，并且会记录当前 SVG 的宽和高值。

（11）最后，Blockly.inject 函数 returnworkspace（返回主工作区），至此 Scratch-blocks 已经全部构建完毕，并初始化到了 HTML 页面中。

🔲注意：如果以上内容看不太明白，不要担心，下面的章节会详细介绍，学习完本章之后 再回来看就会一目了然了。

2.3　Scratch-blocks 核心代码分析

2.2 节我们学习了 Scratch-blocks 的代码结构及完整的执行流程，相信读者已经对项目有了一个宏观上的了解，接下来将从细节着手，深入到整体执行流程中的每一个环节，对核心代码进行精读分析。通过本节的学习，读者可以做到对 Options、Toolbox、workspace、XML、Events、Field、Flyout、Block 等核心模块有一个比较深刻的认知，理解其设计思想及实现细节，灵活运用各模块功能，同时能够根据需要对源码进行重构和优化，以满足个性化需求。

🔲注意：由于篇幅所限，本节只能对核心代码进行深入分析，读者可以用同样的方法对其 他边缘代码进行分析。

2.3.1　blockly_uncompressed_vertical.js：垂直方向的非压缩打包文件

blockly_uncompressed_vertical.js 不是源码的一部分，它是通过执行根目录下的 build.py 文件构建产生的，它是构建产生的多个文件中最具代表性的一个，执行命令配置在

package.json 文件的 prepublish 中。自从 npm@1.1.17 以来，npm CLI 会在 npm install 之后自动运行 prepublish 预发布脚本。

整个文件大致可以分为 3 个部分，首先是进行脚本执行环境的判断，判断是否是 Node 执行环境，然后通过执行一个立即执行函数计算出 BLOCKLY_DIR 目录路径的值，最核心的是 BLOCKLY_BOOT 函数，它的主要职责是为文件添加依赖并加载所需要的文件，最后根据执行环境的不同采取相应的方法来加载 google-closure-library 库及执行 BLOCKLY_BOOT 函数。

理解 BLOCKLY_BOOT 的关键是理解 goog.addDependency 和 goog.require 这两个函数，它们都定义在 google-closure-library 库的 base.js 文件中。其中，goog.addDependency 函数的代码如下：

```
goog.addDependency = function(relPath, provides, requires, opt_loadFlags) {
    if (goog.DEPENDENCIES_ENABLED) {
        // 获取调试加载器
        var loader = goog.getLoader_();
        if (loader) {
            loader.addDependency(relPath, provides, requires, opt_loadFlags);
        }
    }
};
```

goog.addDependency 函数用于将文件的依赖添加到所需的文件中，第一个参数 relPath 代表 JavaScript 文件的路径；第二个参数 provides 是一个字符串数组，其中包含这个 JavaScript 文件对外提供的对象名称；第三个参数 requires 也是一个字符串数组，它代表的是这个 JavaScript 文件所需要的对象名称；最后一个参数 opt_loadFlags 指示必须如何加载文件，布尔值 true 等价于{'module': 'goog'}，表示进行向后兼容，有效的属性和值包括{'module': 'goog'}和{'lang': 'es6'}。

```
goog.DEPENDENCIES_ENABLED = !COMPILED && goog.ENABLE_DEBUG_LOADER;
```

即 goog.DEPENDENCIES_ENABLED 在没有编译并且开启了调试加载的情况下为 true，goog.getLoader_ 返回一个调试加载器，调试加载器负责在非绑定非编译的环境中下载和执行 JavaScript 文件。

loader.addDependency 会分别循环 provides 和 requires 为 loader 的 dependencies_属性赋值，此属性是一个对象，用于跟踪加载脚本时所需的依赖项和其他数据，为 goog.require 做好准备。

goog.require 实现了一个与构建系统并行工作的系统，它主要用于动态解析依赖项。参数为一个字符串名称空间。该函数如果在一个 goog.module 文件中调用，将会返回关联的命名空间或模块，否则返回 null，并且需要注意的是，编译器将删除对 goog.require 的所有调用。goog.require 函数的源码如下：

```
goog.require = function(name) {
    if (goog.ENABLE_DEBUG_LOADER && goog.debugLoader_) {
        // 对低版本浏览器的预处理
        goog.getLoader_().earlyProcessLoad(name);
    }
    // 如果对象已经存在，不需要做任何事情
    if (!COMPILED) {
        // 用于检测 name 是否有效
        if (goog.isProvided_(name)) {
            if (goog.isInModuleLoader_()) {
                return goog.module.getInternal_(name);
            }
        } else if (goog.ENABLE_DEBUG_LOADER) {
            var moduleLoaderState = goog.moduleLoaderState_;
            goog.moduleLoaderState_ = null;
            try {
                var loader = goog.getLoader_();
                if (loader) {
                    // 加载模块及它的所有依赖项
                    loader.load(name);
                } else {
                    // 加载器不可用
                    goog.logToConsole_(
                        'Could not load ' + name + ' because there is no debug
loader.');
                }
            } finally {
                goog.moduleLoaderState_ = moduleLoaderState;
            }
        }
    }
    return null;
};
```

　　goog.require 实现了一个与构建系统并行工作的依赖动态解析系统，它最终会以在 HTML 页面中添加一些 script 标签的形式完成模块加载，读者可以参考 test 目录下的 vertical_playground.html 文件，其中有对 blockly_uncompressed_vertical.js 文件的引用，等页面加载完成后，页面中增加了很多 script 标签。

　　函数 earlyProcessLoad 是为 IE 9 及之前的浏览器进行一些特殊的预处理，goog.isProvided 用于检查参数 name 是否被提供，对于只能作为隐式命名空间使用的 name，此函数将返回 false。在 goog.require 中，最核心的部分是 loader.load(name)，用于加载指定的 name 及它的所有依赖项。

　　细心的读者可能已经发现，在 blockly_uncompressed_vertical.js 中 goog.addDependency 的数量远远大于 goog.require 的数量，其实主要原因是 goog.addDependency 不仅包含 Scratch-blocks 的文件，还包括 google-closure-library 库中的文件，而 goog.require 只包含 Scratch-blocks 的内容。

　　读者可能又会问：为什么有关 Scratch-blocks 的 goog.addDependency 反而少于 goog.

require 的数量呢？这是因为每一个 goog.addDependency 的 provides 都是一个数组，可能提供多个对象。

🔔注意：与 blockly_uncompressed_vertical.js 同时产生的还有 blockly_uncompressed_horizontal.js 文件，它们的代码结构是相同的，读者可以自行分析。

2.3.2　options.js：配置工作区

options.js 文件对外暴露 Blockly.Options 对象，它是一个控制工作区设置的对象，负责解析用户指定的配置选项，在行为未被指定的情况下使用合理的默认值。Blockly.Options 所支持的主要配置选项如表 2.1 所示。

表 2.1　工作区支持的配置选项

名　　称	类　　型	描　　　述
collapse	布尔值	允许折叠或者展开块，如果工具箱有类别，默认值是true，否则是false
comments	布尔值	允许块有注释，如果工具箱有类别，默认值是true，否则是false
css	布尔值	如果为false，则不注入css，默认为true
disable	布尔值	允许禁用块，如果工具箱有类别，默认值是true，否则是false
grid	对象	配置一个块可以对齐的网格
horizontalLayout	布尔值	如果为true，则工具箱是水平的，如果为false，则工具箱是垂直的
media	字符串	从页面到块媒体目录的路径
oneBasedIndex	布尔值	如果为true，列表和字符串操作从1开始索引，否则从0开始，默认为true
readOnly	布尔值	如果为true，则阻止用户编辑，默认为false
rtl	布尔值	如果为true，工作区从右到左排列，默认为false
scrollbars	布尔值	设置工作区是否可以滚动
sounds	布尔值	如果为false不播放声音，默认为true
toolbox	XML/字符串	用户可使用的类别和块的树形结构
toolboxPosition	字符串	工具箱的位置，有start和end两个值
trashcan	布尔值	显示或者隐藏垃圾桶，默认为false
zoom	对象	配置缩放行为

options.js 文件的程序结构非常简单，主要分为两大部分：用户指定选项的解析，以及默认值的设定。对于较复杂的选项 zoom、grid、toolbox，分别封装了 3 个解析方法 parseZoomOptions_、parseGridOptions_ 和 parseToolboxTree。程序首先会判断 readOnly 是否为 true，它会影响到其他很多属性的赋值，代码的主要流程是赋值和默认值设定。其中较难

理解的部分代码如下：

```
if (!options['toolbox'] && Blockly.Blocks.defaultToolbox) {
    // DOM 解析器
    var oParser = new DOMParser();
    // 解析字符串为 DOM
    var dom = oParser.parseFromString(Blockly.Blocks.defaultToolbox,
'text/xml');
    options['toolbox'] = dom.documentElement;
}
var languageTree = Blockly.Options.parseToolboxTree(options['toolbox']);
```

DOMParser 是一个 Web API，可以将存储在字符串中的 XML 或者 HTML 源代码解析成一个 DOM 文档。Blockly.Blocks.defaultToolbox 定义在 default_toolbox.js 文件中，是一个表示 XML 的字符串。

Options.parseToolboxTree 的作用是将提供的工具箱树解析为一致的 DOM 结构，参数为 block 块的 DOM 树或其文本表示，代码如下：

```
Blockly.Options.parseToolboxTree = function(tree) {
    if (tree) {
        if (typeof tree != 'string') {
            if (typeof XSLTProcessor == 'undefined' && tree.outerHTML) {
                tree = tree.outerHTML;
            } else if (!(tree instanceof Element)) {
                tree = null;
            }
        }
        if (typeof tree == 'string') {
            // 将纯文本转换为 DOM 结构
            tree = Blockly.Xml.textToDom(tree);
        }
    } else {
        tree = null;
    }
    return tree;
};
```

XSLTProcessor 用于解析 XML 标签来创建一个 HTML 文档，如果浏览器不支持此 API 接口，例如在 IE 9 及其以下版本中，浏览器将无法正确地构建 DOM 树，此时 HTML 将包含在元素中，但是它没有正确的 DOM 结构，这种情况下就将其 outerHTML 属性的值赋值给 tree。

代码中的 Blockly.Xml.textToDom 是定义在 xml.js 文件中的转换函数，它的职责是将纯文本转换为 DOM 结构。

⚠️ **注意**：Scratch-blocks 的 options 与 Blockly 的 options 并不完全一致，有增删，例如去除了 move 选项等。

2.3.3　inject.js：将 Scratch-blocks 注入页面

通过 2.2.2 节的学习，我们知道 Blockly.inject 是向页面注入 Scratch-blocks 的入口函数，定义在 inject.js 文件中。

接下来将对 inject.js 文件进行源码分析，其中包括创建 Options 对象、开启缓存、创建 SVG 图像、拖动优化、创建主工作区、初始化 Blockly 及调整 SVG 大小等。其中，Blockly.inject 函数的代码如下：

```
Blockly.inject = function(container, opt_options) {
    // 获取容器元素
    if (goog.isString(container)) {
        container = document.getElementById(container) ||
        document.querySelector(container);
    }
    // 验证容器是否已经在文档中
    if (!goog.dom.contains(document, container)) {
        throw 'Error: container is not in current document.';
    }
    // 创建设置对象
    var options = new Blockly.Options(opt_options || {});
    var subContainer = goog.dom.createDom('div', 'injectionDiv');
    container.appendChild(subContainer);
    // 开启缓存
    Blockly.Field.startCache();
    // 创建 SVG 图像
    var svg = Blockly.createDom_(subContainer, options);
    // 创建拖动优化对象
    var blockDragSurface = new Blockly.BlockDragSurfaceSvg(subContainer);
    var workspaceDragSurface = new Blockly.WorkspaceDragSurfaceSvg
(subContainer);
    // 创建主工作区
    var workspace = Blockly.createMainWorkspace_(svg, options, blockDrag
Surface,
        workspaceDragSurface);

    // Blockly 初始化
    Blockly.init_(workspace);
    Blockly.mainWorkspace = workspace;
    // 调整 SVG 图像的大小
    Blockly.svgResize(workspace);
    return workspace;
};
```

以上代码中的 Blockly.createDom_ 会逐层创建 SVG 图像并注入 CSS 样式，最后把创建好的 SVG 返回。代码如下：

```
Blockly.createDom_ = function(container, options) {
    goog.ui.Component.setDefaultRightToLeft(options.RTL);
```

```
// 加载 CSS
Blockly.Css.inject(options.hasCss, options.pathToMedia);
// 构建 SVG DOM
var svg = Blockly.utils.createSvgElement('svg', {
    'xmlns': 'http://www.w3.org/2000/svg',
    'xmlns:html': 'http://www.w3.org/1999/xhtml',
    'xmlns:xlink': 'http://www.w3.org/1999/xlink',
    'version': '1.1',
    'class': 'blocklySvg'
    }, container);
var defs = Blockly.utils.createSvgElement('defs', {}, svg);
var rnd = String(Math.random()).substring(2);
var stackGlowFilter = Blockly.utils.createSvgElement('filter', {
    'id': 'blocklyStackGlowFilter' + rnd,
    'height': '160%',
    'width': '180%',
    y: '-30%',
    x: '-40%'
},defs);
......
// 为 options 中设置的网格创建 DOM
options.gridPattern = Blockly.Grid.createDom(rnd, options.gridOptions,
defs);
    return svg;
}
```

以上代码中的 Blockly.Css.inject 定义在文件 css.js 中，它的主要功能是加载 CSS 样式。它会通过在 head 中增加一个 style 标签的方式来完成样式加载。函数内包括样式内容的组装、颜色值的替换及 style 标签的创建。

其中 Blockly.Colours 是定义在 colours.js 文件中的一个常量对象，用于颜色的设置，它也提供了一个 overrideColours 函数，用于对初始值进行覆盖。

Blockly.Css.inject 函数的代码如下：

```
Blockly.Css.inject = function(hasCss, pathToMedia) {
    // 只注入一次 CSS
    if (Blockly.Css.styleSheet_) {
        return;
    }
    var text = '.blocklyDraggable {}\n';
    // 组装 CSS 内容
    if (hasCss) {
        text += Blockly.Css.CONTENT.join('\n');
        if (Blockly.FieldDate) {
            text += Blockly.FieldDate.CSS.join('\n');
        }
    }
    // 去掉尾斜线及替换一些占位符
    Blockly.Css.mediaPath_ = pathToMedia.replace(/[\\\/]$/, '');
    text = text.replace(/<<<PATH>>>/g, Blockly.Css.mediaPath_);
    // 用 Blockly.Colours 中定义的值动态替换 CSS 文本中的颜色
```

```
for (var colourProperty in Blockly.Colours) {
    if (Blockly.Colours.hasOwnProperty(colourProperty)) {
    // 替换成颜色值
        text = text.replace(
            new RegExp('\\$colour\\_' + colourProperty, 'g'),
            Blockly.Colours[colourProperty]
        );
    }
}
// 创建 style 标签
var cssNode = document.createElement('style');
// 在 head 的第一个子元素前插入 style 元素
document.head.insertBefore(cssNode, document.head.firstChild);
// 创建文本节点
var cssTextNode = document.createTextNode(text);
// 将 CSS 样式插入 style 标签中
cssNode.appendChild(cssTextNode);
// 保存样式表
Blockly.Css.styleSheet_ = cssNode.sheet;
};
```

利用以上这种将 CSS 注入 DOM 的方式，比使用常规 CSS 文件的方式更合理，因为它有以下 3 点优势：

- 同步加载，并且以后不强制重绘。
- 通过不阻塞的单独 HTTP 传输来加快加载速度。
- CSS 内容可以根据初始 options 选项动态设置。

Blockly.utils.createSvgElement 是定义在 utils.js 文件中的方法，作用是创建 SVG 元素。utils.js 文件是一个工具文件，其中定义了很多实用方法，这些方法并非本项目特有的，可以分解为像 Closure 这样的 JavaScript 框架。Blockly.createDom_ 中创建 SVG 元素就是调用的 Blockly.utils.createSvgElement 方法，其代码如下：

```
Blockly.utils.createSvgElement = function(name, attrs, parent) {
    // 创建具有命名空间和特定命名的元素
    var e = (document.createElementNS(Blockly.SVG_NS, name));
    // 循环设置属性
    for (var key in attrs) {
        e.setAttribute(key, attrs[key]);
    }
    // 对 IE 定义的唯一属性特殊处理
    if (document.body.runtimeStyle) {
        e.runtimeStyle = e.currentStyle = e.style;
    }
    if (parent) {
        parent.appendChild(e);
    }
    return e;
};
```

以上代码中的 document.createElementNS 是一个 Web API，用于创建具有指定命名空间和特定命名的元素，而与其对应的 createElement 则是创建没有指定命名空间的元素。另外，代码中的 Blockly.SVG_NS 是定义在 constants.js 文件中的 SVG 命名空间常量，取值为 http://www.w3.org/2000/svg。

在以上 Blockly.inject 函数中构造了两个拖曳优化类，它们是分别针对代码块拖曳和工作区拖曳所做的优化。其中，Blockly.BlockDragSurfaceSvg 是一个管理当前拖曳块的类，定义在 block_drag_surface.js 文件中，它是一个单独的"块拖曳 SVG"，其中仅包含当前正在拖动的代码块。

当代码块拖动开始的时候，我们将此代码块（包括其子块）移动到"块拖曳 SVG"这个单独的 DOM 元素中，然后使用 CSS 的 translate3d 移动"块拖曳 SVG"，进而实现代码块的移动。当拖动结束时，拖动的代码块被重新放回原来的 SVG 中。

在代码块拖动的过程中，通过转换整个"块拖曳 SVG"，可以避免每次鼠标移动时需重绘整个主工作区 SVG，从而提高了性能，并且同一时刻最多只能有一个代码块被移动到"块拖曳 SVG"中。

在代码块拖曳类 BlockDragSurfaceSvg 中，要想实现拖曳优化，需要依次执行如下三步操作。

（1）把要拖动的块移动到"块拖曳 SVG"中，代码如下：

```
Blockly.BlockDragSurfaceSvg.prototype.setBlocksAndShow = function(blocks) {
    // 已经有正在拖曳的块
    goog.asserts.assert(
        this.dragGroup_.childNodes.length == 0, 'Already dragging a block.');

    // 把块拖动至 dragGroup_，同时在它之前的父节点中删除该块
    this.dragGroup_.appendChild(blocks);
    // 显示
    this.SVG_.style.display = 'block';
    this.surfaceXY_ = new goog.math.Coordinate(0, 0);
    var injectionDiv = document.getElementsByClassName('injectionDiv')[0];
    // 这样可以保证在块被拖出 SVG 的空间范围时也是可见的
    injectionDiv.style.overflow = 'visible';
};
```

（2）对"块拖曳 SVG"进行三维转换，每次鼠标的移动都会触发整个"块拖曳 SVG"的转换。基于其内部状态实现转换的代码如下：

```
Blockly.BlockDragSurfaceSvg.prototype.translateSurfaceInternal_ = function() {
    var x = this.surfaceXY_.x;
    var y = this.surfaceXY_.y;
    // 防止拖动时候的模糊
    x = x.toFixed(0);
    y = y.toFixed(0);
    // 显示
    this.SVG_.style.display = 'block';
    // 在 SVG 图像上设置 CSS 转换属性
    Blockly.utils.setCssTransform(this.SVG_,'translate3d(' + x + 'px, ' +
```

```
y + 'px, 0px)');
};
```

（3）把代码块放回原来的 SVG 中。拖动结束后，需要将"块拖曳 SVG"中的拖动块清除，并隐藏该 SVG，同时把拖动的块放回原来的主工作区中。代码如下：

```
Blockly.BlockDragSurfaceSvg.prototype.clearAndHide = function(opt_newSurface) {
    if (opt_newSurface) {
        // 把拖动块放回原来的地方，同时 appendChild 会把块从"块拖曳 SVG"中删除
        opt_newSurface.appendChild(this.getCurrentBlock());
    } else {
        this.dragGroup_.removeChild(this.getCurrentBlock());
    }
    // 隐藏
    this.SVG_.style.display = 'none';
    // 确保拖动块已从拖曳 SVG 中删除
    goog.asserts.assert(
        this.dragGroup_.childNodes.length == 0, 'Drag group was not cleared.');

    this.surfaceXY_ = null;
    var injectionDiv = document.getElementsByClassName('injectionDiv')[0];
    // 重新设置 overflow 属性为 hidden，从而没有任何东西出现在块区域之外
    injectionDiv.style.overflow = 'hidden';
};
```

⚠注意：本书提到的"块拖曳 SVG"指的就是实现代码块拖曳优化的 Blockly.BlockDrag-SurfaceSvg。

　　Blockly.WorkspaceDragSurfaceSvg 是工作区拖曳优化，其定义在 workspace_drag_surface_svg.js 中，用于管理一个浮动在工作区顶部的 SVG。在工作区拖曳期间，工作区中的代码块将被移动到此 SVG 中，对整个 SVG 使用 CSS 三维转换，因此在拖动的过程中不用重绘代码块，从而可以提高性能。

　　鉴于 Blockly.WorkspaceDragSurfaceSvg 的源码逻辑与 Blockly.BlockDragSurfaceSvg 非常类似，本书就不再对其展开源码分析了，相信读者通过以上的学习，自己可以看懂源码。

　　在 Blockly.inject 函数中，函数 Blockly.createMainWorkspace_也是非常关键的一步，它的主要作用是创建一个主工作区并将其添加到父 SVG 中。如果条件满足，也会创建 Flyout 及绑定工作区变化处理函数。代码如下：

```
Blockly.createMainWorkspace_=function(svg,options,blockDragSurface,
    workspaceDragSurface) {
    options.parentWorkspace = null;
    // 创建主工作区 SVG
    Var mainWorkspace=new Blockly.WorkspaceSvg(options, blockDragSurface,
workspa
        ceDragSurface);
    mainWorkspace.scale = options.zoomOptions.startScale;
    // 添加到父 SVG 中
    svg.appendChild(mainWorkspace.createDom('blocklyMainBackground'));
```

```
// 如果 options 有语言树且没有分类
if (!options.hasCategories && options.languageTree) {
    // 将 flyout 添加为<svg>，它与主工作区 svg 同级
    var flyout = mainWorkspace.addFlyout_('svg');
    Blockly.utils.insertAfter(flyout, svg);
}
// 空转换也将会应用正确的初始化比例 scale
mainWorkspace.translate(0, 0);
Blockly.mainWorkspace = mainWorkspace;
// 如果非只读且没有滚动条，定义工作区变化回调函数
if (!options.readOnly && !options.hasScrollbars) {
    // 定义工作区改变处理函数
    var workspaceChanged = function() {
        // 在拖动的过程中不会触发
        if (!mainWorkspace.isDragging()) {
            // 获取主工作区的测量指标
            var metrics = mainWorkspace.getMetrics();
            var edgeLeft = metrics.viewLeft + metrics.absoluteLeft;
            var edgeTop = metrics.viewTop + metrics.absoluteTop;
            if (metrics.contentTop < edgeTop ||
                metrics.contentTop + metrics.contentHeight >
                metrics.viewHeight + edgeTop ||
                metrics.contentLeft <
                (options.RTL ? metrics.viewLeft : edgeLeft) ||
                metrics.contentLeft + metrics.contentWidth > (options.RTL ?
                metrics.viewWidth : metrics.viewWidth + edgeLeft)) {

                // 一个或者多个块可能超出界限，把它们撞回去
                var MARGIN = 25;
                var blocks = mainWorkspace.getTopBlocks(false);
                for (var b = 0, block; block = blocks[b]; b++) {
                    var blockXY = block.getRelativeToSurfaceXY();
                    var blockHW = block.getHeightWidth();
                    // 把顶部上面的块撞回去
                    var overflowTop = edgeTop + MARGIN - blockHW.height -
                    blockXY.y;
                    if (overflowTop > 0) {
                        block.moveBy(0, overflowTop);
                    }
                    // 把底部下面的块撞回去
                    var overflowBottom =
                    edgeTop + metrics.viewHeight - MARGIN - blockXY.y;
                    if (overflowBottom < 0) {
                        block.moveBy(0, overflowBottom);
                    }
                    // 把超过左边的块撞回去
                    var overflowLeft = MARGIN + edgeLeft -
                    blockXY.x - (options.RTL ? 0 : blockHW.width);
                    if (overflowLeft > 0) {
                        block.moveBy(overflowLeft, 0);
                    }
                    // 把超过右边的块撞回去
                    var overflowRight = edgeLeft + metrics.viewWidth -
```

```
MARGIN -
                        blockXY.x + (options.RTL ? blockHW.width : 0);
                        if (overflowRight < 0) {
                            block.moveBy(overflowRight, 0);
                        }
                    }
                }
            }
        };
        // 工作区增加改变事件监听
        mainWorkspace.addChangeListener(workspaceChanged);
    }
    // 调整 SVG 图像的大小以完全填充其容器
    Blockly.svgResize(mainWorkspace);
    // 创建浮动在 Blockly 之上的 widget div，并将其注入到页面中，它包含用户当前正在
    // 与之交互的临时 HTML UI 部件
    Blockly.WidgetDiv.createDom();
    // 创建浮动在工作区顶部的 div，用于下拉菜单
    Blockly.DropDownDiv.createDom();
    // 创建提示框 div，并将其注入到页面中
    Blockly.Tooltip.createDom();
    return mainWorkspace;
};
```

从上面的代码可以看出：工作区变化处理函数 workspaceChanged 主要处理的是块越界问题。当块出现上下左右任何一个方向越界时，通过 block.moveBy 函数把它们拉回工作区以内。

另外，Blockly.WorkspaceSvg 的作用是把一个代表工作空间的对象渲染成 SVG，其定义在 workspace_svg.js 文件中。有关工作区的内容还是很多的，本节不做深入探讨，2.3.4 节将重点讲解工作区。

Blockly.init 在 Blockly.inject 函数中所起的作用是初始化 Blockly，其中包括多种类型事件的绑定、工具箱或 Flyout 的初始化、水平和垂直滚动条的创建及声音的加载。函数代码如下：

```
Blockly.init_ = function(mainWorkspace) {
    var options = mainWorkspace.options;
    var svg = mainWorkspace.getParentSvg();
    // 绑定鼠标右键事件
    Blockly.bindEventWithChecks_(svg.parentNode, 'contextmenu', null,
function(e) {
        // 在事件目标不是文本输入时
        if (!Blockly.utils.isTargetInput(e)) {
            // 抑制浏览器的上下文菜单
            e.preventDefault();
        }
    });
    // 绑定窗口的 resize 事件
    var workspaceResizeHandler = Blockly.bindEventWithChecks_(window, 'resize',
null,function() {
```

```
            // 关闭一些元素的工具提示、上下文菜单、下拉框等，参数为 true，不关闭工具箱
            Blockly.hideChaffOnResize(true);
            // 调整 SVG 图像的大小以完全填充其容器
            Blockly.svgResize(mainWorkspace);
    });
    // 保存 resize 处理程序的数据，以便稍后可以删除
    mainWorkspace.setResizeHandlerWrapper(workspaceResizeHandler);
    // 绑定 document 的 keydown、touchend、touchcancel 事件
    Blockly.inject.bindDocumentEvents_();
    if (options.languageTree) {
        if (mainWorkspace.toolbox_) {
            // 初始化工具箱
            mainWorkspace.toolbox_.init(mainWorkspace);
        } else if (mainWorkspace.flyout_) {
            // 初始化 Flyout
            mainWorkspace.flyout_.init(mainWorkspace);
            // 展示和填充 Flyout
            mainWorkspace.flyout_.show(options.languageTree.childNodes);
            // 将 Flyout 滚动到顶部
            mainWorkspace.flyout_.scrollToStart();
            // 根据 Flyout 将工作区转换到新的坐标
            if (options.horizontalLayout) {
                mainWorkspace.scrollY = mainWorkspace.flyout_.height_;
                if (options.toolboxPosition == Blockly.TOOLBOX_AT_BOTTOM) {
                    mainWorkspace.scrollY *= -1;
                }
            } else {
                mainWorkspace.scrollX = mainWorkspace.flyout_.width_;
                if (options.toolboxPosition == Blockly.TOOLBOX_AT_RIGHT) {
                    mainWorkspace.scrollX *= -1;
                }
            }
            // 坐标转换
            mainWorkspace.translate(mainWorkspace.scrollX, mainWorkspace.scrollY);
        }
    }
    // 初始化一对滚动条，即水平滚动条和垂直滚动条
    if (options.hasScrollbars) {
        mainWorkspace.scrollbar = new Blockly.ScrollbarPair(mainWorkspace);
        // 重新计算滚动条的位置和长度，并重新定位角矩形
        mainWorkspace.scrollbar.resize();
    }
    // 为工作区加载声音
    if (options.hasSounds) {
        Blockly.inject.loadSounds_(options.pathToMedia, mainWorkspace);
    }
};
```

以上源码中的 Blockly.bindEventWithChecks_ 定义在 blockly.js 文件中，是将一个事件绑定到一个函数调用中，在函数调用时，验证它是否属于当前正在处理的触摸流，并根据需要将多点触摸事件拆分为多个事件。函数的返回值是一个不透明的数据，可以把它传递

给函数 unbindEvent_解除此事件的绑定。

在绑定鼠标右键事件中，Blockly.utils.isTargetInput(e)的本意是判断事件目标是否是文本输入框，它是 utils.js 文件中的工具方法，可能会有 bug。因为 e.target 没有 type 属性，应该取 tagName 属性，并且 isContentEditable 也是 HTML DOM 才有的属性，SVG 中并没有。函数代码如下：

```
Blockly.utils.isTargetInput = function(e) {
    return e.target.type == 'textarea' || e.target.type == 'text' ||
        e.target.type == 'number' || e.target.type == 'email' ||
        e.target.type == 'password' || e.target.type == 'search' ||
        e.target.type == 'tel' || e.target.type == 'url' ||
        e.target.isContentEditable;
};
```

Blockly.inject 函数中的最后一步 Blockly.svgResize(workspace)用来调整 SVG 的大小，首先找到最外层的工作区，其次找到它的容器元素，然后把 SVG 调整成容器的大小，最后调整工作区内所有内容的大小并重新定位它们，其中包括工具箱、Flyout、垃圾箱、缩放控制器及滚动条。函数代码如下：

```
Blockly.svgResize = function(workspace) {
    var mainWorkspace = workspace;
    // 寻找最外层的工作区
    while (mainWorkspace.options.parentWorkspace) {
        mainWorkspace = mainWorkspace.options.parentWorkspace;
    }
    // 获取包含此工作区的 SVG 元素
    var svg = mainWorkspace.getParentSvg();
    // 获取包含 SVG 的 div 容器元素
    var div = svg.parentNode;
    if (!div) {
        // 工作区已经被删除
        return;
    }
    // 获取容器的宽和高
    var width = div.offsetWidth;
    var height = div.offsetHeight;
    // 调整 SVG 的宽度并缓存此值
    if (svg.cachedWidth_ != width) {
        svg.setAttribute('width', width + 'px');
        svg.cachedWidth_ = width;
    }
    // 调整 SVG 的高度并缓存此值
    if (svg.cachedHeight_ != height) {
        svg.setAttribute('height', height + 'px');
        svg.cachedHeight_ = height;
    }
    // 调整工作区内所有内容的大小并重新定位
    mainWorkspace.resize();
};
```

至此，inject.js 源码分析已经结束，其中讲解了在页面中引入 Scratch-blocks 的完整过程，接下来将针对 Scratch-blocks 的每一个核心组成部分进行详细分析，实现对其原理的深入理解。

🔔 **注意**：以上提到的 Blockly.utils.isTargetInput 有 bug 的事情，笔者已经在官方提了问题，目前还没有得到回复。

2.3.4　workspace 模块：工作区

workspace 指的是工作区，它是 Scratch-blocks 非常核心的一部分，源码中涉及的文件有以下 8 个。

- workspace.js：是工作区的基础类，对外提供 Blockly.Workspace，其中包括对顶层块、评论、变量、事件监听、撤销栈及重做栈的处理。
- workspace_svg.js：对外提供 Blockly.WorkspaceSvg 类，它继承自 Blockly.Workspace 基类，包含工作区最核心的代码，是一个带有可选垃圾箱、滚动条、气泡及拖动的屏幕区域，是工作区的 SVG 表示。
- workspace_dragger.js：其中定义了一些可视化拖动工作区的方法，当工作区被单击或者触摸时，它会移动工作区。拖动结束时，通过移动滚动条来实现拖曳效果。
- workspace_drag_surface_svg.js：实现工作区拖曳优化的类，通过 CSS 转换"整个拖曳 SVG"而不是转换主工作区中的 block 块，避免浏览器在拖动的过程中产生重绘，从而提高拖曳性能。
- workspace_comment.js：是一个表示工作区注释的对象，其中包括宽、高等属性的设置和获取，"注释"和 XML 之间的转换，"注释"的创建、删除、改动和移动，并且"注释"的增、删、改、移都是通过触发相应的事件完成的。
- workspace_comment_svg.js：是一个工作区代码注释的 SVG 表示，它继承自 Blockly.WorkspaceComment，其中包含注释 SVG 的创建、事件绑定、聚焦和选中处理、解析 XML 注释标签及注释的拖曳处理，并且在注释拖曳的时候，会根据条件判断是否开启拖曳优化。
- workspace_comment_render_svg.js：对外暴露的 Blockly.WorkspaceCommentSvg.render 中定义了把工作区注释渲染为 SVG 的方法。其中包括创建注释的文本区、添加调整大小 resize 图标、创建顶栏等。
- workspace_audio.js：对外暴露 Blockly.WorkspaceAudio，它是负责加载、存储和播放工作区音频的对象。

接下来以 workspace_svg.js 为切入点展开对工作区的源码分析，它依赖以上除 workspace_dragger.js 之外的 6 个文件，它对外暴露的 Blockly.WorkspaceSvg 是一个带有可选垃圾桶、滚动条、气泡和拖动的屏幕区域，其构造函数代码如下：

```
Blockly.WorkspaceSvg = function(options, opt_blockDragSurface, opt_wsDrag
Surface) {
    // 调用父类的构造函数
    Blockly.WorkspaceSvg.superClass_.constructor.call(this, options);
    // 返回一个对象，其中包括调整顶级工作区滚动条大小的所有度量
    this.getMetrics =
        options.getMetrics || Blockly.WorkspaceSvg.getTopLevelWorkspaceMetrics_;

    // 将顶级工作区的 x/y 转换设置为与滚动条匹配
    this.setMetrics =
        options.setMetrics || Blockly.WorkspaceSvg.setTopLevelWorkspaceMetrics_;

    // 为当前工作区初始化一组连接数据库，存储块之间的连接
    Blockly.ConnectionDB.init(this);
    // 设置块拖曳优化
    if (opt_blockDragSurface) {
        this.blockDragSurface_ = opt_blockDragSurface;
    }
    // 设置工作区拖曳优化
    if (opt_wsDragSurface) {
        this.workspaceDragSurface_ = opt_wsDragSurface;
    }
    // 判断在拖动工作区的时候是否启动拖曳优化，Blockly.utils.is3dSupported 用于检
    // 查是否支持三维转换
    this.useWorkspaceDragSurface_ =
        this.workspaceDragSurface_ && Blockly.utils.is3dSupported();

    // 当前高亮块的列表，块的高亮通常用于直观地标记当前正在执行的块
    this.highlightedBlocks_ = [];
    // 负责加载、存储和播放工作区音频的对象
    this.audioManager_ = new Blockly.WorkspaceAudio(options.parentWorkspace);
    // 构建当前工作区的网格对象
    this.grid_ = this.options.gridPattern ?
        new Blockly.Grid(options.gridPattern, options.gridOptions) : null;

    // 注册给定类别的回调函数，以便在工作区中填充自定义的工具箱类型

    // 注册变量类别的回调函数
    this.registerToolboxCategoryCallback(Blockly.VARIABLE_CATEGORY_NAME,
        Blockly.DataCategory);

    // 注册过程类别的回调函数
    this.registerToolboxCategoryCallback(Blockly.PROCEDURE_CATEGORY_NAME,
        Blockly.Procedures.flyoutCategory);
};
```

通过以上代码可知，在 Blockly.WorkspaceSvg 的构造函数中首先调用了父类 Blockly.Workspace 的构造函数，它可以创建一个包含 blocks 块的无 UI 的数据结构；然后设置工作区度量的 get 和 set 方法、初始化连接数据库、拖曳优化的判断和设置、创建工作区音

频管理对象，以及根据需要创建网格对象；最后为"变量"和"过程"两个类别注册相应的回调函数。

Scratch-blocks 中类的继承是基于 goog.inherits 函数实现的，如 Blockly.WorkspaceSvg 对 Blockly.Workspace 的继承，它会将 Blockly.Workspace 的原型方法继承到 Blockly. WorkspaceSvg 中，代码如下：

```
goog.inherits(Blockly.WorkspaceSvg, Blockly.Workspace);
```

goog.inherits 是 google-closure-library 提供的继承方法，第一个参数为子类构造函数，第二个参数为父类构造函数，最终实现把父类构造函数的原型方法继承到子类构造函数中。代码如下：

```
goog.inherits = function(childCtor, parentCtor) {
    // 临时构造函数
    function tempCtor() {}
    tempCtor.prototype = parentCtor.prototype;
    childCtor.superClass_ = parentCtor.prototype;
    childCtor.prototype = new tempCtor();
    childCtor.prototype.constructor = childCtor;
    childCtor.base = function(me, methodName, var_args) {
        // 复制参数
        var args = new Array(arguments.length - 2);
        for (var i = 2; i < arguments.length; i++) {
            args[i - 2] = arguments[i];
        }
        return parentCtor.prototype[methodName].apply(me, args);
    };
};
```

Blockly.WorkspaceSvg 构造函数中的 Blockly.WorkspaceSvg.getTopLevelWorkspace-Metrics_ 返回的是一个度量顶级工作区大小和位置的对象。此对象包含的度量属性包括内容区的大小和位置、视图的大小和位置、工具箱的大小和位置及 Flyout 的宽、高等，具体内容如表 2.2 所示。

表2.2　工作区的度量属性表

名　字	描　述
viewHeight	可见矩形的高度
viewWidth	视图的宽度
contentHeight	内容高度
contentWidth	内容宽度
viewTop	视图上边缘与父节点的偏移量
viewLeft	视图左边缘与父节点的偏移量
contentTop	最顶部内容与y=0坐标的偏移量
contentLeft	最左边内容与x=0坐标的偏移量

（续）

名　字	描　述
absoluteTop	视图上边缘
absoluteLeft	视图左边缘
toolboxWidth	工具箱的宽度，如果没有工具箱则为0
toolboxHeight	工具箱的高度，如果没有工具箱则为0
flyoutWidth	Flyout开启时的宽度值，不开启为0
flyoutHeight	Flyout开启时的高度值，不开启为0
toolboxPosition	工具箱的位置

与以上 get 方法对应的 set 方法 Blockly.WorkspaceSvg.setTopLevelWorkspaceMetrics_，是用来设置工作区的 x/y 转换的，参数是一个 0～1 之间的浮点数，如果有网格，也会对网格做位置转换。

Blockly.WorkspaceSvg 构造函数中的 Blockly.ConnectionDB.init 是 connection_db.js 中定义的方法，用于为当前工作区初始化一组连接数据库，根据连接类型的不同，共创建 4 种数据库。代码如下：

```
Blockly.ConnectionDB.init = function(workspace) {
    // 创建 4 个数据库，每一种连接类型创建一个数据库
    var dbList = [];
    dbList[Blockly.INPUT_VALUE] = new Blockly.ConnectionDB();
    dbList[Blockly.OUTPUT_VALUE] = new Blockly.ConnectionDB();
    dbList[Blockly.NEXT_STATEMENT] = new Blockly.ConnectionDB();
    dbList[Blockly.PREVIOUS_STATEMENT] = new Blockly.ConnectionDB();
    workspace.connectionDBList = dbList;
};
```

Blockly.ConnectionDB 是存储块与块之间连接的数据库，连接按其垂直组件的顺序存储，这样可以使用折半查找快速搜索区域中的连接。有关块连接的文件有 connection.js 和 connection_db.js。

- connection.js：对外暴露 Blockly.Connection，其中定义了连接的建立、断开、检查及阴影块的处理等。
- connection_db.js：对外暴露 Blockly.ConnectionDB，它代表一个"块连接"数据库，数据结构上是一个 Blockly.Connection 类型的数组。其中包括连接的增加、删除、查找及初始化操作。

Blockly.WorkspaceSvg 中创建工作区 DOM 元素的函数是 createDom，它的主要职责是创建整个工作区的 SVG 元素，其中包括工作区组、工作区背景、存放 block 块的组、存放评论的组、垃圾箱、缩放控件及工具箱等。

在 createDom 函数中，还通过 Blockly.bindEventWithChecks_为工作区组元素<g>绑定了 mousedown 和 wheel 两个鼠标事件。另外，在 createDom 函数中实现了工作区的记录缓

存区域功能，缓存区域包括块区域和删除区域两种，createDom 函数最后返回工作区组对象 svgGroup，内部包含整个工作区。代码如下：

```
Blockly.WorkspaceSvg.prototype.createDom = function(opt_backgroundClass) {
    // 创建类名为 blocklyWorkspace 的 SVG 容器元素 g
    this.svgGroup_ = Blockly.utils.createSvgElement('g',
    {'class': 'blocklyWorkspace'}, null);
    // 注意，一个单独的<g>不接收鼠标事件，它内部必须有一个有效的目标，所以要想接收
    // 鼠标事件, opt_backgroundClass 参数不能为空
    if (opt_backgroundClass) {
        this.svgBackground_ = Blockly.utils.createSvgElement('rect',
            {'height': '100%', 'width': '100%', 'class': opt_backgroundClass},
            this.svgGroup_);

        if (opt_backgroundClass == 'blocklyMainBackground' && this.grid_) {
            this.svgBackground_.style.fill = 'url(#' + this.grid_.getPatternId()
+ ')';
        }
    }
    // 创建类名为 blocklyBlockCanvas 的 SVG 容器元素 g，内部存放 block 块
    this.svgBlockCanvas_ = Blockly.utils.createSvgElement('g',
        {'class': 'blocklyBlockCanvas'}, this.svgGroup_, this);
    // 创建类名为 blocklyBubbleCanvas 的 SVG 容器元素 g，内部存放 comment 评论
    this.svgBubbleCanvas_ = Blockly.utils.createSvgElement('g',
        {'class': 'blocklyBubbleCanvas'}, this.svgGroup_, this);
    // 获取滚动条的厚度，默认是 11，在触摸设备上是 14，用于设置工作区底部到垃圾箱和
    // 缩放控件底部的距离
    var bottom = Blockly.Scrollbar.scrollbarThickness;
    if (this.options.hasTrashcan) {
        // SVG 中增加垃圾箱
        bottom = this.addTrashcan_(bottom);
    }
    if (this.options.zoomOptions && this.options.zoomOptions.controls) {
        // SVG 中增加缩放控件
        this.addZoomControls_(bottom);
    }
    // 判断此工作区是否是 Flyout 的 surface
    if (!this.isFlyout) {
        // 为 SVG 绑定 mousedown 事件
        Blockly.bindEventWithChecks_(this.svgGroup_, 'mousedown', this,
            this.onMouseDown_);
        if (this.options.zoomOptions && this.options.zoomOptions.wheel) {
            // 为 SVG 绑定 wheel 鼠标齿轮事件
            Blockly.bindEventWithChecks_(this.svgGroup_, 'wheel', this,
                this.onMouseWheel_);
        }
    }
    // 如果有分类，创建工具箱，详细内容请见 2.3.5 节
    if (this.options.hasCategories) {
        this.toolbox_ = new Blockly.Toolbox(this);
    }
    // 如果有网格，更新网格
```

```
    if (this.grid_) {
        this.grid_.update(this.scale);
    }
    // 记录工作区的缓存区域
    this.recordCachedAreas();
    // 返回创建的工作区 SVG
    return this.svgGroup_;
};
```

以上代码中的 this.recordCachedAreas 是记录缓存区域的函数，它包括两部分内容，一部分是记录代码块的图形化用户操作界面在屏幕上的位置，另一部分是记录当前工作区的所有删除区域，利用这些信息可以判断一个事件是发生在块 UI 内部还是发生在删除区域内部。删除区域包括多个部分，会以列表的形式缓存。

```
Blockly.WorkspaceSvg.prototype.recordCachedAreas = function() {
    // 记录块的区域
    this.recordBlocksArea_();
    // 记录删除区域
    this.recordDeleteAreas_();
};
```

recordBlocksArea 首先获取工作区的父 SVG 元素，然后得到它的大小和位置属性，最终返回一个包含 left、top、width、height 这 4 个属性的矩形区域对象 blocksArea_。函数代码如下：

```
Blockly.WorkspaceSvg.prototype.recordBlocksArea_ = function() {
    // 获取工作区的父 SVG，即类名为 blocklySvg 的 SVG
    var parentSvg = this.getParentSvg();
    if (parentSvg) {
        var bounds = parentSvg.getBoundingClientRect();
        // 一个包含 left、top、width、height 这 4 个属性的对象
        this.blocksArea_ = new goog.math.Rect(bounds.left, bounds.top,
bounds.width,
            bounds.height);
    } else {
        this.blocksArea_ = null;
    }
};
```

recordDeleteAreas 在记录删除区域的时候，需要考虑垃圾箱、Flyout、工具箱 3 个区域，其代码如下：

```
Blockly.WorkspaceSvg.prototype.recordDeleteAreas_ = function() {
    // 获取垃圾箱的区域，数据结构也是一个包含 left、top、width、height 这 4 个属性的
      对象
    if (this.trashcan) {
        this.deleteAreaTrash_ = this.trashcan.getClientRect();
    } else {
        this.deleteAreaTrash_ = null;
    }
    if (this.flyout_) {
        // 获取 Flyout 区域，数据结构同上
```

```
            this.deleteAreaToolbox_ = this.flyout_.getClientRect();
        } else if (this.toolbox_) {
            // 获取工具箱区域，数据结构同上
            this.deleteAreaToolbox_ = this.toolbox_.getClientRect();
        } else {
            this.deleteAreaToolbox_ = null;
        }
    };
```

🔊 注意：由于工作区是 Scratch-blocks 的核心部分，它涉及的模块较多，一些内容的详细讲解将放到其他章节。

2.3.5 toolbox.js：工具箱

工具箱是创建各种类型 block 块的地方，它由一组类别菜单和 Flyout 组成，定义在 toolbox.js 文件中。此文件定义了 Blockly.Toolbox、Blockly.Toolbox.CategoryMenu、Blockly.Toolbox.Category 3 个类，Blockly.Toolbox 在初始化方法 init 中创建 Blockly.Toolbox.CategoryMenu 的实例，Blockly.Toolbox.CategoryMenu 在填充函数 populate 中创建多个 Blockly.Toolbox.Category 实例。

Toolbox 在初始化函数中进行了元素创建、事件绑定、Flyout 创建、工具箱填充及工具箱定位，其代码如下：

```
Blockly.Toolbox.prototype.init = function() {
    var workspace = this.workspace_;
    // 获取工作区的父 SVG 元素
    var svg = this.workspace_.getParentSvg();
    // 创建工具箱菜单的容器元素，设置方向属性，并插入根 SVG 的前面
    this.HtmlDiv = goog.dom.createDom(goog.dom.TagName.DIV, 'blocklyToolboxDiv');
    this.HtmlDiv.setAttribute('dir', workspace.RTL ? 'RTL' : 'LTR');
    svg.parentNode.insertBefore(this.HtmlDiv, svg);
    // 给容器元素绑定 mousedown 事件，事件触发时关闭弹窗
    Blockly.bindEventWithChecks_(this.HtmlDiv, 'mousedown', this, function(e) {
        // 取消正在进行的任何手势
        this.workspace_.cancelCurrentGesture();
        if (Blockly.utils.isRightButton(e) || e.target == this.HtmlDiv) {
            // 关闭弹出框，同时关闭工具箱的 Flyout
            Blockly.hideChaff(false);
        } else {
            // 只关闭弹出框，不关闭工具箱的 Flyout
            Blockly.hideChaff(true);
        }
        // 清除跟踪要关注的触摸流的触摸标识符，这将结束当前的拖动或手势
        // 并允许捕获其他指针
        Blockly.Touch.clearTouchIdentifier();
    }, false, true);
    // 基于主工作区的 options 选项创建和配置 Flyout
```

```
    this.createFlyout_();
    // 创建工具箱的类别菜单，创建一个类别 div 并追加到 this.HtmlDiv 中
    this.categoryMenu_ = new Blockly.Toolbox.CategoryMenu(this, this.HtmlDiv);
    // 用类别和块填充工具箱
    this.populate_(workspace.options.languageTree);
    // 将工具箱移动到边缘位置
    this.position();
};
```

以上代码中的 Blockly.Touch.clearTouchIdentifier 是定义在 touch.js 文件中的方法，用于清除当前触摸事件的标识符 touchIdentifier。清除之后将结束当前的拖曳或者手势，可以接收未来的事件。其代码如下：

```
Blockly.Touch.clearTouchIdentifier = function() {
    // 清空标识符
    Blockly.Touch.touchIdentifier_ = null;
};
```

Blockly.Toolbox.prototype.init 中的 this.populate_是一个填充函数，它的主要职责是用类别和块来填充工具箱。它共做了 3 件事，首先是调用类别菜单的填充函数，然后在 Flyout 中显示出所有类别的所有块，最后设置当前选中的类别，默认选中第一个。其代码如下：

```
Blockly.Toolbox.prototype.populate_ = function(newTree) {
    // 创建类别菜单元素，并为每一个类别创建一个 Blockly.Toolbox.Category 实例
    this.categoryMenu_.populate(newTree);
    // 把所有类别的块都显示出来
    this.showAll_();
    // 设置当前选中的类别菜单
    this.setSelectedItem(this.categoryMenu_.categories_[0], false);
};
```

CategoryMenu 的 populate 填充函数首先创建类别菜单的根节点 table，然后遍历语法树创建一个类别节点数组 categories，之后遍历此数组，为每一个类别节点创建菜单元素和一个 Blockly.Toolbox.Category 实例，菜单元素追加到根节点 table 中，实例存入 categories_数组。populate 函数的代码如下：

```
Blockly.Toolbox.CategoryMenu.prototype.populate = function(domTree) {
    // 如果 DOM 树为空直接返回
    if (!domTree) {
        return;
    }
    // 清除原来的类别及子元素
    this.dispose();
    // 创建类别菜单的根 DOM 节点 table
    this.createDom();
    var categories = [];
    // 遍历工具箱 XML 的一级子节点得到所有分类
    for (var i = 0, child; child = domTree.childNodes[i]; i++) {
        if (!child.tagName || child.tagName.toUpperCase() != 'CATEGORY') {
            continue;
        }
```

```
        // 存入列表节点数组中
        categories.push(child);
    }
    // 循环遍历类别数组，为每一个类别创建容器 DIV 和 Blockly.Toolbox.Category
    for (var i = 0; i < categories.length; i++) {
        var child = categories[i];
        var row = goog.dom.createDom('div', 'scratchCategoryMenuRow');
        this.table.appendChild(row);
        if (child) {
            // 创建类别
            this.categories_.push(new Blockly.Toolbox.Category(this, row,
child));
        }
    }
    this.height_ = this.table.offsetHeight;
};
```

以上代码中，new Blockly.Toolbox.Category(this, row, child)初始化了 Category 的实例，Category 代表工具箱中一种类别的数据模型，在其构造函数中，存储了当前类节点的名字、ID 等属性并对其 DOM 进行了创建。Category 函数的代码如下：

```
Blockly.Toolbox.Category = function(parent, parentHtml, domTree) {
    // 它所属的 CategoryMenu
    this.parent_ = parent;
    // 所属 CategoryMenu 的 DOM 节点
    this.parentHtml_ = parentHtml;
    // 获取语法树类别标签的属性
    this.name_ = domTree.getAttribute('name');
    this.id_ = domTree.getAttribute('id');
    this.setColour(domTree);
    this.custom_ = domTree.getAttribute('custom');
    this.iconURI_ = domTree.getAttribute('iconURI');
    this.showStatusButton_ = domTree.getAttribute('showStatusButton');
    this.contents_ = [];
    if (!this.custom_) {
        // 设置分类的内容
        this.parseContents_(domTree);
    }
    // 创建分类的 DOM 元素
    this.createDom();
};
```

以上代码中的函数 parseContents 用于解析 Category 的语法树，并将类别节点包含的内容存入 contents_ 中，只考虑具有 tagName 属性，并且标签类型是代码块、阴影、标签、按钮、分隔及文本 6 种类型之一的节点。代码如下：

```
Blockly.Toolbox.Category.prototype.parseContents_ = function(domTree) {
    for (var i = 0, child; child = domTree.childNodes[i]; i++) {
        if (!child.tagName) {
            // 没有标签名，跳出本次循环
            continue;
        }
```

```
        // 将标签名设置为大写形式
        switch (child.tagName.toUpperCase()) {
            case 'BLOCK':
            case 'SHADOW':
            case 'LABEL':
            case 'BUTTON':
            case 'SEP':
            case 'TEXT':
                // 存入 contents_ 中
                this.contents_.push(child);
                break;
            default:
                break;
        }
    }
};
```

Toolbox 中的 showAll_ 是工具箱类中的一个关键函数，它负责把所有类别下的所有块都展示出来，在函数执行过程中，首先遍历类别数组 categories_，为每一个类别创建用 XML 字符串表示的标签元素，然后通过 Blockly.Xml 的 textToDom 方法将标签元素转换成 DOM 结构。

之后把标签和当前类别的内容组装在一起。这样循环结束后数组 allContents 中存放的就是所有类别的内容，最后把它交给 this.flyout_.show 函数，把内容展示出来。showAll_ 函数的代码如下：

```
Blockly.Toolbox.prototype.showAll_ = function() {
    var allContents = [];
    for (var i = 0; i < this.categoryMenu_.categories_.length; i++) {
        var category = this.categoryMenu_.categories_[i];
        // 创建一个 label 标签节点，使其位于类别的顶部
        var labelString = '<xml><label text="' + category.name_ + '"' +
            ' id="' + category.id_ + '"' +
            ' category-label="true"' +
            ' showStatusButton="' + category.showStatusButton_ + '"' +
            ' web-class="categoryLabel">' +
            '</label></xml>';

        // 将纯文本转换成 DOM 结构
        var labelXML = Blockly.Xml.textToDom(labelString);
        // 把 label 标签放入 allContents
        allContents.push(labelXML.firstChild);
        // 把当前类别下的所有 block 标签放入 allContents
        allContents = allContents.concat(category.getContents());
    }
    // 把 allContents 中的内容在 flyout 中展示出来
    this.flyout_.show(allContents);
};
```

注意：Flyout 是 Scratch-blocks 中一个非常重要的模块，下面将有一个单独的章节对其内容进行详细介绍。

在 Blockly.Toolbox.prototype.populate_ 函数中，调用了 setSelectedItem，此函数用于选中一个类别，它是通过 3 个步骤完成类别选中的。首先把当前选中的类别去掉选中状态，然后把目标类别设置为选中状态，最后把 Flyout 滚动到选中类别的顶部。其中，类别的选中与否是通过为元素增加或删除 categorySelected 类，进而改变其 CSS 样式来实现的。setSelectedItem 函数的代码如下：

```
Blockly.Toolbox.prototype.setSelectedItem = function(item, opt_shouldScroll) {
    // 如果没传参数 opt_shouldScroll，默认为 true，滚动到所选择分类的顶部
    if (typeof opt_shouldScroll === 'undefined') {
        opt_shouldScroll = true;
    }
    // 如果当前有选中的类，先去掉它的选中状态
    if (this.selectedItem_) {
        this.selectedItem_.setSelected(false);
    }
    // 赋值当前选中类别
    this.selectedItem_ = item;
    if (this.selectedItem_ != null) {
        // 设置选中状态
        this.selectedItem_.setSelected(true);
        var categoryId = item.id_;
        if (opt_shouldScroll) {
            // 滚动 Flyout 到当前选中类别的顶部
            this.scrollToCategoryById(categoryId);
        }
    }
};
```

2.3.6 Flyout 模块：工具箱中的托盘

Flyout 是工具箱中的弹出托盘部分，它存放着每个类别下的所有积木块，是工具箱中非常核心的部分，其源码涉及的文件有以下 6 个。

- flyout_base.js：对外暴露 Blockly.Flyout 类，它是 Flyout 托盘的基础类，其中包括托盘工作区的创建、托盘 DOM 的创建、托盘的初始化、托盘的填充与展示、块的创建及事件的绑定。
- flyout_vertical.js：垂直形态的 Flyout，对外提供 Blockly.VerticalFlyout，它继承了 Blockly.Flyout。
- flyout_horizontal.js：水平形态的 Flyout，对外提供 Blockly.HorizontalFlyout，它继承了 Blockly.Flyout。
- flyout_button.js：对外暴露 Blockly.FlyoutButton，其提供了一个处理 Flyout 托盘中的按钮及标签的类，标签的行为与按钮相同，只是样式不同，另外标签没有单击事件的回调函数。类中包括 DOM 的创建、事件的绑定等。
- flyout_dragger.js：对外暴露 Blockly.FlyoutDragger 类，用于处理 Flyout 托盘的拖曳

操作，它继承了 Blockly.WorkspaceDragger。与主工作区不同的是，Flyout 中的工作区只有一个滚动条。

- flyout_extension_category_header.js：对外提供 FlyoutExtensionCategoryHeader 类，继承了 Blockly.FlyoutButton，它是 Flyout 中 Scratch 扩展的类别标题，可以显示一个文本标签和一个状态按钮。

注意：垂直形态和水平形态的 Flyout 有很多相似之处，本节以垂直形态为例对其进行源码分析。

Flyout 的初始化是在 toolbox.js 的 createFlyout_ 函数中进行的，首先基于主工作区的配置对象 options 生成 Flyout 托盘的配置信息，然后根据工作区的布局创建对应形态的托盘实例，并设置它所属的工具箱，之后为托盘创建 DOM 结构并插入到页面中，最后对托盘进行初始化处理。代码如下：

```
Blockly.Toolbox.prototype.createFlyout_ = function() {
    var workspace = this.workspace_;
    // 基于主工作区的 options 产生 Flyout 的配置对象
    var options = {
        disabledPatternId: workspace.options.disabledPatternId,
        parentWorkspace: workspace,
        RTL: workspace.RTL,
        oneBasedIndex: workspace.options.oneBasedIndex,
        horizontalLayout: workspace.horizontalLayout,
        toolboxPosition: workspace.options.toolboxPosition,
        stackGlowFilterId: workspace.options.stackGlowFilterId
    };
    // 根据布局属性判断创建水平 Flyout 还是垂直 Flyout
    if (workspace.horizontalLayout) {
        this.flyout_ = new Blockly.HorizontalFlyout(options);
    } else {
        this.flyout_ = new Blockly.VerticalFlyout(options);
    }
    // 设置此 Flyout 的父工具箱
    this.flyout_.setParentToolbox(this);
    // 创建 Flyout 的 DOM，并插入到页面中
    goog.dom.insertSiblingAfter(this.flyout_.createDom('svg'),
        this.workspace_.getParentSvg());

    // 初始化 flyout
    this.flyout_.init(workspace);
};
```

由于 Blockly.VerticalFlyout 继承自 Blockly.Flyout，因此在它的构造函数中调用了父类的构造函数，同样在 createDom 和 init 中也调用了父类的同名方法，分别用于创建 DOM 元素及 Flyout 的初始化。

在 Blockly.VerticalFlyout 的初始化方法中，首先调用父类的同名方法，为托盘构建滚动条、实施定位等，然后将 Flyout 内部工作区的缩放比例等同于主工作区的缩放比例值，

其代码如下：

```
Blockly.VerticalFlyout.prototype.init = function(targetWorkspace) {
    // 调用父类 Blockly.Flyout 的 init 方法
    Blockly.VerticalFlyout.superClass_.init.call(this, targetWorkspace);
    // 将主工作区的 scale 属性赋值给 VerticalFlyout 的工作区
    this.workspace_.scale = targetWorkspace.scale;
};
```

在 Blockly.Flyout 的初始化方法中，主要做了这几件事情：创建滚动条、Flyout 定位、鼠标事件的绑定、手势的获取、主工作区变量映射的获取及 Flyout 内部工作区中潜在变量映射的创建。代码如下：

```
Blockly.Flyout.prototype.init = function(targetWorkspace) {
    this.targetWorkspace_ = targetWorkspace;
    // 设置主工作区
    this.workspace_.targetWorkspace = targetWorkspace;
    // 为 Flyout 增加滚动条
    this.scrollbar_ = new Blockly.Scrollbar(this.workspace_, this.horizontal
Layout_, false,
        'blocklyFlyoutScrollbar');

    // 定位 Flyout，把它移到主工作区的边缘
    this.position();
    // 绑定事件，并把返回值保存在 eventWrappers_ 中用于解除事件绑定
    Array.prototype.push.apply(this.eventWrappers_,
        // 绑定鼠标滚轮事件
        Blockly.bindEventWithChecks_(this.svgGroup_, 'wheel', this, this.wheel_)
    );
    Array.prototype.push.apply(this.eventWrappers_,
        // 绑定鼠标按下事件
        Blockly.bindEventWithChecks_(this.svgGroup_, 'mousedown', this,
            this.onMouseDown_)
    );
    // Flyout 中的工作区没有自己的 getGesture，来自主工作区
    this.workspace_.getGesture =
        this.targetWorkspace_.getGesture.bind(this.targetWorkspa  ce_);

    // 获取主工作区中所有变量的映射
    this.workspace_.variableMap_ = this.targetWorkspace_.getVariableMap();
    // 创建并存储此工作区的潜在变量映射
    this.workspace_.createPotentialVariableMap();
};
```

以上代码中的 this.position 定义在 flyout_vertical.js 文件中，用于计算 Flyout 的位置，并将其移动到此处。

在计算定位坐标 x 和 y 的过程中，需要考虑 Flyout 是否有父工具箱，以及工具箱是在左边还是右边，如果有父工具箱，则需要考虑类别菜单的宽度。然后通过 CSS 坐标转换把 Flyout 移动到相应的位置，同时更新滚动条并设置其可见。position 函数的代码如下：

```javascript
Blockly.VerticalFlyout.prototype.position = function() {
    // 只处理可见的 Flyout
    if (!this.isVisible()) {
        return;
    }
    // 获取主工作区大小和位置的度量值
    var targetWorkspaceMetrics = this.targetWorkspace_.getMetrics();
    if (!targetWorkspaceMetrics) {
        return;
    }
    // 获取的是默认值 250
    this.width_ = this.getWidth();
    // 计算转换坐标 x 和 y
    if (this.parentToolbox_) {
        var toolboxWidth = this.parentToolbox_.getWidth();
        var categoryWidth = toolboxWidth - this.width_;
        var x = this.toolboxPosition_ == Blockly.TOOLBOX_AT_RIGHT ?
            targetWorkspaceMetrics.viewWidth : categoryWidth;

        var y = 0;
    } else {
        var x = this.toolboxPosition_ == Blockly.TOOLBOX_AT_RIGHT ?
            targetWorkspaceMetrics.viewWidth - this.width_ : 0;

        var y = 0;
    }
    // 记录高度信息
    this.height_ = Math.max(0, targetWorkspaceMetrics.viewHeight - y);
    // 创建并设置 Flyout 可见边界的路径
    this.setBackgroundPath_(this.width_, this.height_);
    // 设置宽
    this.svgGroup_.setAttribute("width", this.width_);
    // 设置高
    this.svgGroup_.setAttribute("height", this.height_);
    // 定义转换
    var transform = 'translate(' + x + 'px,' + y + 'px)';
    // 实施转换
    Blockly.utils.setCssTransform(this.svgGroup_, transform);
    // 更新滚动条
    if (this.scrollbar_) {
        // 设置滚动条
        this.scrollbar_.setOrigin(x, y);
        this.scrollbar_.resize();
    }
    // 使 Flyout 可见
    this.svgGroup_.style.opacity = 1;
};
```

　　Flyout 初始化函数中的 Blockly.VariableMap 是有关变量映射的类，定义在 variable_map.js 文件中。Blockly.VariableMap 包含一个字典数据结构，变量类型作为 key，变量列表作为 value，变量列表是变量类型指定的类型。

Flyout 的渲染是从 Blockly.Toolbox.prototype.showAll_方法中最后一行的 this.flyout_.show(allContents)开始的。函数首先遍历 Flyout 中的 XML 列表，然后针对不同的元素类型做相应的处理。

（1）如果是 BLOCK 类型，说明是一个代码块，首先通过 id 去"块回收站"中查找，如果命中则重复利用此 BlockSVG，否则重新创建。

（2）如果是 SEP 类型，表示两个元素之间的间隙，它可以覆盖上一个代码块的 gap 属性值。

（3）如果是 LABEL 类型且有 showStatusButton 状态属性，则创建一个 Flyout 扩展类别标题。

（4）如果是 LABEL 或者 BUTTON 类型，通过它们公用的类 Blockly.FlyoutButton 创建一个按钮或者标签。

循环结束之后产出一个包含所有元素的数组 contents，以及一个表示元素之间间隔的数组 gaps，然后通过 layout_函数把所有内容在 Flyout 中展示出来，最后回流 Flyout。因为垂直形态的 Flyout 是固定大小的，所以回流功能只在水平形态的 Flyout 中有效，垂直形态下的 reflowInternal_是个空函数。show 函数的代码如下：

```
Blockly.Flyout.prototype.show = function(xmlList) {
    // 设置工作区不可以调整大小
    this.workspace_.setResizesEnabled(false);
    // 隐藏并且删除所有的事件监听
    this.hide();
    // 从先前显示的 Flyout 中删除所有的块和背景按钮
    this.clearOldBlocks_();
    // 设置可见
    this.setVisible(true);
    // 创建要在 Flyout 中显示的块
    var contents = [];
    // 垂直 Flyout 中各元素之间的间距
    var gaps = [];
    this.permanentlyDisabled_.length = 0;
    for (var i = 0, xml; xml = xmlList[i]; i++) {
        // 处理由名称而不是 XML 表示的动态类别，查找正确的类别生成函数并调用它
        // 产生有效的 XML
        if (typeof xml === 'string') {
            // 获取与 xmlList[i]关联的回调函数，用于填充此工作区中的自定义工具箱类别
            var fnToApply = this.workspace_.targetWorkspace.
                getToolboxCategoryCallback(xmlList[i]);

            // 调用回调函数，产生新的块列表
            var newList = fnToApply(this.workspace_.targetWorkspace);
            //在 xmlList 中插入新的列表 newList，在 i 处插入并移除一个占位符字符串
            xmlList.splice.apply(xmlList, [i, 1].concat(newList));
            // 从组装后的 xmlList 中取出一个
            xml = xmlList[i];
```

```
        }
        if (xml.tagName) {
            var tagName = xml.tagName.toUpperCase();
            // 设置默认间距值
            var default_gap = this.horizontalLayout_ ? this.GAP_X : this.
GAP_Y;

            if (tagName == 'BLOCK') {
                // 我们假设在 Flyout 中，相同的块 id（如果没有 id，则为 type）
                // 意味着相同的 BlockSVG 输出。查找与 id 或 type 匹配的块
                var id = xml.getAttribute('id') || xml.getAttribute('type');
                // 在块回收站中查找
                var recycled = this.recycleBlocks_.findIndex(function(block) {
                        return block.id === id;
                });
                // 如果找到一个回收利用的块，重新使用上次的 BlockSVG
                // 否则把 XML 块转换成 BlockSVG
                var curBlock;
                if (recycled > -1) {
                    curBlock = this.recycleBlocks_.splice(recycled, 1)[0];
                } else {
                    // 解码一个 XML 的 block 标签，并在工作区创建块（可能还有子块）
                    // 详情请参考 2.3.7 节 xml.js 源码解析
                    curBlock = Blockly.Xml.domToBlock(xml, this.workspace_);
                }
                if (curBlock.disabled) {
                    // 记录最初被禁用的块
                    this.permanentlyDisabled_.push(curBlock);
                }
                contents.push({type: 'block', block: curBlock});
                // 设置间距，如果有 gap 属性取其值，否则取默认值
                var gap = parseInt(xml.getAttribute('gap'), 10);
                gaps.push(isNaN(gap) ? default_gap : gap);
            } else if (xml.tagName.toUpperCase() == 'SEP') {
                // 更改两个块之间的间距，如<sep gap="36"></sep>
                // 默认间距是 24，可以设置大或者小，这将覆盖上一个块的 gap 属性
                // 注意：一个不推荐使用的方法是对 block 增加 gap 属性
                // 如<block type="math_arithmetic" gap="8"></block>
                var newGap = parseInt(xml.getAttribute('gap'), 10);
                // 忽略第一个块之间的间距
                if (!isNaN(newGap) && gaps.length > 0) {
                    // 覆盖上一个块的间隙值
                    gaps[gaps.length - 1] = newGap;
                } else {
                    gaps.push(default_gap);
                }
            } else if ((tagName == 'LABEL') && (xml.getAttribute
('showStatusButton') ==
                'true')) {
                // 新建一个 Flyout 扩展类别的标题
                // 标题可以显示一个文本标签和一个状态按钮
                var curButton = new Blockly.FlyoutExtensionCategoryHeader(
                    this.workspace_, this.targetWorkspace_, xml);
```

```
                    contents.push({type: 'button', button: curButton});
                    gaps.push(default_gap);
                } else if (tagName == 'BUTTON' || tagName == 'LABEL') {
                    // 标签的行为跟按钮相同，只是样式不同而已
                    var isLabel = tagName == 'LABEL';
                    var curButton = new Blockly.FlyoutButton(this.workspace_,
                            this.targetWorkspace_, xml, isLabel);

                    contents.push({type: 'button', button: curButton});
                    gaps.push(default_gap);
                }
            }
        }
        // 清空回收站中的块，销毁相应资源
        this.emptyRecycleBlocks_();
        // 在 Flyout 中布局块
        this.layout_(contents, gaps);
        // IE 11 无法触发鼠标的退出事件，当鼠标指针在背景上时，取消选择所有块
        var deselectAll = function() {
            var topBlocks = this.workspace_.getTopBlocks(false);
            for (var i = 0, block; block = topBlocks[i]; i++) {
                block.removeSelect();
            }
        };
        this.listeners_.push(Blockly.bindEvent_(this.svgBackground_, 'mouseover',
            this, deselectAll));

        this.workspace_.setResizesEnabled(true);
        // 回流块和按钮
        this.reflow();
        // 定位 Flyout
        this.position();
        this.reflowWrapper_ = this.reflow.bind(this);
        this.workspace_.addChangeListener(this.reflowWrapper_);
        // 存储一个包含类别名称、ID、滚动条位置和类别长度的数组
        // 当滚动 Flyout 选中某个类别时使用
        this.recordCategoryScrollPositions_();
    };
```

以上代码中的 this.layout_(contents, gaps)，是定义在文件 flyout_vertical.js 中的方法，用于 Flyout 中内容的展示和布局，把每一个元素放置在合适的位置。如果是块类型的元素，则递归找出它的所有后代元素，并标记此元素已在 Flyout 中，然后通过 block.moveBy 移动到合适的位置。如果是按钮类型的元素，则创建 SVG 并通过 button.moveTo 移动到相应的位置。layout_ 函数的代码如下：

```
Blockly.VerticalFlyout.prototype.layout_ = function(contents, gaps) {
    var margin = this.MARGIN;
    var flyoutWidth = this.getWidth() / this.workspace_.scale;
    var cursorX = margin;
    var cursorY = margin;
    for (var i = 0, item; item = contents[i]; i++) {
```

```
        if (item.type == 'block') {
            var block = item.block;
            // 获取后代元素
            var allBlocks = block.getDescendants(false);
            // 循环遍历后代元素，标记元素在 Flyout 中，如果用户右击了某个块
            // 则此标志用于检测并阻止 Flyout 的关闭
            for (var j = 0, child; child = allBlocks[j]; j++) {
                child.isInFlyout = true;
            }
            var root = block.getSvgRoot();
            var blockHW = block.getHeightWidth();
            // 找出块的去向，其中要考虑到块的大小、是否处于 RTL 模式及是否有复选框
            var oldX = block.getRelativeToSurfaceXY().x;
            var newX = flyoutWidth - this.MARGIN;
            var moveX = this.RTL ? newX - oldX : margin;
            // 监控块有复选框
            if (block.hasCheckboxInFlyout()) {
                this.createCheckbox_(block, cursorX, cursorY, blockHW);
                if (this.RTL) {
                    moveX -= (this.CHECKBOX_SIZE + this.CHECKBOX_MARGIN);
                } else {
                    moveX += this.CHECKBOX_SIZE + this.CHECKBOX_MARGIN;
                }
            }
            block.moveBy(moveX,cursorY + (block.startHat_ ?
                Blockly.BlockSvg.START_HAT_HEIGHT : 0)
            );
            // 创建并放置一个与给定块对应的矩形
            var rect = this.createRect_(block, this.RTL ? moveX - blockHW.
width : moveX,
                cursorY, blockHW, i);

            // 为块增加事件监听
            this.addBlockListeners_(root, block, rect);
            cursorY += blockHW.height + gaps[i] + (block.startHat_ ?
                Blockly.BlockSvg.START_HAT_HEIGHT : 0);

        } else if (item.type == 'button') {
            var button = item.button;
            var buttonSvg = button.createDom();
            if (this.RTL) {
                button.moveTo(flyoutWidth - this.MARGIN - button.width, cursorY);
            } else {
                button.moveTo(cursorX, cursorY);
            }
            button.show();
            // 单击 Flyout 中的按钮或者标签，非常类似于单击 Flyout 的背景
            this.listeners_.push(Blockly.bindEventWithChecks_(
                buttonSvg, 'mousedown', this, this.onMouseDown_)
            );
```

```
        this.buttons_.push(button);
        cursorY += button.height + gaps[i];
      }
    }
};
```

🔔 注意：Flyout 中也有一个工作区，是在 Blockly.Flyout 的构造函数中创建的，此工作区的
    isFlyout 属性为 true；并且在 Flyout 的源码中，主工作区命名为 targetWorkspace_，
    Flyout 中的工作区命名为 workspace_。

2.3.7　xml.js：XML 读写器

Blockly.Xml 是一个 XML 的读写器，其中包括代码块与 XML、变量与 XML、注释与
XML、工作区与 XML 等之间的相互转换。本节以代码块与 XML 之间的相互转换为例，
介绍 XML 读写器的功能。

Blockly.Xml.domToBlock 函数用于解析 XML 中的 block 标签，并在工作区中创建与
标签对应的块及它所包含的子块。该函数的第一个参数是代表代码块的 XML 元素，第二
个参数为工作区，如果调用该函数的时候实参顺序颠倒了，函数对此做了兼容处理，会重
新调换它们的顺序。

首先创建一个顶层块 topBlock，然后找到隶属于它的所有子块，循环遍历这些子块。
如果此时工作区可见，分别执行 initSvg 和 render 函数，把整个代码块渲染出来，否则执
行 initModel 初始化数据模型。

然后获取所有新增的变量，并为每个变量触发一个"变量新增"事件，最后触发一个
"代码块创建"事件。需要注意的是：代码块创建事件要在所有变量事件之后触发，以防
引用新创建的变量。domToBlock 函数的代码如下：

```
Blockly.Xml.domToBlock = function(xmlBlock, workspace) {
    // 如果函数调用时实参互换了顺序，进行参数交换，并给出警示信息
    if (xmlBlock instanceof Blockly.Workspace) {
        var swap = xmlBlock;
        xmlBlock = workspace;
        workspace = swap;
        console.warn('Deprecated call to Blockly.Xml.domToBlock, swap the
arguments.');
    }
    // 停止发送事件
    Blockly.Events.disable();
    // 获取工作区的所有变量
    var variablesBeforeCreation = workspace.getAllVariables();
    try {
        // 创建顶层块
        var topBlock = Blockly.Xml.domToBlockHeadless_(xmlBlock, workspace);
```

```
        // 查找直接或者间接嵌套在此顶层块中的所有块，最后组成一个块列表
        var blocks = topBlock.getDescendants(false);
        // 如果工作区可见
        if (workspace.rendered) {
            // 隐藏连接以加速装配
            topBlock.setConnectionsHidden(true);
            // 为每个块创建 SVG
            for (var i = blocks.length - 1; i >= 0; i--) {
                blocks[i].initSvg();
            }
            // 渲染每个块
            for (var i = blocks.length - 1; i >= 0; i--) {
                blocks[i].render(false);
            }
            // 填充连接数据库可能会推迟到块渲染之后
            if (!workspace.isFlyout) {
                setTimeout(function() {
                    // 检查块是否未被删除
                    if (topBlock.workspace) {
                        topBlock.setConnectionsHidden(false);
                    }
                }, 1);
            }
            // 启用或者禁用块（目前还不支持，函数体为空）
            topBlock.updateDisabled();
            // 允许滚动条根据最新内容调整大小和移动
            workspace.resizeContents();
        } else {
            // 初始化每个代码块的数据模型
            for (var i = blocks.length - 1; i >= 0; i--) {
                blocks[i].initModel();
            }
        }
    } finally {
        // 开始允许发送事件
        Blockly.Events.enable();
    }
    // 检测事件是否可以被发送
    if (Blockly.Events.isEnabled()) {
        var newVariables = Blockly.Variables.getAddedVariables(workspace,
            variablesBeforeCreation);

        // 为每个新创建的变量触发 VarCreate 事件
        for (var i = 0; i < newVariables.length; i++) {
            var thisVariable = newVariables[i];
            Blockly.Events.fire(new Blockly.Events.VarCreate(thisVariable));
        }
        // BlockCreate 事件出现在 VarCreate 事件之后，以防它们引用新创建的变量
        Blockly.Events.fire(new Blockly.Events.BlockCreate(topBlock));
    }
    return topBlock;
};
```

以上代码中，domToBlockHeadless_ 函数的作用是根据代码块的 XML 表示创建一个顶层代码块，如果有子块，也进行子块的创建。

domToBlockHeadless_ 函数首先基于 XML 的 type 和 id 属性创建一个新的代码块，然后循环遍历 XML 的子节点，如果是文本类型的节点，则直接忽略，之后遍历孙节点，找出子块和阴影块，最后根据不同的子节点名称分别处理。

子节点考虑的节点类型包括 mutation、comment、data、field、value、statement 及 next。针对后 3 种类型，需要递归调用 domToBlockHeadless_ 函数生成子块，并将其与父块进行连接。

最后获取 XML 最外层节点的 inline 和 disable 等属性值，并对顶层块的相应属性进行设置，如果 XML 最外层的节点类型是阴影，这时候需要保证子块也全部是阴影，否则将抛出错误。domToBlockHeadless_ 函数代码如下：

```
Blockly.Xml.domToBlockHeadless_ = function(xmlBlock, workspace) {
    var block = null;
    // 获取 XML 的类型属性
    var prototypeName = xmlBlock.getAttribute('type');
    // 如果未指定类型，则抛出错误
    goog.asserts.assert(
        prototypeName, 'Block type unspecified: %s', xmlBlock.outerHTML);

    // 获取 XML 的 ID 属性
    var id = xmlBlock.getAttribute('id');
    // 创建新 block
    block = workspace.newBlock(prototypeName, id);
    var blockChild = null;
    for (var i = 0, xmlChild; xmlChild = xmlBlock.childNodes[i]; i++) {
        if (xmlChild.nodeType == 3) {
            // 忽略<block>级别的任何文本，都是空格
            continue;
        }
        var input;
        // 在当前标签中查找所有闭合的块和阴影
        var childBlockElement = null;
        var childShadowElement = null;
        // 遍历所有孙节点
        for (var j = 0, grandchild; grandchild = xmlChild.childNodes[j]; j++) {
            // 元素节点
            if (grandchild.nodeType == 1) {
                // 代码块
                if (grandchild.nodeName.toLowerCase() == 'block') {
                    childBlockElement = (grandchild);
                // 阴影
                } else if (grandchild.nodeName.toLowerCase() == 'shadow') {
                    childShadowElement = (grandchild);
                }
            }
        }
```

```
// 如果没有子块，则使用阴影块
if (!childBlockElement && childShadowElement) {
    childBlockElement = childShadowElement;
}
// 获取节点的 name 属性
var name = xmlChild.getAttribute('name');
// 根据节点名称的不同，分别进行处理
switch (xmlChild.nodeName.toLowerCase()) {
    case 'mutation':
        // 高级块的自定义数据
        if (block.domToMutation) {
            block.domToMutation(xmlChild);
            if (block.initSvg) {
                // mutation 可能添加了一些需要初始化的元素
                block.initSvg();
            }
        }
        break;
    case 'comment':
        // 获取评论气泡的 ID、x 坐标、 y 坐标和 minimized 属性
        var commentId = xmlChild.getAttribute('id');
        var bubbleX = parseInt(xmlChild.getAttribute('x'), 10);
        var bubbleY = parseInt(xmlChild.getAttribute('y'), 10);
        var minimized = xmlChild.getAttribute('minimized') || false;
        // bubbleX 和 bubbleY 可以为 NaN，但是 ScratchBlockComment 会做兼
        // 容处理，如果不设置或者值无效，则默认值为 0
        block.setCommentText(xmlChild.textContent, commentId, bubbleX,
            bubbleY,minimized == 'true');

        var visible = xmlChild.getAttribute('pinned');
        if (visible && !block.isInFlyout) {
            // 在定位注释气泡之前，给渲染器 1ms 的时间来渲染和定位块
            setTimeout(function() {
                if (block.comment && block.comment.setVisible) {
                    block.comment.setVisible(visible == 'true');
                }
            }, 1);
        }
        // 获取气泡的宽和高
        var bubbleW = parseInt(xmlChild.getAttribute('w'), 10);
        var bubbleH = parseInt(xmlChild.getAttribute('h'), 10);
        if (!isNaN(bubbleW) && !isNaN(bubbleH) &&
            block.comment && block.comment.setVisible) {
            if (block.comment instanceof Blockly.ScratchBlockComment) {
                // 设置此评论的未最小化大小，如果注释有未最小化的气泡
                // 也会设置气泡的大小
                block.comment.setSize(bubbleW, bubbleH);
            } else {
                // 调整评论气泡的大小
                block.comment.setBubbleSize(bubbleW, bubbleH);
            }
        }
        break;
```

```
                case 'data':
                    block.data = xmlChild.textContent;
                    break;
                case 'title':
                    // 将 2013 年 12 月更名为 field，向下兼容
                case 'field':
                    // 解码 XML 中的 field 标签，并在给定块上设置该 field 的值
                    Blockly.Xml.domToField_(block, name, xmlChild);
                    break;
                case 'value':
                case 'statement':
                    input = block.getInput(name);
                    if (!input) {
                        console.warn('Ignoring non-existent input ' + name + ' in
block ' +
                            prototypeName);
                        break;
                    }
                    if (childShadowElement) {
                    input.connection.setShadowDom(childShadowElement);
                    }
                    if (childBlockElement) {
                        // 递归子块元素
                        blockChild = Blockly.Xml.domToBlockHeadless_(childBlock
                            Element, workspace);

                        // 输出连接
                        if (blockChild.outputConnection) {
                            input.connection.connect(blockChild.outputConnection);

                        // 前置连接
                        } else if (blockChild.previousConnection) {
                            input.connection.connect(blockChild.previousConnection);
                        } else {
                            goog.asserts.fail(
                                'Child block does not have output or previous
statement.');
                        }
                    }
                    break;
                case 'next':
                    if (childShadowElement && block.nextConnection) {
                        block.nextConnection.setShadowDom(childShadowElement);
                    }
                    if (childBlockElement) {
                        goog.asserts.assert(block.nextConnection,
                            'Next statement does not exist.');

                        // 有多个 next 标签
                        goog.asserts.assert(!block.nextConnection.isConnected(),
                            'Next statement is already connected.');

                        // 循环处理子块元素
                        blockChild = Blockly.Xml.domToBlockHeadless_(childBlock
```

```
        Element, workspace);

        goog.asserts.assert(blockChild.previousConnection,
            'Next block does not have previous statement.');

        // 将父块和子块进行连接
        block.nextConnection.connect(blockChild.previousConnection);
      }
      break;
    default:
      // 未知标签，忽略，同 HTML 解析器的原理
      console.warn('Ignoring unknown tag: ' + xmlChild.nodeName);
  }
}
// 根据 xmlBlock 的属性来设置 block
// 设置块的 inline 属性
var inline = xmlBlock.getAttribute('inline');
if (inline) {
  block.setInputsInline(inline == 'true');
}
// 设置块的 disable 属性
var disabled = xmlBlock.getAttribute('disabled');
if (disabled) {
  block.setDisabled(disabled == 'true' || disabled == 'disabled');
}
// 设置块的可删除属性
var deletable = xmlBlock.getAttribute('deletable');
if (deletable) {
  block.setDeletable(deletable == 'true');
}
// 设置块的可移动属性
var movable = xmlBlock.getAttribute('movable');
if (movable) {
  block.setMovable(movable == 'true');
}
// 设置块的可编辑属性
var editable = xmlBlock.getAttribute('editable');
if (editable) {
  block.setEditable(editable == 'true');
}
// 设置块的折叠属性
var collapsed = xmlBlock.getAttribute('collapsed');
if (collapsed) {
  block.setCollapsed(collapsed == 'true');
}
// 如果是阴影
if (xmlBlock.nodeName.toLowerCase() == 'shadow') {
  // 获取所有的子块
  var children = block.getChildren(false);
  for (var i = 0, child; child = children[i]; i++) {
    // 阴影块不允许它的子块为非阴影块
    goog.asserts.assert(child.isShadow(),
        'Shadow block not allowed non-shadow child.');
```

```
    }
    // 设置块为阴影块
    block.setShadow(true);
  }
  // 返回顶层块
  return block;
};
```

🔔 **注意**：mutation 是 mutator 中的概念，有关突变器的内容，后面会有单独的章节进行详细讲解。

与 domToBlock 相对应的函数就是 blockToDom，它用来将代码块编码为 XML 格式。函数在执行过程中首先创建一个 element 根元素，然后判断代码块是否有高级设置属性，如果有则单独处理。

然后循环代码块的 input 列表，根据 input 的类型创建 value 或者 statement 节点，如果有通过 input 连接的子块，则对子块进行递归编码处理。最后根据代码块各特性对 XML 进行属性赋值。另外，如果待编码的代码块有下一个语句块，需对其进行递归处理。函数最后返回一个 XML 元素，代码如下：

```
Blockly.Xml.blockToDom = function(block, opt_noId) {
    // 创建最外层节点
    var element = goog.dom.createDom(block.isShadow() ? 'shadow' : 'block');
    // 设置类型属性
    element.setAttribute('type', block.type);
    // 如果 opt_noId 为 false，设置 id 属性
    if (!opt_noId) {
        element.setAttribute('id', block.id);
    }
    if (block.mutationToDom) {
        // 高级块的自定义数据
        var mutation = block.mutationToDom();
        if (mutation && (mutation.hasChildNodes() || mutation.hasAttributes())) {
            element.appendChild(mutation);
        }
    }
    // 将所有的 Field 进行 XML 编码，并绑定到根元素上
    Blockly.Xml.allFieldsToDom_(block, element);
    // 把注释进行 XML 编码，并绑定到根元素上
    Blockly.Xml.scratchCommentToDom_(block, element);
    if (block.data) {
        // 创建 data 元素
        var dataElement = goog.dom.createDom('data', null, block.data);
        element.appendChild(dataElement);
    }
    // 循环 input 列表
    for (var i = 0, input; input = block.inputList[i]; i++) {
        var container;
        var empty = true;
        if (input.type == Blockly.DUMMY_INPUT) {
```

```
            continue;
        } else {
            var childBlock = input.connection.targetBlock();
            if (input.type == Blockly.INPUT_VALUE) {
                // 创建 value 节点
                container = goog.dom.createDom('value');
            } else if (input.type == Blockly.NEXT_STATEMENT) {
                // 创建语句节点
                container = goog.dom.createDom('statement');
            }
            var shadow = input.connection.getShadowDom();
            if (shadow && (!childBlock || !childBlock.isShadow())) {
                var shadowClone = Blockly.Xml.cloneShadow_(shadow);
                // 去除 id 属性
                if (opt_noId && shadowClone.getAttribute('id')) {
                    shadowClone.removeAttribute('id');
                }
                container.appendChild(shadowClone);
            }
            // 递归处理子块
            if (childBlock) {
                container.appendChild(Blockly.Xml.blockToDom(childBlock,
opt_noId));
                empty = false;
            }
        }
        container.setAttribute('name', input.name);
        if (!empty) {
            element.appendChild(container);
        }
    }
    if (block.inputsInlineDefault != block.inputsInline) {
        element.setAttribute('inline', block.inputsInline);
    }
    // 设置折叠属性
    if (block.isCollapsed()) {
        element.setAttribute('collapsed', true);
    }
    // 设置禁用属性
    if (block.disabled) {
        element.setAttribute('disabled', true);
    }
    // 设置是否可删除属性
    if (!block.isDeletable() && !block.isShadow()) {
        element.setAttribute('deletable', false);
    }
    // 设置是否可移动属性
    if (!block.isMovable() && !block.isShadow()) {
        element.setAttribute('movable', false);
    }
    // 设置是否可编辑属性
    if (!block.isEditable()) {
        element.setAttribute('editable', false);
    }
```

```
    // 获取连接的下一个语句块
    var nextBlock = block.getNextBlock();
    if (nextBlock) {
        // 递归处理下一个块
        var container = goog.dom.createDom('next', null,
            Blockly.Xml.blockToDom(nextBlock, opt_noId));

        element.appendChild(container);
    }
    // 处理阴影
    var shadow = block.nextConnection && block.nextConnection.getShadow
Dom();
    if (shadow && (!nextBlock || !nextBlock.isShadow())) {
        container.appendChild(Blockly.Xml.cloneShadow_(shadow));
    }
    // 返回编码后的 XML 元素
    return element;
};
```

注意：XML 与工作区、变量、注释等的互相转换方法，本书就不再展开介绍了，读者可以自行了解。

2.3.8 event 模块：各模块之间的通信

event 是 Scratch-blocks 中非常重要的一部分，它是实现 Scratch-blocks 中各模块之间通信的重要途径，其共涉及 6 个文件。

（1）events.js：由于 Blockly 编辑器中的操作而触发的事件，对外提供 Blockly.Events 类，它的属性如表 2.3 所示。

表 2.3　Blockly.Events类的关键属性说明

属　　性	类　　型	默　　认	说　　明
group_	字符串	空字符串	新事件的组ID。分组事件是不可分割的
recordUndo	布尔值	true	设置是否应将事件添加到撤销堆栈
disabled_	数字	0	是否允许创建和触发更改事件
BLOCK_CREATE	字符串常量	create	创建一个代码块的事件名
BLOCK_DELETE	字符串常量	delete	删除一个代码块的事件名
BLOCK_CHANGE	字符串常量	change	更改一个代码块的事件名
BLOCK_MOVE	字符串常量	move	移动一个代码块的事件名
DRAG_OUTSIDE	字符串常量	dragOutside	将块拖出或拖入块工作区的事件名称
END_DRAG	字符串常量	endDrag	结束代码块拖动的事件名称
VAR_CREATE	字符串常量	var_create	创建一个变量的事件名

（续）

属　　性	类　　型	默　　认	说　　明
VAR_DELETE	字符串常量	var_delete	删除一个变量的事件名
VAR_RENAME	字符串常量	var_rename	重命名一个变量的事件名
COMMENT_CREATE	字符串常量	comment_create	创建一个注释的事件名
COMMENT_MOVE	字符串常量	comment_move	移动一个注释的事件名
COMMENT_CHANGE	字符串常量	comment_change	更改一个注释的属性（文本、大小、最小化状态）的事件名
COMMENT_DELETE	字符串常量	comment_delete	删除一个注释的事件名
UI	字符串常量	ui	记录UI改变的事件名
FIRE_QUEUE_	数组	空数组	排队等待触发的事件列表

注意：按照类型来区分，事件主要由块事件、拖曳事件、变量事件、注释事件及 UI 事件组成。

接下来我们以触发一个自定义事件为例进行源码分析，函数 Blockly.Events.fire 的唯一参数 event 为要触发的事件，其中包含自定义数据。函数在执行过程中，首先检测是否可以创建和触发事件，如果为 false，则直接返回，然后判断当前事件队列的长度，如果为 0，则说明在添加第一个事件，此时需要安排一个事件队列的触发，最后把事件加入到事件队列中。代码如下：

```
Blockly.Events.fire = function(event) {
    // 如果不允许创建和触发事件
    if (!Blockly.Events.isEnabled()) {
        return;
    }
    if (!Blockly.Events.FIRE_QUEUE_.length) {
        // 添加第一个事件，安排一个事件队列的触发
        setTimeout(Blockly.Events.fireNow_, 0);
    }
    // 把事件加入队列
    Blockly.Events.FIRE_QUEUE_.push(event);
};
```

以上代码中，setTimeout(Blockly.Events.fireNow_, 0)的意义并不是没有延迟，立即执行其中的函数 Blockly.Events.fireNow_，而是将其立即放入任务队列。具体原理可以参考其相关书目。

Blockly.Events.fireNow_的作用是触发所有排队中的事件，首先对事件队列中的事件进行过滤和去重，然后循环遍历事件队列，如果当前事件所属工作区非空，则触发一次 change 事件。其代码如下：

```
Blockly.Events.fireNow_ = function() {
    // 筛选排队事件，并合并重复项
    var queue = Blockly.Events.filter(Blockly.Events.FIRE_QUEUE_, true);
    // 清空等待触发的事件列表
    Blockly.Events.FIRE_QUEUE_.length = 0;
    // 循环触发事件队列里的事件
    for (var i = 0, event; event = queue[i]; i++) {
        // 获取事件所属工作区
        var workspace = Blockly.Workspace.getById(event.workspaceId);
        if (workspace) {
            // 触发一次更改事件
            workspace.fireChangeListener(event);
        }
    }
};
```

Blockly.Events.filter 是对事件队列进行一次过滤操作，第一个参数 queueIn 为要过滤的事件数组，第二个参数 forward 为一个布尔值，代表事件队列触发的顺序，向前时为 true（重做），向后时为 false（撤销）。

在过滤及合并的过程中，会直接过滤掉记录状态没有更改的事件，然后针对重复事件执行合并操作，把最终结果保存在 mergedQueue 中。由于合并操作，有些事件可能变成空事件，需要过滤掉。最后循环遍历事件队列，把 mutation 事件放置到队列的前面。函数代码如下：

```
Blockly.Events.filter = function(queueIn, forward) {
    // 克隆事件队列
    var queue = goog.array.clone(queueIn);
    if (!forward) {
        // 反转事件序列
        queue.reverse();
    }
    // 合并之后的队列
    var mergedQueue = [];
    // 创建一个哈希对象
    var hash = Object.create(null);
    // 循环遍历事件队列
    for (var i = 0, event; event = queue[i]; i++) {
        // 事件记录了某些状态的更改
        if (!event.isNull()) {
            // 生成事件的唯一 key
            var key = [event.type, event.blockId, event.workspaceId].join(' ');
            var lastEvent = hash[key];
            if (!lastEvent) {
                // 新事件
                hash[key] = event;
                mergedQueue.push(event);
            } else if (event.type == Blockly.Events.MOVE) {
                // 合并代码块的移动事件
                lastEvent.newParentId = event.newParentId;
                lastEvent.newInputName = event.newInputName;
```

```
            lastEvent.newCoordinate = event.newCoordinate;
        } else if (event.type == Blockly.Events.CHANGE &&
            event.element == lastEvent.element &&
            event.name == lastEvent.name) {

            // 合并代码块的更改事件
            lastEvent.newValue = event.newValue;
        } else if (event.type == Blockly.Events.UI && event.element ==
'click' &&
            (lastEvent.element == 'commentOpen' ||
            lastEvent.element == 'mutatorOpen' ||
            lastEvent.element == 'warningOpen')) {

            // 合并单击事件
            lastEvent.newValue = event.newValue;
        } else {
            // 新事件
            hash[key] = event;
            mergedQueue.push(event);
        }
        }
    }
    // 筛选出由于合并而变为空的所有事件
    queue = mergedQueue.filter(function(e) { return !e.isNull(); });
    if (!forward) {
        // 反转
        queue.reverse();
    }
    // 把 mutation 事件放置到队列的前面
    for (var i = 1, event; event = queue[i]; i++) {
        if (event.type == Blockly.Events.CHANGE && event.element == 'mutation') {
            queue.unshift(queue.splice(i, 1)[0]);
        }
    }
    // 返回事件队列
    return queue;
};
```

🔔**注意**：以上代码中的 e.isNull 函数用于判断当前事件是否是一个空事件，没有记录任何
状态的改变。

在函数 Blockly.Events.fireNow_ 中，调用的 fireChangeListener 是 workspace 的原型方法，它会触发一个 change 事件，参数 event 就是要触发的事件。如果事件的 recordUndo 属性为 true，则说明此事件需要添加到撤销栈中，同时要把重做栈的长度设置为 0，撤销栈的默认最大长度为 1024，如果超过了最大长度，则从栈顶删除一个元素，然后循环调用侦听器函数。函数代码如下：

```
Blockly.Workspace.prototype.fireChangeListener = function(event) {
    if (event.recordUndo) {
        // 将事件添加到撤销栈
        this.undoStack_.push(event);
```

```
        // 将重做栈置空
        this.redoStack_.length = 0;
        // 如果超过了撤销栈的最大长度, 从头部删除一个元素
        if (this.undoStack_.length > this.MAX_UNDO) {
            // 应该是 shift, 官方代码有错误, 已提 issue
            this.undoStack_.unshift();
        }
    }
    // 复制侦听器
    var currentListeners = this.listeners_.slice();
    // 循环调用侦听器
    for (var i = 0, func; func = currentListeners[i]; i++) {
        func(event);
    }
};
```

🔔注意: 根据代码逻辑, 以上代码中的 this.undoStack_.unshift 函数是有问题的, 应该改为 this.undoStack_.shift 函数, 已向官方提出该问题。

（2）events_abstract.js: 定义了一个事件的抽象类 Abstract, 所有类型的 Blockly 事件都是从 Abstract 类中继承而来的。该类中有 3 个属性和 5 个方法, 它们都是一个事件被抽象出来的最基本的属性和方法, 具体含义如表 2.4 所示。

表 2.4　Blockly.Events.Abstract类的属性/方法说明

属性/方法	说　　明
workspaceId	事件所属工作区的标识符
group	此事件所属组的事件组ID。组定义事件, 从用户的角度来看, 这些事件应被视为单个操作, 并应一起撤销
recordUndo	设置是否应将事件添加到撤销堆栈
toJson	将事件编码为JSON
fromJson	解码JSON事件
isNull	用于判断此事件是否记录任何状态更改, 函数内设有任何逻辑代码, 直接返回了false值, 子类应该重写此方法
run	运行一个事件, 是一个空函数, 子类要重写
getEventWorkspace_	获取此事件所属的工作区

🔔注意: 以上的 group 属性取自 Blockly.Events 的 group_属性, recordUndo 取自 Blockly.Even 的同名属性。

（3）block_events.js: 该文件中定义了代码块的所有类型的事件, 包括代码块的创建、删除、改变及移动。该文件对外提供了 9 个事件类, 其中有 4 个已经不推荐使用, 还有一个是基础类, 具体如表 2.5 所示。

表 2.5　代码块事件类说明

属性/方法	说　　明
Blockly.Events.BlockBase	基础类
Blockly.Events.BlockChange	更改代码块事件
Blockly.Events.BlockCreate	创建代码块事件
Blockly.Events.BlockDelete	删除代码块事件
Blockly.Events.BlockMove	移动代码块事件
Blockly.Events.Change	同 Blockly.Events.BlockChange，已不推荐使用
Blockly.Events.Create	同 Blockly.Events.BlockCreate，已不推荐使用
Blockly.Events.Delete	同 Blockly.Events.BlockDelete，已不推荐使用
Blockly.Events.Move	同 Blockly.Events.BlockMove，已不推荐使用

其中，Blockly.Events.BlockBase 是其他类的基础，其他类都继承自它，而它则是继承了事件抽象类 Blockly.Events.Abstract。Blockly.Events.BlockBase 比父类多了一个属性 blockId，代表此事件所属代码块的 ID，并重写了父类的 toJson 和 fromJson 方法，在这两个方法中都调用了父类的同名方法，只是增加了对新属性 blockId 的处理。

本节以 Blockly.Events.BlockChange 代码块改变事件为例，介绍代码块事件类的实现，它引用的其实就是 Blockly.Events.Change，代码如下：

```
Blockly.Events.BlockChange = Blockly.Events.Change;
```

接下来对 Blockly.Events.Change 进行源码分析，其构造函数接收 5 个参数，第一个参数 block 代表改变的代码块，如果为 null 则说明这是个空白事件；第二个参数 element 是字段、注释、折叠、禁用、内联、突变中的一种，表示改变的具体类型；第三个参数 name 是受影响的输入或字段的名称，可以为 null；最后两个参数 oldValue 和 newValue 分别代表 element 之前的值和现在的新值。函数代码如下：

```
Blockly.Events.Change = function(block, element, name, oldValue, newValue) {
    // 无效事件，直接返回
    if (!block) {
        return;
    }
    // 调用父类 Blockly.Events.BlockBase 的构造函数
    Blockly.Events.Change.superClass_.constructor.call(this, block);
    // 内部属性赋值
    this.element = element;
    this.name = name;
    this.oldValue = oldValue;
    this.newValue = newValue;
};
// 继承 Blockly.Events.BlockBase 类
goog.inherits(Blockly.Events.Change, Blockly.Events.BlockBase);
```

那么如何判断一个代码块改变事件是否是一个有效的事件呢？其实可以通过 element

的旧值和新值的比较得出，如果新旧值相同，就说明此事件没有携带任何有效的状态数据，就可以判定为是无效事件。函数 isNull 的代码如下：

```
Blockly.Events.Change.prototype.isNull = function() {
    // 新旧值相等，代表是空事件
    return this.oldValue == this.newValue;
};
```

运行一个代码块改变事件，是通过函数 run 进行的，其接收唯一的布尔类型参数 forward。当参数值为 true 时表示向前运行，为 false 时表示向后运行。

run 函数在执行过程中，首先获取事件所属工作区，然后在工作区中通过 ID 查找事件所属代码块，如果代码块未找到，函数直接返回。

run 函数最后根据改变事件的类型分别进行相应的赋值处理，其中 field 类型的事件需要进行副作用校验，mutation 类型需要进行新旧值的计算，最后都会触发一个代码块改变事件。代码如下：

```
Blockly.Events.Change.prototype.run = function(forward) {
    // 获取事件所属工作区
    var workspace = this.getEventWorkspace_();
    // 获取事件所属代码块
    var block = workspace.getBlockById(this.blockId);
    if (!block) {
        // 事件所属的块不存在，函数返回
        console.warn("Can't change non-existent block: " + this.blockId);
        return;
    }
    if (block.mutator) {
        // 隐藏突变气泡
        block.mutator.setVisible(false);
    }
    // 设置事件的值
    var value = forward ? this.newValue : this.oldValue;
    switch (this.element) {
        case 'field':
            var field = block.getField(this.name);
            if (field) {
                // 运行验证器检查可能产生的任何副作用
                field.callValidator(value);
                // 设置域的值
                field.setValue(value);
            } else {
                // 没有找到对应的 field，给出经过信息
                console.warn("Can't set non-existent field: " + this.name);
            }
            break;
        case 'comment':
            // 设置块的注释文本
            block.setCommentText(value || null);
            break;
        case 'collapsed':
```

```
           // 设置块是否折叠
           block.setCollapsed(value);
           break;
       case 'disabled':
           // 设置块是否禁用
           block.setDisabled(value);
           break;
       case 'inline':
           // 设置值输入是水平还是垂直排列
           block.setInputsInline(value);
           break;
       case 'mutation':
           // 突变
           var oldMutation = '';
           if (block.mutationToDom) {
               // 计算旧的 mutation
               var oldMutationDom = block.mutationToDom();
               oldMutation = oldMutationDom && Blockly.Xml.domToText(
                   oldMutationDom);
           }
           if (block.domToMutation) {
               // 将新的 DOM 转换成 mutation
               value = value || '<mutation></mutation>';
               var dom = Blockly.Xml.textToDom('<xml>' + value + '</xml>');
               block.domToMutation(dom.firstChild);
           }
           // 触发一个代码块改变事件
           Blockly.Events.fire(new Blockly.Events.Change(block, 'mutation',
               null, oldMutation, value));

           break;
       default:
           // 不能识别的改变类型
           console.warn('Unknown change type: ' + this.element);
   }
};
```

（4）ui_events.js：对外提供 Blockly.Events.Ui 类，它是指由于 Blockly 编辑器中的 UI 操作而触发的事件，也继承自 Blockly.Events.Abstract。UI 事件是指不需要通过网络发送以供多用户编辑工作的事件，如滚动工作区、缩放和打开工具箱类别等。另外，UI 事件不能撤销和重做。

在 ui_events.js 文件中，只有构造函数、原型上的类型名称定义、toJson 编码及 fromJson 解码四部分内容，下面只对构造函数进行讲解，JSON 编码、解码非常简单，这里就不再展开讨论了。构造函数如下：

```
Blockly.Events.Ui = function(block, element, oldValue, newValue) {
   // 调用父类 Blockly.Events.Abstract 的构造函数
   Blockly.Events.Ui.superClass_.constructor.call(this);
   // 块 ID 赋值
   this.blockId = block ? block.id : null;
```

```
        // 工作区赋值
        this.workspaceId = block ? block.workspace.id : null;
        // 事件元素赋值
        this.element = element;
        // 之前的值
        this.oldValue = oldValue;
        // 现在的值
        this.newValue = newValue;
        // UI 事件不进行撤销和重做
        this.recordUndo = false;
    };
```

在构造函数中，第一个参数 block 指的是受此事件影响的代码块，第二个参数 element 为选中、注释、突变等元素之一，第三个参数 oldValue 为 element 之前的旧值，第四个参数 newValue 为 element 的新值。函数内部主要进行了一些赋值和初始化的操作，没有复杂的内容。

（5）scratch_events.js：保存由于在 Scratch-blocks 编辑器中的 UI 操作而触发的事件，这些操作不是在 Blockly 中触发的。该文件中定义了 Blockly.Events.DragBlockOutside 和 Blockly.Events.EndBlockDrag 两个代码块拖曳事件。

Blockly.Events.DragBlockOutside 事件在代码块被拖出所属 UI 区域的时候触发，Blockly.Events.EndBlockDrag 事件在代码块结束拖曳的时候触发，它们都继承了事件基础类 Blockly.Events.BlockBase。另外，这两个拖曳事件也都有对应的 JSON 编码、解码函数，这里就不再展开讨论了。

（6）variable_events.js：其中定义了所有类型的变量事件类，其中包括变量事件基础类、变量创建类、变量删除类及变量重命名类。接下来以"变量创建事件"为例对其进行源码分析。

在 Blockly.Events.VarCreate 的构造函数中，只接收唯一的参数 variable，代表要创建的变量，并且函数内针对变量的类型、名称、作用域及是否为云变量进行了赋值。函数代码如下：

```
Blockly.Events.VarCreate = function(variable) {
    // 变量为空，函数直接返回
    if (!variable) {
        return;
    }
    // 调用父类 Blockly.Events.VarBase 的构造函数
    Blockly.Events.VarCreate.superClass_.constructor.call(this, variable);
    // 记录变量的属性
    // 变量类型
    this.varType = variable.type;
    // 变量名
    this.varName = variable.name;
    // 变量作用域
    this.isLocal = variable.isLocal;
```

```
// 是否为云变量
this.isCloud = variable.isCloud;
};
```

在变量创建事件的运行函数 run 中，参数 forward 是一个布尔值，为 true 时代表向前执行，创建一个新的变量；如果为 false 表示向后执行，执行撤销操作，删除一个变量。函数代码如下：

```
Blockly.Events.VarCreate.prototype.run = function(forward) {
    // 获取事件所属工作区
    var workspace = this.getEventWorkspace_();
    if (forward) {
        // 创建一个变量
        workspace.createVariable(this.varName, this.varType, this.varId,
            this.isLocal, this.isCloud);
    } else {
        // 删除一个变量
        workspace.deleteVariableById(this.varId);
    }
};
```

2.3.9　Field 模块：代码块上的域

Field 域用于可编辑的标题和变量等，其类型非常多，但是它们都有一个共同的基础类 Blockly.Field，该类定义在 field.js 文件中，用于定义块上的 UI。Blockly.Field 类有一些比较关键的属性和方法，如表 2.6 所示。

表 2.6　Blockly.Field类的关键属性/方法说明

属性/方法	类　型	说　明
size_	goog.math.Size	Field的大小，包含宽和高
TYPE_MAP_	对象	所有注册的Field的集合，键是Field的类型，值是Field类
argType	数组	Field的参数类型数组
register	函数	注册一种Field类型
cacheWidths_	对象	文本宽度的临时缓存
cacheReference_	数字	当前对缓存的引用数
sourceBlock_	Blockly.Block	Field附属的代码块，刚开始为null
setSourceBlock	函数	将此Field附加到一个代码块
validator_	函数	当用户编辑一个可编辑的Field时调用的验证函数
EDITABLE	布尔值	Field是否是可编辑的
init	函数	在一个代码块上安装Field
setValue	函数	为Field设置新值
callValidator	函数	调用Field的验证函数

Blockly.Field 的构造函数接收两个参数，第一个参数 text 代表 Field 的初始值，第二个可选参数 opt_validator 是一个函数，用于对用户输入内容的验证。验证函数以新文本值作为参数，返回值要么是一个接收的文本，要么是一个替换后的文本，要么直接返回 null，以中止对 Field 值的更改。

Blockly.Field 函数中有 Field 大小的设置、文本值的设定、验证函数的设置及最大展示字符数的设置等。代码如下：

```
Blockly.Field = function(text, opt_validator) {
    // 生成 Field 的宽和高
    this.size_ = new goog.math.Size( Blockly.BlockSvg.FIELD_WIDTH,
        Blockly.BlockSvg.FIELD_HEIGHT);

    // 设置 Field 的初始值 text
    this.setValue(text);
    // 为 Field 设置验证函数
    this.setValidator(opt_validator);
    // 设置文本显示的最大字符个数（数字、字符串也一样）
    this.maxDisplayLength = Blockly.BlockSvg.MAX_DISPLAY_LENGTH;
};
```

另外，注册一种 Field 类型的函数是 register，它也可以覆盖现有的 Field 类型。register 函数的第一个参数 type 代表要注册的 Field 类型名，第二个参数 fieldClass 是一个 Field 类，其中包含一个用于构造 Field 实例的 fromJson 函数。

如果参数不满足要求，则 register 函数抛出错误，最终注册在类型映射表 Blockly.Field.TYPE_MAP_ 中，Blockly.Field.fromJson 就是使用此注册映射表查找相应的 Field。register 函数的代码如下：

```
Blockly.Field.register = function(type, fieldClass) {
    // 无效的 Field 类型
    if (!goog.isString(type) || goog.string.isEmptyOrWhitespace(type)) {
        // 抛出类型错误
        throw new Error('Invalid field type "' + type + '"');
    }
    // 无效的 fieldClass
    if (!goog.isObject(fieldClass) || !goog.isFunction(fieldClass.fromJson)) {
        // fieldClass 不是一个包含 fromJson 函数的对象
        throw new Error('Field "' + fieldClass +'" must have a fromJson
function');
    }
    // 注册 fieldClass
    Blockly.Field.TYPE_MAP_[type] = fieldClass;
};
```

init 初始化函数用于在一个代码块上安装 Field，其中包括构建 DOM 结构、定位、渲染及事件绑定等。渲染的作用是使用正确的宽度绘制边框，并将计算出的宽度保存在属性中。init 函数的代码如下：

```
Blockly.Field.prototype.init = function() {
    if (this.fieldGroup_) {
        // Field 已经初始化过，函数直接返回
        return;
    }
    // 构建 Field 的 DOM 结构
    this.fieldGroup_ = Blockly.utils.createSvgElement('g', {}, null);
    // 设置可见性
    if (!this.visible_) {
        this.fieldGroup_.style.display = 'none';
    }
    // 添加属性以区分 Field 的类型
    if (this.getArgTypes() !== null) {
        // Field 所属块是阴影
        if (this.sourceBlock_.isShadow()) {
            this.sourceBlock_.svgGroup_.setAttribute('data-argument-type',
            this.getArgTypes());
        } else {
            // Field 没有外围阴影，如方形下拉列表
            this.fieldGroup_.setAttribute('data-argument-type', this.
getArgTypes());
        }
    }
    // 根据 Field 所属代码块的走向调整 x 坐标值
    var size = this.getSize();
    var fieldX = (this.sourceBlock_.RTL) ? -size.width / 2 : size.width / 2;
    // 创建 text 元素
    this.textElement_ = Blockly.utils.createSvgElement('text',
        {
            'class': this.className_,
            'x': fieldX,
            'y': size.height / 2 + Blockly.BlockSvg.FIELD_TOP_PADDING,
            'dominant-baseline': 'middle',
            'dy': goog.userAgent.EDGE_OR_IE ? Blockly.Field.IE_TEXT_OFFSET
: '0',
            'text-anchor': 'middle'
        }, this.fieldGroup_);

    // 根据 Field 是否可编辑，增加或删除相应的 UI 指示
    this.updateEditable();
    // 把 Field 元素附加到代码块上
    this.sourceBlock_.getSvgRoot().appendChild(this.fieldGroup_);
    // 强制渲染一次
    this.render_();
    this.size_.width = 0;
    // 绑定鼠标按下事件
    this.mouseDownWrapper_ = Blockly.bindEventWithChecks_(
        this.getClickTarget_(), 'mousedown', this, this.onMouseDown_);
};
```

为 Field 设置新值的函数 setValue 只接收唯一的参数 newValue，表示要设置的新值，如果 newValue 为 null 或者与 Field 现在的值相同，表示 Field 没有变化，则 setValue 函数

直接返回。如果 Field 存在源代码块 sourceBlock_ 且是可以触发代码块事件的情况下，则 setValue 函数触发一次代码块改变事件。在 setValue 函数的最后，设置 Field 的文本值，并触发源代码块的一次重新渲染。代码如下：

```
Blockly.Field.prototype.setValue = function(newValue) {
    if (newValue === null) {
        // 没有变化
        return;
    }
    var oldValue = this.getValue();
    if (oldValue == newValue) {
        // 没有变化
        return;
    }
    if (this.sourceBlock_ && Blockly.Events.isEnabled()) {
        // 触发一次代码块 change 事件
        Blockly.Events.fire(new Blockly.Events.BlockChange(
            this.sourceBlock_, 'field', this.name, oldValue, newValue));
    }
    // 设置 Field 中的文本，并触发源代码块的重新渲染
    this.setText(newValue);
};
```

当编辑一个可编辑的 Field 时，需要对用户输入的值进行校验，只有合法的值才可以生效，例如，子类 FieldAngle 只允许输入一个角度值。验证函数可以分为两种类型，一种是 Field 类中定义的验证函数，另一种是通过 setValidator 设置的验证函数 validator_，只有这两种验证函数都通过的情况下才算输入值有效。callValidator 的职责就是调用这两种验证函数，其代码如下：

```
Blockly.Field.prototype.callValidator = function(text) {
    // 调用类验证函数
    var classResult = this.classValidator(text);
    if (classResult === null) {
        // 没有通过类验证函数，函数返回
        return null;
    } else if (classResult !== undefined) {
        text = classResult;
    }
    // 获取设置的验证函数 validator_
    var userValidator = this.getValidator();
    if (userValidator) {
        // 调用 validator_
        var userResult = userValidator.call(this, text);
        if (userResult === null) {
            // 验证没有通过，函数直接返回
            return null;
        } else if (userResult !== undefined) {
            // 验证通过
            text = userResult;
        }
```

```
    }
    // 返回验证通过后的值
    return text;
};
```

需要注意的是，Field 类的 classValidator 函数没有做任何的校验操作，直接返回了原值，子类可以对它实施覆盖，其代码如下：

```
Blockly.Field.prototype.classValidator = function(text) {
    // 没有校验，直接返回 text
    return text;
};
```

FieldTextInput 定义在文件 field_textinput.js 中，是一个可编辑的文本 Field 类，它继承了 Blockly.Field，同时也是 Blockly.FieldNumber、Blockly.FieldNote 等多个类的父类，是一种非常重要的 Field 类型，接下来将对其进行关键源码的分析。

在 FieldTextInput 类中，函数 showEditor 用于在文本顶部显示内联的文本编辑器，第一个参数 opt_quietInput 是一个布尔值，为 true 时指创建不带焦点的编辑器，默认值为 false；第二个参数 opt_readOnly 也是一个布尔值，值为 true 时表示创建编辑器时应将 HTML 输入设置为只读，以防止虚拟键盘；第三个参数 opt_withArrow 也是一个布尔值，为 true 时代表在文本编辑器中需要显示下拉箭头；最后一个参数 opt_arrowCallback 是一个函数，用于单击下拉箭头时的回调。函数代码如下：

```
Blockly.FieldTextInput.prototype.showEditor_ = function(opt_quietInput,
    opt_readOnly, opt_withArrow, opt_arrowCallback) {
    // 获取所属工作区
    this.workspace_ = this.sourceBlock_.workspace;
    // 设置是否带焦点，默认值为 false，即带焦点
    var quietInput = opt_quietInput || false;
    // 设置只读，默认为 false
    var readOnly = opt_readOnly || false;
    // 初始化并显示 widget 容器，如果需要，关闭旧的 widget，其内部将存放文本输入框
    Blockly.WidgetDiv.show(this, this.sourceBlock_.RTL,
        this.widgetDispose_(), this.widgetDisposeAnimationFinished_(),
        Blockly.FieldTextInput.ANIMATION_TIME);

    // 获取 widget 的 HTML 容器
    var div = Blockly.WidgetDiv.DIV;
    // 应用文本输入框特定的 CSS
    div.className += ' fieldTextInput';
    // 创建文本输入框
    var htmlInput = goog.dom.createDom(goog.dom.TagName.INPUT, 'blockly
HtmlInput');
    // 设置 spellcheck 属性
    htmlInput.setAttribute('spellcheck', this.spellcheck_);
    if (readOnly) {
        // 设置只读属性
        htmlInput.setAttribute('readonly', 'true');
    }
```

```
    // 为 FieldTextInput 设置用户输入框
    Blockly.FieldTextInput.htmlInput_ = htmlInput;
    // 把输入框追加到 widget 容器中
    div.appendChild(htmlInput);
    if (opt_withArrow) {
        // 移动输入框中的文本，以放置下拉箭头
        if (this.sourceBlock_.RTL) {
            htmlInput.style.paddingLeft = (this.arrowSize_ +
                Blockly.BlockSvg.DROPDOWN_ARROW_PADDING) + 'px';
        } else {
            htmlInput.style.paddingRight = (this.arrowSize_ +
                Blockly.BlockSvg.DROPDOWN_ARROW_PADDING) + 'px';
        }
        // 创建下拉箭头
        var dropDownArrow =
            goog.dom.createDom(goog.dom.TagName.IMG,'blocklyTextDropDown
Arrow');

        // 设置箭头的 src 属性
        dropDownArrow.setAttribute('src', Blockly.mainWorkspace.options.
pathToMedia
            + 'dropdown-arrow-dark.svg');

        // 设置箭头的宽、高等属性
        dropDownArrow.style.width = this.arrowSize_ + 'px';
        dropDownArrow.style.height = this.arrowSize_ + 'px';
        dropDownArrow.style.top = this.arrowY_ + 'px';
        dropDownArrow.style.cursor = 'pointer';
        // 定位箭头
        var dropdownArrowMagic = '11px';
        if (this.sourceBlock_.RTL) {
            dropDownArrow.style.left = dropdownArrowMagic;
        } else {
            dropDownArrow.style.right = dropdownArrowMagic;
        }
        // 绑定箭头单击事件
        if (opt_arrowCallback) {
            htmlInput.dropDownArrowMouseWrapper_ = Blockly.bindEvent_(
                dropDownArrow, 'mousedown', this, opt_arrowCallback);
        }
        // 把箭头追加到 widget 容器中
        div.appendChild(dropDownArrow);
    }
    // 为输入框赋值
    htmlInput.value = htmlInput.defaultValue = this.text_;
    htmlInput.oldValue_ = null;
    // 检查编辑器的内容是否有效。相应地设置编辑器的样式
    this.validate_();
    // 调整编辑器和下面块的大小以适应文本
    this.resizeEditor_();
    // 设置聚焦和选中
    if (!quietInput) {
        htmlInput.focus();
```

```
        htmlInput.select();
        htmlInput.setSelectionRange(0, 99999);
    }
    // 绑定此 Field 上的用户输入和工作区的大小，更改处理程序
    this.bindEvents_(htmlInput, quietInput || readOnly);
    // 增加动画转换属性
    var transitionProperties = 'box-shadow ' + Blockly.FieldTextInput.
ANIMATION_TIME + 's';
    if (Blockly.BlockSvg.FIELD_TEXTINPUT_ANIMATE_POSITIONING) {
        div.style.transition += ',padding ' + Blockly.FieldTextInput.
ANIMATION_TIME + 's,' +
            'width ' + Blockly.FieldTextInput.ANIMATION_TIME + 's,' +
            'height ' + Blockly.FieldTextInput.ANIMATION_TIME + 's,' +
            'margin-left ' + Blockly.FieldTextInput.ANIMATION_TIME + 's';
    }
    div.style.transition = transitionProperties;
    htmlInput.style.transition = 'font-size ' + Blockly.FieldTextInput.
ANIMATION_TIME + 's';
    htmlInput.style.fontSize = Blockly.BlockSvg.FIELD_TEXTINPUT_FONTSIZE_
FINAL
        + 'pt';
    div.style.boxShadow = '0px 0px 0px 4px ' + Blockly.Colours.fieldShadow;
};
```

以上代码中的 Blockly.WidgetDiv.show 是在 Blockly.WidgetDiv 类中定义的方法，用于初始化并显示 widget 容器，定义在 widgetdiv.js 文件中。

Blockly.WidgetDiv 是漂浮在代码块上的一个 div，是一个单例，此单例包含用户当前正在与之交互的临时 HTML UI 小部件，如文本输入区、颜色选择器及上下文菜单等。Blockly.WidgetDiv 类中一些关键的属性和方法如表 2.7 所示。

表 2.7　Blockly.WidgetDiv类的关键属性/方法说明

属性/方法	类　　型	说　　　　明
DIV	html元素	HTML容器
owner	对象	当前使用此容器的对象
dispose_	函数	一个可选的清除函数，由使用widget的对象提供
disposeAnimationFinished_	函数	一个可选的函数，在释放动画结束时调用，由使用widget的对象提供
disposeAnimationTimer_	数字	清除动画的计时器ID
disposeAnimationTimerLength_	数字	清除动画的时间长度，以s为单位
createDom	函数	创建widget的div元素，并插入到页面中
show	函数	初始化和展示widget，如果需要，关闭旧的widget
hide	函数	销毁widget，并隐藏容器div
position	函数	将widget放置到给定位置
repositionForWindowResize	函数	在调整窗口大小时重新定位widget。如果不知道如何计算新的位置，则把它隐藏

其中，初始化和展示 widget 的 show 函数有 5 个参数，第一个参数 newOwner 是使用此 widget 容器的对象；第二个参数 rtl 代表 Scratch-blocks 的排列方式，true 代表从右到左排列，false 代表从左到右排列；第三个参数 opt_dispose 是关闭 widget 时要运行的可选清理函数，如果清理已设置动画，则此函数必须启动动画；第四个参数 opt_disposeAnimation-Finished 表示当 widget 完成动画并且必须消失时要运行的可选清理函数；最后一个参数 opt_disposeAnimationTimerLength 的意思是如果提供了释放动画，动画的时长（以 s 为单位）。代码如下：

```
Blockly.WidgetDiv.show = function(newOwner, rtl, opt_dispose,
    opt_disposeAnimationFinished, opt_disposeAnimationTimerLength) {

    // 销毁旧的 widget，并隐藏容器 div
    Blockly.WidgetDiv.hide();
    // 设置当前使用此 widget 容器的对象
    Blockly.WidgetDiv.owner_ = newOwner;
    // 为 Blockly.WidgetDiv 单例设置清理函数
    Blockly.WidgetDiv.dispose_ = opt_dispose;
    // 为 Blockly.WidgetDiv 单例设置动画结束后的清理函数
    Blockly.WidgetDiv.disposeAnimationFinished_ = opt_disposeAnimation
Finished;
    // 设置动画时长
    Blockly.WidgetDiv.disposeAnimationTimerLength_ = opt_disposeAnimation
TimerLength;
    // 暂时将 widget 移动到屏幕顶部，这样在显示时不会导致 Firefox 中的滚动条跳转
    var xy = goog.style.getViewportPageOffset(document);
    Blockly.WidgetDiv.DIV.style.top = xy.y + 'px';
    Blockly.WidgetDiv.DIV.style.direction = rtl ? 'rtl' : 'ltr';
    // 显示出来 widget 容器
    Blockly.WidgetDiv.DIV.style.display = 'block';
};
```

showEditor_ 中调用的函数 widgetDispose_ 的返回值也是一个函数，其在 WidgetDiv 的 hide 函数中被调用，用于销毁 WidgetDiv，其中包括保存有效的编辑结果、撤销事件的绑定、停止事件组及调整实际大小等。代码如下：

```
Blockly.FieldTextInput.prototype.widgetDispose_ = function() {
    var thisField = this;
    return function() {
        // 获取 widget 容器 div
        var div = Blockly.WidgetDiv.DIV;
        // 获取文本输入框
        var htmlInput = Blockly.FieldTextInput.htmlInput_;
        // 如果有效，保存结果
        thisField.maybeSaveEdit_();
        // 为用户输入和工作区大小更改解除事件绑定
        thisField.unbindEvents_(htmlInput);
        // 撤销下拉箭头的事件绑定
        if (htmlInput.dropDownArrowMouseWrapper_) {
            Blockly.unbindEvent_(htmlInput.dropDownArrowMouseWrapper_);
```

```
        }
        // 停止一个事件组
        Blockly.Events.setGroup(false);
        // 把输入框的字体大小设置为最初大小，即 12pt
        htmlInput.style.fontSize = Blockly.BlockSvg.
            FIELD_TEXTINPUT_FONTSIZE_INITIAL + 'pt';
        // 去除阴影
        div.style.boxShadow = '';
        // 把 div 调整到最终源块的实际大小
        if (thisField.sourceBlock_) {
            // 如果是阴影块
            if (thisField.sourceBlock_.isShadow()) {
                var size = thisField.sourceBlock_.getHeightWidth();
                div.style.width = (size.width + 1) + 'px';
                div.style.height = (size.height + 1) + 'px';
            } else {
                div.style.width = (thisField.size_.width + 1) + 'px';
                div.style.height = (Blockly.BlockSvg.FIELD_HEIGHT_MAX_EDIT + 1)
                    + 'px';
            }
        }
        // 去除左边距
        div.style.marginLeft = 0;
    };
};
```

FieldTextInput 中的 widgetDisposeAnimationFinished_ 函数是文本类型 Field 中最后处理元素和属性的函数，也是当 widget 动画结束并且必须撤销时要运行的清理函数，它的返回值也是一个函数，用于清除文本输入框元素及 widget 容器的样式。

首先获取 widget 容器 div 的 style 样式属性，将其宽度、高度属性都设置成 auto，字体大小属性设置为空，然后重置 div 的类属性，之后把 style 属性删除，最后把文本类型 Field 的 HTML 输入框元素设置为 null。函数代码如下：

```
Blockly.FieldTextInput.prototype.widgetDisposeAnimationFinished_ = function() {
    return function() {
        // 获取容器的样式
        var style = Blockly.WidgetDiv.DIV.style;
        // 删除样式属性
        style.width = 'auto';
        style.height = 'auto';
        style.fontSize = '';
        // 重置 widget 容器的 class 属性
        Blockly.WidgetDiv.DIV.className = 'blocklyWidgetDiv';
        // 删除所有样式
        Blockly.WidgetDiv.DIV.removeAttribute('style');
        Blockly.FieldTextInput.htmlInput_.style.transition = '';
        // 重置文本输入框为 null
        Blockly.FieldTextInput.htmlInput_ = null;
    };
};
```

　　处理编辑器的 change 事件是由函数 onHtmlInputChange 负责的，它的唯一参数 e 表示键盘事件，如果事件类型是 keypress 且有限制器，则需要对键码做校验，未通过校验函数的直接返回。其中考虑到了 GECKO 的情况，判断键码是否在免检白名单中。

　　通过键码校验后，如果新值不等于旧值，就设置 Field 中的文本为新值，并触发一个代码块 change 事件。然后检查编辑器中的内容是否有效，如为 HTNL 则增加相应的 class 设置编辑器的样式。

　　如果新值等于旧值且浏览器 userAgent 是 WEBKIT 的情况下，函数触发一次 Field 所属源代码块的重新渲染，以显示插入符号的移动。函数的最后触发一次编辑器和源块的大小调整以适应文本值。OnHtmlInputChange 函数代码如下：

```
Blockly.FieldTextInput.prototype.onHtmlInputChange_ = function(e) {
    // 检查按键是否与限制器匹配
    if (e.type === 'keypress' && this.restrictor_) {
        var keyCode;
        var isWhitelisted = false;
        if (goog.userAgent.GECKO) {
            // e.keyCode 在 Gecko 中不可用
            keyCode = e.charCode;
            // GECKO 声明控制字符（如左、右、复制、粘贴）在按键事件白名单中
            // 不受限制器的约束
            if (keyCode < 32 || keyCode == 127) {
                // 键码小于 32 或者等于 127 都是控制字符
                isWhitelisted = true;
            } else if (e.metaKey || e.ctrlKey) {
                // 判断组合键是否免约束
                isWhitelisted = Blockly.FieldTextInput.GECKO_KEYCODE_WHITELIST
                    .indexOf(keyCode) > -1;
            }
        } else {
            keyCode = e.keyCode;
        }
        // 将编码转换成一个字符
        var char = String.fromCharCode(keyCode);
        if (!isWhitelisted && !this.restrictor_.test(char) && e.prevent
Default) {
            // 未能通过限制器
            e.preventDefault();
            return;
        }
    }
    // 获取文本输入框
    var htmlInput = Blockly.FieldTextInput.htmlInput_;
    // 更新源块
    var text = htmlInput.value;
    if (text !== htmlInput.oldValue_) {
        htmlInput.oldValue_ = text;
        // 设置 Field 中的文本，并触发一个代码块 change 事件
        this.setText(text);
```

```
      // 检查编辑器内容是否有效
      this.validate_();
  } else if (goog.userAgent.WEBKIT) {
      // 渲染一次源块
      this.sourceBlock_.render();
  }
  // 调整编辑器和源块的大小
  this.resizeEditor_();
};
```

以上代码中的 resizeEditor_用于调整编辑器和基础块的大小以适应文本，首先获取到 Field 所属代码块的工作区的缩放比例值 scale，然后设置初始宽度值 initialWidth。如果允许文本 Field 扩展到超过其截断块大小，则通过函数 measureText 使用内存中的画布测量文本的宽度值，然后加上 padding，乘以缩放比例作为宽度值。如果不允许，就以初始值作为宽度值。最后还要考虑到宽度值不能小于 FIELD_width，也不能大于 FIELD_width_MAX_EDIT，得到最终的宽度值。

接下来对 widget 容器 div 进行宽、高、转换、边框半径及颜色的设置，最后通过考虑源块的排列模式及不同用户代理的情况，计算出 div 最终的绝对位置，完成定位。代码如下：

```
Blockly.FieldTextInput.prototype.resizeEditor_ = function() {
    // 获取 Field 所属代码块的工作区的比例
    var scale = this.sourceBlock_.workspace.scale;
    // 获取当前 widget 的 div 容器
    var div = Blockly.WidgetDiv.DIV;
    // 设置初始宽度
    var initialWidth;
    if (this.sourceBlock_.isShadow()) {
        // 是阴影块
        initialWidth = this.sourceBlock_.getHeightWidth().width * scale;
    } else {
        initialWidth = this.size_.width * scale;
    }
    var width;
    // 如果允许文本 Field 扩展到超过其截断块大小
    if (Blockly.BlockSvg.FIELD_TEXTINPUT_EXPAND_PAST_TRUNCATION) {
        // 根据文本的测量宽度调整框的大小，预截断
        var textWidth = Blockly.scratchBlocksUtils.measureText(
            Blockly.FieldTextInput.htmlInput_.style.fontSize,
            Blockly.FieldTextInput.htmlInput_.style.fontFamily,
            Blockly.FieldTextInput.htmlInput_.style.fontWeight,
            Blockly.FieldTextInput.htmlInput_.value
        );
        // 画布中绘制的大小需要 padding 和缩放
        textWidth += Blockly.FieldTextInput.TEXT_MEASURE_PADDING_MAGIC;
        textWidth *= scale;
        width = textWidth;
    } else {
        // 把宽度设置为初始宽度
```

```
            width = initialWidth;
    }
    // 宽度必须至少为 FIELD_width，最多为 FIELD_width_MAX_EDIT
    width = Math.max(width, Blockly.BlockSvg.FIELD_WIDTH_MIN_EDIT * scale);
    width = Math.min(width, Blockly.BlockSvg.FIELD_WIDTH_MAX_EDIT * scale);
    // 将宽度和高度增加 1px，以考虑边框（预缩放）
    div.style.width = (width / scale + 1) + 'px';
    div.style.height = (Blockly.BlockSvg.FIELD_HEIGHT_MAX_EDIT + 1) + 'px';
    div.style.transform = 'scale(' + scale + ')';
    // 使用左边距设置框重新定位的动画
    // 这是默认位置和扩展框后的位置之间的差异
    div.style.marginLeft = -0.5 * (width - initialWidth) + 'px';
    // 添加 0.5px 以考虑到 SVG 和 CSS 边框之间的细微差异
    var borderRadius = this.getBorderRadius() + 0.5;
    div.style.borderRadius = borderRadius + 'px';
    Blockly.FieldTextInput.htmlInput_.style.borderRadius = borderRadius + 'px';
    // 从现有阴影块获取颜色
    var strokeColour = this.sourceBlock_.getColourTertiary();
    div.style.borderColor = strokeColour;
    // 获取 Field 左上角的绝对位置
    var xy = this.getAbsoluteXY_();
    // 考虑到边框宽度和后缩放
    xy.x -= scale / 2;
    xy.y -= scale / 2;
    // 如果源块是 RTL 模式
    if (this.sourceBlock_.RTL) {
        xy.x += width;
        xy.x -= div.offsetWidth * scale;
        xy.x += 1 * scale;
    }
    // 移动几个像素以精确对齐
    xy.y += 1 * scale;
    if (goog.userAgent.GECKO && Blockly.WidgetDiv.DIV.style.top) {
        // 一旦 WidgetDiv 移动到位，Firefox 就会错误地报告一个像素的边界位置
        xy.x += 2 * scale;
        xy.y += 1 * scale;
    }
    if (goog.userAgent.WEBKIT) {
        xy.y -= 1 * scale;
    }
    // 最后设置实际的位置
    div.style.left = xy.x + 'px';
    div.style.top = xy.y + 'px';
};
```

⌂注意：以上代码中的 Blockly.scratchBlocksUtils 是一个工具类，其中定义了一些有关
    Scratch-blocks 的工具方法。

2.3.10　blockly.js：Blockly 的核心 JS 库

blockly.js 是 Blockly 的核心 JavaScript 库，其中包括调整主工作区 SVG 的大小、处理键盘事件和复制代码块等。本节将对其进行详细介绍和源码分析，其中定义的核心属性和方法如表 2.8 所示。

表 2.8　Blockly的关键属性/方法说明

属性/方法	类　　型	说　　明
mainWorkspace	Blockly.Workspace	最近使用的主工作区
selected	Blockly.Block	当前选中的代码块
draggingConnections_	数组	当前正在拖动的代码块上的所有连接
clipboardXml_	元素	本地剪贴板的内容
clipboardSource_	Blockly.WorkspaceSvg	本地剪贴板的源
cache3dSupported_	布尔值	是否支持3D的缓存值
svgResize	函数	调整SVG图像的大小以完全填充其容器
onKeyDown	函数	处理SVG绘图面上的键盘按下事件
copy	函数	将一个块或工作区注释复制到本地剪贴板上
duplicate	函数	复制一个代码块及其子块，或工作区注释
bindEvents_	函数	将事件绑定到函数调用
Blockly.bindEventWithChecks_	函数	将事件绑定到函数调用。当调用函数时，验证它是否属于当前正在处理的触摸流，并根据需要将多个触摸事件拆分为多个事件

当视图大小发生实际改变时，如调整窗口大小、更改设备方向等，需要调用 Blockly.svgResize 来调整 SVG 图像的大小以完全填充其容器，并缓存 SVG 图像的宽度和高度值。

函数接收唯一的参数 workspace 代表 SVG 中的任何工作区，是 Blockly.WorkspaceSvg 类型。函数首先循环找出主工作区，然后获取包含工作区的 SVG 元素及 SVG 的父元素 div。如果 div 的宽度值不等于缓存的宽度值，则重新设置 SVG 的宽度值并保存，高度是类似的处理。最后触发一次主工作区的 resize，其中会对工作区的所有元素，包括工具箱、垃圾桶、滚动条、Flyout 和缩放控制等进行大小调整和重新定位，至此函数执行结束。代码如下：

```
Blockly.svgResize = function(workspace) {
    // 找出主工作区
    var mainWorkspace = workspace;
    while (mainWorkspace.options.parentWorkspace) {
        mainWorkspace = mainWorkspace.options.parentWorkspace;
```

```
    }
    // 获取包含主工作区的 SVG 元素
    var svg = mainWorkspace.getParentSvg();
    // 获取 SVG 的父元素 div
    var div = svg.parentNode;
    if (!div) {
        // 工作区已被删除等
        return;
    }
    // 获取 div 的宽度值
    var width = div.offsetWidth;
    // 获取 div 的高度值
    var height = div.offsetHeight;
    // 如果 SVG 缓存的宽度不等于其父节点 div 的宽度
    if (svg.cachedWidth_ != width) {
        // 设置 SVG 的宽度为 div 的宽度
        svg.setAttribute('width', width + 'px');
        // 缓存宽度值
        svg.cachedWidth_ = width;
    }
    // 如果 SVG 缓存的高度不等于其父节点 div 的高度
    if (svg.cachedHeight_ != height) {
        // 设置 SVG 的高度为 div 的高度
        svg.setAttribute('height', height + 'px');
        // 缓存高度值
        svg.cachedHeight_ = height;
    }
    // 调整工作区的大小
    mainWorkspace.resize();
};
```

如果在 SVG 的绘图表面按下键盘，就会触发处理函数 Blockly.onKeyDown_，此函数接收的唯一参数 e 为一个 Event 类型的事件。

在函数执行过程中，如果工作区是只读的，或者事件目标是一个文本输入框，或者工作区已渲染且不可见，则函数直接返回。

如果按键是 Esc，Blockly.oneKeyDown_将关闭工具箱、上下文菜单及下拉菜单等；如果按下的是退格键或者删除键，首先阻止事件的默认行为，以防止浏览器返回上一页，以及避免删除代码导致数据丢失的错误。如果此时工作区正在拖动中，则函数不做任何处理直接返回。如果此时已经有选中的代码块且此块可删除，则将块删除标记 deleteBlock 置为 true，以备后面删除和剪切的公用代码使用。

如果按下了 Alt、Ctrl 或者 Meta 键（Meta 键在 Windows 系统中是 Windows 键，在 Mac 系统中指的是 Command 键），这时工作区正在拖动中，那么函数直接返回。如果此时按下了 C 键，代表执行复制操作，按下了 X 键，代表执行删除操作，按下 V 键代表执行粘贴操作，按下 Z 键是执行重做操作，按下 z 键是执行撤销操作。其中，删除操作需要考虑代码块是否处于 Flyout 中，因为 Flyout 中的块是不能删除的。另外粘贴操作始终是把块粘贴到主工作区，即使是在 Flyout 中复制的。

最后，如果删除标记为 true 且选中的不是 Flyout 中的块，则把选中的代码块清除掉。
函数代码如下：

```
Blockly.onKeyDown_ = function(e) {
    if (Blockly.mainWorkspace.options.readOnly || Blockly.utils.isTarget
Input(e)
        || (Blockly.mainWorkspace.rendered && !Blockly.mainWorkspace.
isVisible())) {

        // 只读工作区没有键盘事件
        // 当聚焦到一个 HTML 文本输入框 widget 上，不捕获任何键
        // 忽略在一个已渲染并隐藏的工作区上的按键
        return;
    }
    var deleteBlock = false;
    // 如果按下的是 Esc 键
    if (e.keyCode == 27) {
        //关闭工具箱、上下文菜单及下拉菜单等
        Blockly.hideChaff();
        // 隐藏下拉框 div 元素
        Blockly.DropDownDiv.hide();
    // 如果是退格键或者删除键
    } else if (e.keyCode == 8 || e.keyCode == 46) {
        // 阻止事件默认行为
        e.preventDefault();
        // 工作区正在拖动中
        if (Blockly.mainWorkspace.isDragging()) {
            // 直接返回，不做删除
            return;
        }
        // 当前已经有选中的代码块，并且选中的块可以被删除
        if (Blockly.selected && Blockly.selected.isDeletable()) {
            deleteBlock = true;
        }
    // 如果是 Alt、Ctrl、Meta 键
    } else if (e.altKey || e.ctrlKey || e.metaKey) {
        // 如果工作区正在拖动中，函数直接返回
        if (Blockly.mainWorkspace.isDragging()) {
            return;
        }
        // 当前已经有选中的代码块，并且选中的块可以被删除，也可以移动
        // 不可移动，不可删除的块不可以复制和剪切
        if (Blockly.selected && Blockly.selected.isDeletable() &&
            Blockly.selected.isMovable()) {
            // 如果是 C 键则复制
            if (e.keyCode == 67) {
                Blockly.hideChaff();
                // 复制选中的块到本地剪贴板
                Blockly.copy_(Blockly.selected);
            // 如果是 X 键则剪切，并且选中的不是 Flyout 的块
```

```
            } else if (e.keyCode == 88 && !Blockly.selected.workspace.
isFlyout) {
                // 复制选中的块到本地剪贴板
                Blockly.copy_(Blockly.selected);
                // 删除标记置为true
                deleteBlock = true;
            }
        }
        // 如果是V键则粘贴
        if (e.keyCode == 86) {
            // 如果剪贴板上的内容不为空
            if (Blockly.clipboardXml_) {
                // 开启一个事件组
                Blockly.Events.setGroup(true);
                // 剪贴板中的块所属工作区
                var workspace = Blockly.clipboardSource_;
                // 如果复制的是 Flyout 中的块
                if (workspace.isFlyout) {
                    // 获取目标工作区
                    workspace = workspace.targetWorkspace;
                }
                // 把剪贴板上的内容粘贴到工作区
                workspace.paste(Blockly.clipboardXml_);
                // 关闭一个事件组
                Blockly.Events.setGroup(false);
            }
        // 如果是Z或z键
        } else if (e.keyCode == 90) {
            // z是撤销，Z是重做
            Blockly.hideChaff();
            // 撤销或重做上一个操作
            Blockly.mainWorkspace.undo(e.shiftKey);
        }
    }
    // 删除和剪切的通用代码
    // Flyout 中的块不做删除
    if (deleteBlock && !Blockly.selected.workspace.isFlyout) {
        Blockly.Events.setGroup(true);
        Blockly.hideChaff();
        // 清除选中的块
        Blockly.selected.dispose(true);
        Blockly.Events.setGroup(false);
    }
};
```

注意：在以上处理的所有按键中，只有Z键是区分大小写的，大写Z代表重做，小写z代表撤销。

以上代码中的 Blockly.copy_ 函数，用于复制一个代码块或者工作区注释到本地剪贴板中，函数的唯一参数 toCopy 代表要复制的代码块或工作区注释。如果要复制的是工作区注释，直接将注释子树编码为带 x、y 坐标的 XML 文件，如果复制一个代码块，则首先把代码块子树编码为 XML 文件，然后对其进行 x、y 定位，最后把 XML 文件内容赋值给本地剪贴板，并注明来源。代码如下：

```
Blockly.copy_ = function(toCopy) {
    // 如果是注释
    if (toCopy.isComment) {
        // 将注释子树编码为带 x、y 坐标的 XML
        var xml = toCopy.toXmlWithXY();
    } else {
        // 把一个代码块子树编码为 XML 文件
        var xml = Blockly.Xml.blockToDom(toCopy);
        // Encode start position in XML
        // 块的左上角相对于绘图曲面原点的坐标
        var xy = toCopy.getRelativeToSurfaceXY();
        // 定位 XML
        xml.setAttribute('x', toCopy.RTL ? -xy.x : xy.x);
        xml.setAttribute('y', xy.y);
    }
    // 把 XML 文件的内容存入本地剪贴板
    Blockly.clipboardXml_ = xml;
    // 设置本地剪贴板的源
    Blockly.clipboardSource_ = toCopy.workspace;
};
```

与 Blockly.copy_功能类似的还有另外一个函数 Blockly.duplicate_，用于代码块及其子块或工作区注释的复制。该函数唯一的参数 toDuplicate 代表要复制的代码块或工作区注释。该函数首先暂存当前剪贴板中的内容及其源，然后把要复制的内容存入剪贴板，接下来将剪贴板中的内容粘贴到主工作区中，在函数的最后把之前保存的剪贴板进行还原操作。函数代码如下：

```
Blockly.duplicate_ = function(toDuplicate) {
    // 保存剪贴板中的内容
    var clipboardXml = Blockly.clipboardXml_;
    // 保存剪贴板内容的源
    var clipboardSource = Blockly.clipboardSource_;
    // 通过复制/粘贴操作创建副本
    Blockly.copy_(toDuplicate);
    // 把剪贴板中的内容粘贴到工作区上
    toDuplicate.workspace.paste(Blockly.clipboardXml_);
    // 还原剪贴板
    Blockly.clipboardXml_ = clipboardXml;
    Blockly.clipboardSource_ = clipboardSource;
};
```

其他章节介绍过的 Blockly.bindEventWithChecks_函数用于将事件绑定到函数的调用中。调用该函数时，验证它是否属于当前正在处理的触摸流，并根据需要将多个触摸事件拆分为多个事件。与之类似的还有另外一个函数 Blockly.bindEvent_，同样用于将事件绑定到函数调用中,只是它在处理多点触摸事件时使用第一次更改的触摸坐标,并且不会对同时处理的事件进行任何安全检查。

Blockly.bindEvent_ 函数共接收 4 个参数,第 1 个参数 node 是监听事件的节点,第 2 个参数 name 表示要侦听的事件名字,第 3 个参数 thisObject 代表事件处理函数中的 this 值,最后一个参数 func 是一个函数,在事件触发的时候调用。函数返回值是一个可传递给 unbindEvent_ 解除事件绑定的不透明数据。

Blockly.bindEvent_ 函数在执行时,首先创建一个新的事件处理函数 wrapFunc,如果 thisObject 非空,则将其绑定为 func 中 this 的值,然后通过 addEventListener 绑定事件。然后创建触摸事件处理函数 touchWrapFunc,绑定触摸事件。最后把 bindData 返回用于以后解绑事件。函数代码如下:

```
Blockly.bindEvent_ = function(node, name, thisObject, func) {
    // 创建一个新的事件处理函数
    var wrapFunc = function(e) {
        if (thisObject) {
            // 绑定 this 值
            func.call(thisObject, e);
        } else {
            func(e);
        }
    };
    // 绑定事件
    node.addEventListener(name, wrapFunc, false);
    var bindData = [[node, name, wrapFunc]];
    // 添加等效的触摸事件
    if (name in Blockly.Touch.TOUCH_MAP) {
        // 创建触摸事件处理函数
        var touchWrapFunc = function(e) {
            // 多点触摸事件
            if (e.changedTouches.length == 1) { // 应该是大于1,已向官方提问题
                // 将触摸事件的属性映射到事件中
                var touchPoint = e.changedTouches[0];
                e.clientX = touchPoint.clientX;
                e.clientY = touchPoint.clientY;
            }
            wrapFunc(e);
            // 停止浏览器滚动/缩放页面
            e.preventDefault();
        };
        // 绑定触摸事件
        for (var i = 0, type; type = Blockly.Touch.TOUCH_MAP[name][i]; i++) {
            node.addEventListener(type, touchWrapFunc, false);
            bindData.push([node, type, touchWrapFunc]);
        }
    }
    return bindData;
};
```

注意：推荐使用 Blockly.bindEventWithChecks_，但 Blockly.bindEvent_ 仍然对外部用户保留。

2.3.11　connection 模块：代码块之间的连接

一个用 Scratch-blocks 编写的程序，其中的代码块之间是相互连接的。其连接类型一共有 4 种，分别是输入值连接、输出值连接、下一个语句连接及上一个语句连接。创建块与块之间的连接是 Blockly.Connection 提供的功能，定义在 connection.js 文件中。Blockly.Connection 中比较重要的属性和方法如表 2.9 所示。

表 2.9　Blockly.Connection的关键属性/方法说明

属性/方法	类　　型	说　　　　明
sourceBlock_	Blockly.Block	连接的源代码块
type	数字	连接的类型
db_	Blockly.ConnectionDB	当前工作区上此类型连接的连接数据库
dbOpposite_	Blockly.ConnectionDB	当前工作区上与此类型兼容的连接的连接数据库
hidden_	布尔值	是否此类型的连接在连接数据库中没有跟踪
targetConnection	Blockly.Connection	此连接连接到的连接
check_	数组	此连接兼容的值类型列表。如果所有类型都兼容，则为空
shadowDom_	Element	此连接的阴影块的DOM表示
inDB_	布尔值	此连接是否已添加到连接数据库
connect	函数	连接到另一个连接
connect_	函数	把两个连接连接在一起,当前连接必须属于一个高级块
isSuperior	函数	连接是否属于高级块
canConnectWithReason_	函数	检查当前连接是否可以连接到目标连接
isConnectionAllowed	函数	检查两个连接是否可以拖动以相互连接。这由连接数据库在搜索最近的连接时使用
getOutputShape	函数	返回此连接的形状枚举值
singleConnection_	函数	给定块是否只有一个连接点接收孤立块
disconnect	函数	断开此连接
disconnectInternal_	函数	断开通过此连接连接在一起的两个代码块

Blockly.Connection 有一个原型函数 connect，用于把当前连接连接到其他的连接上。它接收唯一的参数 otherConnection，代表其他连接。如果当前连接与目标连接已经连接在了一起，函数直接返回。

在连接之前，首先检查当前连接和目标连接是否兼容，如果不兼容则引发异常，然后判断当前连接和目标连接中哪一个属于高级块，最后通过 connect_ 进行连接操作。函数代码如下：

```
Blockly.Connection.prototype.connect = function(otherConnection) {
    if (this.targetConnection == otherConnection) {
        // 已经连接到一起了
        return;
    }
    // 检查当前连接与目标连接是否兼容
    this.checkConnection_(otherConnection);
    // 判断哪个连接属于高级块
    if (this.isSuperior()) {
        // 当前连接属于高级块
        this.connect_(otherConnection);
    } else {
        // 目标连接属于高级块
        otherConnection.connect_(this);
    }
};
```

以上代码中的函数 checkConnection_ 用于检查当前连接与目标连接是否兼容，如果不兼容则抛出错误提醒。实际的检查操作是 canConnectWithReason_ 做的，checkConnection_ 只是对检查结果进行了友好的错误翻译。

函数 canConnectWithReason_ 接收唯一的参数 target，代表目标连接。返回值是一个数字常量，分别代表可以连接或者对应的不兼容的错误码。用于检查两个连接是否兼容的常量如表 2.10 所示。

表 2.10　检查两个连接是否可连接的常量说明

常　　量	数　　值	说　　明
Blockly.Connection.CAN_CONNECT	0	正确，可以连接
Blockly.Connection.REASON_SELF_CONNECTION	1	错误，试图将一个代码块与自身连接
Blockly.Connection.REASON_WRONG_TYPE	2	错误，试图连接不兼容的类型
Blockly.Connection.REASON_TARGET_NULL	3	错误，目标连接为空
Blockly.Connection.REASON_CHECKS_FAILED	4	错误，连接检查失败
Blockly.Connection.REASON_DIFFERENT_WORKSPACES	5	错误，两个连接的源块不在同一个工作区
Blockly.Connection.REASON_SHADOW_PARENT	6	错误，将非阴影块连接到阴影块上
Blockly.Connection.REASON_CUSTOM_PROCEDURE	7	错误，试图替换自定义过程上的阴影

　　canConnectWithReason_ 函数首先检测目标连接是否为空，然后分别获得当前连接与目标连接的源代码块，blockA 是其中高级连接的源块，表示将 blockB 连接到 blockA 上。需要特别关注的是 Blockly.Connection.REASON_CUSTOM_PROCEDURE，它是为了解决 #1127 和#1534 两个问题的，但有可能不是最佳方案，读者可以去 GitHub 上详细了解下这两个问题。函数代码如下：

```
Blockly.Connection.prototype.canConnectWithReason_ = function(target) {
    if (!target) {
        // 目标连接为空
        return Blockly.Connection.REASON_TARGET_NULL;
    }
    // blockA 是高级连接的源块
    if (this.isSuperior()) {
        // 当前连接是高级连接
        var blockA = this.sourceBlock_;
        var blockB = target.getSourceBlock();
        var superiorConn = this;
    } else {
        // 目标连接是高级连接
        var blockB = this.sourceBlock_;
        var blockA = target.getSourceBlock();
        var superiorConn = target;
    }
    if (blockA && blockA == blockB) {
        // 试图连接两个相同的块
        return Blockly.Connection.REASON_SELF_CONNECTION;
    } else if (target.type != Blockly.OPPOSITE_TYPE[this.type]) {
        // 两个连接类型不兼容
        return Blockly.Connection.REASON_WRONG_TYPE;
    } else if (blockA && blockB && blockA.workspace !== blockB.workspace) {
        // 块A 和块B 不在同一个工作区
        return Blockly.Connection.REASON_DIFFERENT_WORKSPACES;
    } else if (!this.checkType_(target)) {
        // 类型检测失败
        return Blockly.Connection.REASON_CHECKS_FAILED;
    } else if (blockA.isShadow() && !blockB.isShadow()) {
        // 试图将非阴影块 blockB 连接到阴影块 blockA 上
        return Blockly.Connection.REASON_SHADOW_PARENT;
    } else if ((blockA.type == Blockly.PROCEDURES_DEFINITION_BLOCK_TYPE &&
        blockB.type != Blockly.PROCEDURES_PROTOTYPE_BLOCK_TYPE &&
        superiorConn == blockA.getInput('custom_block').connection) ||
         (blockB.type == Blockly.PROCEDURES_PROTOTYPE_BLOCK_TYPE &&
        blockA.type != Blockly.PROCEDURES_DEFINITION_BLOCK_TYPE)) {

        // 试图替换自定义过程上的阴影
        return Blockly.Connection.REASON_CUSTOM_PROCEDURE;
    }
    // 可以连接
    return Blockly.Connection.CAN_CONNECT;
};
```

判断一个连接是不是 superior connection（高级连接），就要看这个连接的源块是不是 superior block（高级块）。高级块指的是有输入值连接或者有后置连接的代码块。当连接类型是输入值或者下一语句时，也就是连接向下或者向右时，连接是高级连接。函数代码如下：

```
Blockly.Connection.prototype.isSuperior = function() {
    return this.type == Blockly.INPUT_VALUE ||
        this.type == Blockly.NEXT_STATEMENT;
};
```

当连接数据库搜索最近的连接时，会使用到 Blockly.Connection 的原型方法 isConnectionAllowed，该方法用于检查两个连接是否可以通过拖动实现相互连接。isConnectionAllowed 接收唯一的 Blockly.Connection 类型的参数 candidate，表示一个要检查的附近的候选连接，返回值是一个布尔类型的值，为 true 时代表可以连接，检查通过；为 false 时表示不可以连接，检查失败。

如果 isConnectionAllowed 接收的参数 candidate 的源块是一个插入标记，则直接返回 false。接下来进行类型检测，如果失败，则直接返回 false，然后获取此块上第一个语句输入的连接，针对连接的不同类型再进行相应的判断，最后判断不能将代码块连接到自身或连接到其嵌套的块。代码如下：

```
Blockly.Connection.prototype.isConnectionAllowed = function(candidate) {
    // 插入标记块
    if (candidate.sourceBlock_.isInsertionMarker()) {
        return false;
    }
    // 类型检测
    var canConnect = this.canConnectWithReason_(candidate);
    // 类型检测失败
    if (canConnect != Blockly.Connection.CAN_CONNECT) {
        return false;
    }
    // 返回此块上第一个语句输入的连接，如果没有，则返回 null
    var firstStatementConnection = this.sourceBlock_.getFirstStatement
Connection();
    switch (candidate.type) {
        case Blockly.PREVIOUS_STATEMENT:
            // 检测是否可以连接
            return this.canConnectToPrevious_(candidate);
        case Blockly.OUTPUT_VALUE: {
            // 无法将输入拖动到输出，必须移动下一个块
            return false;
        }
    case Blockly.INPUT_VALUE: {
        // 提供将值块的左（阳）连接到已连接的值对是可以的，我们将拼接它
        // 但是不提供拼接到一个不可移动的块上
        if (candidate.targetConnection && !candidate.targetBlock().isMovable() &&
            !candidate.targetBlock().isShadow()) {
```

```
            return false;
        }
    break;
    }
    case Blockly.NEXT_STATEMENT: {
        // Scratch 特定行为
        // 如果这是一个 c 块，除非我们连接到堆栈上最后一个块的末尾
        // 或者已经有一个块连接到 c 块内部，否则我们无法连接此块的前一个连接
        if (firstStatementConnection &&
            this == this.sourceBlock_.previousConnection &&
            candidate.isConnectedToNonInsertionMarker() &&
            !firstStatementConnection.targetConnection) {
                return false;
        }
        // 不要让没有下一个连接的块将其他块从堆栈中弹出
        // 但掩盖一个阴影块或一堆阴影块是可以的
        // 类似地，允许用另一个终端语句替换终端语句
        if (candidate.isConnectedToNonInsertionMarker() &&
            !this.sourceBlock_.nextConnection &&
            !candidate.targetBlock().isShadow() &&
            candidate.targetBlock().nextConnection) {
                return false;
        }
    break;
    }
    default:
        // 未知连接
        throw 'Unknown connection type in isConnectionAllowed';
    }
    // 不可以将代码块连接到其自身或者其嵌套的块
    if (Blockly.draggingConnections_.indexOf(candidate) != -1) {
        return false;
    }
    return true;
};
```

Blockly.Connection 的原型方法 getOutputShape 用于返回此连接的形状枚举值，在 Scratch-Blocks 中被用于绘制空闲的输入。此方法是通过当前连接的 check_ 属性来判断连接形状。如果连接可以兼容任何类型，则 getOutputShape 返回圆形；如果可以兼容布尔类型，则返回六边形；如果可以兼容数字类型，则返回圆形；如果可以兼容字符串类型，则返回正方形；如果以上情况都不满足，则返回圆形。代码如下：

```
Blockly.Connection.prototype.getOutputShape = function() {
    // 所有类型都兼容
    if (!this.check_) return Blockly.OUTPUT_SHAPE_ROUND;
    // 可以兼容布尔类型
    if (this.check_.indexOf('Boolean') !== -1) {
        return Blockly.OUTPUT_SHAPE_HEXAGONAL;
    }
    // 可以兼容数字类型
    if (this.check_.indexOf('Number') !== -1) {
```

```
      return Blockly.OUTPUT_SHAPE_ROUND;
  }
  // 如果兼容字符串类型
  if (this.check_.indexOf('String') !== -1) {
      return Blockly.OUTPUT_SHAPE_SQUARE;
  }
  // 默认值
  return Blockly.OUTPUT_SHAPE_ROUND;
};
```

连接的输出形状共有 3 种类型：六边形、圆形和正方形。例如"移动步数"代码块的 previousConnection 和 nextConnection 连接，它们的输出形状都是圆形；操作符类别中的"小于"代码块的输出形状为六边形。形状常量定义在 constants.js 文件中，其枚举值的定义如表 2.11 所示。

表 2.11　连接的输出形状常量说明

常　　量	数　　值	说　　明
Blockly.OUTPUT_SHAPE_HEXAGONAL	1	六边形
Blockly.OUTPUT_SHAPE_ROUND	2	圆形
Blockly.OUTPUT_SHAPE_SQUARE	3	正方形

有些时候我们需要判断给定块是否只有一个连接点接收孤立块，连接的原型方法 singleConnection 提供了这种功能，它接收两个参数，第一个参数 block 为高级块，第二个参数 orphanBlock 代表孤立块，如果 block 上只有一个合适的连接点，将此连接返回，否则返回 null。

singleConnection 方法首先初始化一个连接变量 connection 为 false，接下来循环 block 的输入列表，针对每一个输入的连接进行判断。如果是一个输入值类型的连接，同时通过了 orphanBlock 的输出连接类型检测，则将此连接赋值给 connection；如果找到多余一个这样的连接，则返回 null。代码如下：

```
Blockly.Connection.singleConnection_ = function(block, orphanBlock) {
    // 初始化返回连接
    var connection = false;
    // 循环 block 的输入列表
    for (var i = 0; i < block.inputList.length; i++) {
        // 获取输入的连接
        var thisConnection = block.inputList[i].connection;
        if (thisConnection && thisConnection.type == Blockly.INPUT_VALUE &&
            orphanBlock.outputConnection.checkType_(thisConnection)) {
            if (connection) {
        // 多于一个连接，返回 null
        return null;
            }
            // 找到一个连接点
            connection = thisConnection;
```

```
    }
  }
  // 把连接返回
  return connection;
};
```

在很多场景下，我们需要将一个连接进行断开操作，例如在删除一个代码块的时候，就需要将其与其他块的连接断开。我们可以通过调用 Blockly.Connection 的原型方法 disconnect 来断开连接。

disconnect 方法首先获取目标连接 otherConnection，如果目标连接不存在，或者目标连接不是当前连接 this，则给出警示信息，不需要断开连接。接下来分别获取连接的父代码块、子代码块及父连接，然后把父子代码块传递给函数 disconnectInternal_ 以断开它们之间的连接，最后调用父连接的 respawnShadow_ 函数重新生成阴影块，至此当前连接算是已经断开了。代码如下：

```
Blockly.Connection.prototype.disconnect = function() {
    // 获取目标连接
    var otherConnection = this.targetConnection;
    // 如果目标连接为空，说明当前连接处于断开状态
    goog.asserts.assert(otherConnection, 'Source connection not connected.');
    // 如果目标连接不是当前连接，说明目标连接没有连接到本连接
    goog.asserts.assert(otherConnection.targetConnection == this,
        'Target connection not connected to source connection.');

    var parentBlock, childBlock, parentConnection;
    // 获取父块、子块、父连接
    if (this.isSuperior()) {
        // 当前连接是 superior 连接
        parentBlock = this.sourceBlock_;
        childBlock = otherConnection.getSourceBlock();
        parentConnection = this;
    } else {
        // 目标连接是 superior 连接
        parentBlock = otherConnection.getSourceBlock();
        childBlock = this.sourceBlock_;
        parentConnection = otherConnection;
    }
    // 断开通过此连接连接的两个块
    this.disconnectInternal_(parentBlock, childBlock);
    // 重新生成阴影块
    parentConnection.respawnShadow_();
};
```

以上代码中的 disconnectInternal_ 用于断开两个代码块之间的连接，它接收两个参数，分别代表将要断开连接的父块和子块。

在函数执行过程中，如果可以创建和触发事件，则创建一个子块的移动事件，然后分别置空当前连接和目标连接的 targetConnection。之后将子块的新父块设置为 null，并将其添加到工作区的 topBlocks_ 顶层块列表中，最后重新计算子块的新位置并触发子块移动事

件。其代码如下：

```
Blockly.Connection.prototype.disconnectInternal_ = function(parentBlock,
childBlock) {
    var event;
    if (Blockly.Events.isEnabled()) {
        // 创建一个子块的移动事件
        event = new Blockly.Events.BlockMove(childBlock);
    }
    // 获取目标连接
    var otherConnection = this.targetConnection;
    // 置空 otherConnection 的目标连接
    otherConnection.targetConnection = null;
    // 置空目标连接
    this.targetConnection = null;
    // 子块的父块置空
    childBlock.setParent(null);
    if (event) {
        // 记录子块的新位置
        event.recordNew();
        // 触发移动事件
        Blockly.Events.fire(event);
    }
};
```

Scratch-blocks 中除了 connection 连接的概念之外，还有一个 connectionDB 连接数据库的概念，每一个 workspace 工作区都有一个 connectionDBList 数据库列表，其中包括 4 个连接数据库，每一种连接对应一个数据库。

连接数据库定义在 connection_db.js 文件中，对外暴露 Blockly.connectionDB，在每一个连接数据库实例中，只有唯一的成员变量 connections_，它是一个数组，元素类型为 Blockly.Connection，数组以 y 坐标进行排序。

在连接数据库中，由于连接是按照其垂直组件的顺序进行存储的，所以可以使用二分查找算法快速查找一个区域中的连接。下面将抽选出 Blockly.ConnectionDB 中比较核心的函数进行源码分析，核心函数如表 2.12 所示。

表 2.12　Blockly.connectionDB核心函数说明

属性/方法	说　明
init	为指定的工作区初始化一组连接数据库
findPositionForConnection_	查找插入位置
findConnection	查找指定的连接
searchForClosest	查找与此连接最近的兼容连接
getNeighbours	查找给定连接附近的所有连接
addConnection	向数据库增加一个连接

init 是为指定的工作区初始化一组连接数据库，它接收唯一参数 workspace，将为其创

建 4 个数据库，分别为输入值类型数据库、输出值类型数据库、下一语句类型数据库以及上一语句类型数据库。

首先定义一个数组 dbList，然后通过调用连接数据库的构造函数，分别为数组创建 4 个连接数据库，最后赋值给工作区的连接数据库列表属性 connectionDBList。需要注意的是，连接类型枚举值是从 1 开始的，如表 2.13 所示，所以数组的第一个元素为空。函数代码如下：

```
Blockly.ConnectionDB.init = function(workspace) {
    // 创建 4 个数据库，每一种连接类型创建一个数据库
    // 数据库数组
    var dbList = [];
    // 调用连接数据库的构造函数
    dbList[Blockly.INPUT_VALUE] = new Blockly.ConnectionDB();
    dbList[Blockly.OUTPUT_VALUE] = new Blockly.ConnectionDB();
    dbList[Blockly.NEXT_STATEMENT] = new Blockly.ConnectionDB();
    dbList[Blockly.PREVIOUS_STATEMENT] = new Blockly.ConnectionDB();
    // 赋值给工作区
    workspace.connectionDBList = dbList;
};
```

表 2.13　Blockly.connection连接类型说明

常　量	数　值	说　明
Blockly.INPUT_VALUE	1	向右的值输入，如set x to
Blockly.OUTPUT_VALUE	2	向左的值输出，如"加运算"的输出连接
NEXT_STATEMENT	3	向下的代码块栈，如if do的nextConnection
PREVIOUS_STATEMENT	4	向上的代码块栈，如if do的previousConnection

由于连接数据库中的数据是通过 y 坐标排序后存储的，所以我们在为一个连接查找索引位置时，就可以使用二分查找算法。

首先定义一个最小位置为 0 和一个最大位置为数组的长度的变量，如果中间位置连接的 y 坐标小于要查找的连接的 y 坐标，说明连接要放置在数组的右半部分，最小位置设置为中间位置加 1；如果中间位置连接的 y 坐标大于要查找的连接的 y 坐标，说明连接要放置在数组的左半部分，将最大位置设置为中间位置；直至中间位置就是要查找的位置，循环结束。函数代码如下：

```
Blockly.ConnectionDB.prototype.findPositionForConnection_ = function
(connection) {
    // 数据库中没有连接
    if (!this.connections_.length) {
        return 0;
    }
    var pointerMin = 0;
    var pointerMax = this.connections_.length;
    // 二分查找算法
```

```
        while (pointerMin < pointerMax) {
            var pointerMid = Math.floor((pointerMin + pointerMax) / 2);
            if (this.connections_[pointerMid].y_ < connection.y_) {
                // 要查找的连接在中间位置之后
                pointerMin = pointerMid + 1;
            } else if (this.connections_[pointerMid].y_ > connection.y_) {
                // 要查找的连接在中间位置之前
                pointerMax = pointerMid;
            } else {
                // 中间位置的连接就是要查找的连接
                pointerMin = pointerMid;
                break;
            }
        }
        // 返回要查找的连接的索引
        return pointerMin;
    };
```

函数 findConnection 用于在数据库中查找一个给定的连接, 如果数据库为空, 函数直接返回-1, 查找失败。接下来从二分搜索开始寻找到一个近似位置, 然后在其附近进行线性查找。线性查找分为向前和向后两个方向, 一旦查找到则函数返回, 如果没有查找到则返回-1。函数代码如下:

```
    Blockly.ConnectionDB.prototype.findConnection = function(conn) {
        // 连接数据库为空
        if (!this.connections_.length) {
            return -1;
        }
        // 找到连接 conn 应该在的位置
        var bestGuess = this.findPositionForConnection_(conn);
        if (bestGuess >= this.connections_.length) {
            // 要查找的连接不在数据库中
            return -1;
        }
        // 以连接的 y 坐标进行查找
        var yPos = conn.y_;
        // 在 y 轴上向前和向后寻找连接
        var pointerMin = bestGuess;
        var pointerMax = bestGuess;
        // 向前查找
        while (pointerMin >= 0 && this.connections_[pointerMin].y_ == yPos) {
            if (this.connections_[pointerMin] == conn) {
                // 返回索引值
                return pointerMin;
            }
            pointerMin--;
        }
        // 向后查找
        while (pointerMax < this.connections_.length &&
            this.connections_[pointerMax].y_ == yPos) {
            if (this.connections_[pointerMax] == conn) {
                // 返回索引值
```

```
            return pointerMax;
        }
        pointerMax++;
    }
    // 没有找到
    rcturn -1;
};
```

searchForClosest 函数的作用是找到与一个连接最近的兼容连接，它接收三个参数，第一个参数 conn 为要寻找的最近兼容配对的连接，第二个参数 maxRadius 为到另一个连接的最大半径，第 3 个参数 dxy 为此连接在数据库中的位置与当前位置之间的偏移量（由于拖动）。searchForClosest 函数的返回值为一个包含两个属性的对象，connection 属性是一个兼容连接或者 null，radius 属性代表距离。

首先找出 conn 在数据库中应该归属的位置，然后基于此沿着 y 轴分别向前和向后寻找最接近的 x、y 点。searchForClosest 函数中的 isInYRange 用于判断两个连接之间的距离是否在最大距离 maxRadius 之内，distanceFrom 是计算两个连接之间的距离，返回最近的连接和距离。函数代码如下：

```
Blockly.ConnectionDB.prototype.searchForClosest = function(conn, maxRadius,
dxy) {
    // 连接数据库为空
    if (!this.connections_.length) {
        return {connection: null, radius: maxRadius};
    }
    // 拖动之前保存 x 和 y 的值
    var baseY = conn.y_;
    var baseX = conn.x_;
    // 拖动之后 x 和 y 的值
    conn.x_ = baseX + dxy.x;
    conn.y_ = baseY + dxy.y;
    // 找出 conn 在数据库中应该归属的位置
    var closestIndex = this.findPositionForConnection_(conn);
    // 初始化返回结果
    var bestConnection = null;
    var bestRadius = maxRadius;
    var temp;
    // 向前和向后在 y 轴上寻找最接近的 x、y 点
    var pointerMin = closestIndex - 1;
    // 向前寻找
    while (pointerMin >= 0 && this.isInYRange_(pointerMin, conn.y_,
maxRadius)) {
        temp = this.connections_[pointerMin];
        // 判断是否可以连接
        if (conn.isConnectionAllowed(temp, bestRadius)) {
            bestConnection = temp;
            // 两个连接之间的距离
            bestRadius = temp.distanceFrom(conn);
        }
        pointerMin--;
```

```
    }
    // 向后寻找
    var pointerMax = closestIndex;
    while (pointerMax < this.connections_.length &&
        this.isInYRange_(pointerMax, conn.y_, maxRadius)) {

        temp = this.connections_[pointerMax];
        if (conn.isConnectionAllowed(temp, bestRadius)) {
            bestConnection = temp;
            bestRadius = temp.distanceFrom(conn);
        }
        pointerMax++;
    }
    // 重置 x 与 y 的值
    conn.x_ = baseX;
    conn.y_ = baseY;
    // 如果没有有效的连接，bestConnection 将为空
    return {connection: bestConnection, radius: bestRadius};
};
```

getNeighbours 函数用于查找给定连接附近的所有连接，查找过程中不进行类型检查，因为该函数用于碰撞。

getNeighbours 函数首先通过二分查找算法找出最近的 y 位置，然后基于此位置分别向左和向右进行查找，在查找的过程中使用了一个闭包函数 checkConnection，用于检查两个连接的距离是否在允许范围内，并且把满足要求的连接插入 neighbours 中，最后将其返回。函数代码如下：

```
Blockly.ConnectionDB.prototype.getNeighbours = function(connection,
maxRadius) {
    // 当前数据库中的连接
    var db = this.connections_;
    // 连接的 x、y 坐标
    var currentX = connection.x_;
    var currentY = connection.y_;
    // 二分查找最近的 y 位置
    var pointerMin = 0;
    var pointerMax = db.length - 2;
    var pointerMid = pointerMax;
    while (pointerMin < pointerMid) {
        if (db[pointerMid].y_ < currentY) {
            pointerMin = pointerMid;
        } else {
            pointerMax = pointerMid;
        }
        pointerMid = Math.floor((pointerMin + pointerMax) / 2);
    }

    var neighbours = [];
    // 定义一个闭包函数，用于检查两个连接之间的距离在允许范围内
    function checkConnection_(yIndex) {
        var dx = currentX - db[yIndex].x_;
```

```
        var dy = currentY - db[yIndex].y_;
        var r = Math.sqrt(dx * dx + dy * dy);
        if (r <= maxRadius) {
            neighbours.push(db[yIndex]);
        }
        return dy < maxRadius;
    }
    // 在 y 轴上向前和向后寻找最接近的 x、y 点
    pointerMin = pointerMid;
    pointerMax = pointerMid;
    if (db.length) {
        // 向左查找
        while (pointerMin >= 0 && checkConnection_(pointerMin)) {
            pointerMin--;
        }
        // 向右查找
        do {
            pointerMax++;
        } while (pointerMax < db.length && checkConnection_(pointerMax));
    }
    // 返回所有的临近连接
    return neighbours;
};
```

向数据库中添加一个连接，需要调用 addConnection 函数，参数 connection 就是要添加的连接。如果此连接已经在数据库中，则抛出错误；如果连接的源代码在 Flyout 中，则直接返回，连接数据库不维护 Flyout 中的连接。

接下来寻找此连接在数据库中的插入位置 position，并将其插入到连接数据库中，同时将连接的 inDB_ 标志置为 true，表示此连接已经在连接数据库中了，函数结束。函数代码如下：

```
Blockly.ConnectionDB.prototype.addConnection = function(connection) {
    // 此连接已经在数据库中了
    if (connection.inDB_) {
        throw Error('Connection already in database.');
    }
    // 连接的源块在 Flyout 中
    if (connection.getSourceBlock().isInFlyout) {
        return;
    }
    // 寻找插入位置
    var position = this.findPositionForConnection_(connection);
    // 插入连接
    this.connections_.splice(position, 0, connection);
    // 已经在数据库中
    connection.inDB_ = true;
};
```

2.3.12　input.js：代码块上的输入

input.js 文件对外提供 Blockly.Input，它是一个表示输入的对象，可以是值、语句或伪输入，其构造函数如下：

```
Blockly.Input = function(type, name, block, connection) {
    if (type != Blockly.DUMMY_INPUT && !name) {
        // 值输入和语句输入必须有一个非空的名字
        throw 'Value inputs and statement inputs must have non-empty name.';
    }
    // 输入的类型
    this.type = type;
    // 输入的名字
    this.name = name;
    // 包含此输入所属代码块
    this.sourceBlock_ = block;
    // 输入的连接
    this.connection = connection;
    // 输入中的 Field
    this.fieldRow = [];
    // 输入已渲染但还没填充时的形状
    this.outlinePath = null;
};
```

往 input 中追加一个 Field 或者字符串标签的函数是 appendField，其接收两个参数，第一个参数 field 代表要添加的 Field，第二个参数 opt_name 是一个要追加的 Field 的标识符，这个标识符在所属代码块中应该是唯一的，以便可以再次查找到它，函数的返回值是此 input 输入实例本身，因此函数可以链式调用。

在 appendField 的函数体中没有其他操作，只是调用了函数 insertFieldAt。代码如下：

```
Blockly.Input.prototype.appendField = function(field, opt_name) {
    // 将一个 Field 插入到输入的 fieldRow 中
    this.insertFieldAt(this.fieldRow.lenqth, field, opt_name);
    return this;
};
```

以上代码中的 insertFieldAt 函数用于把 Field 插入到输入中，同时包括其前缀和后缀。它接收三个参数，第一个参数 index 代表插入 Field 到 fieldRow 的位置；第二个参数 field 为要插入的内容，可以是一个 Blockly.Field 类型，也可以是一个字符串；第三个参数 opt_name 代表要插入的 Field 的名字。函数最后返回一个索引值，表示最后插入的 Field 所在位置的下一个位置。

insertFieldAt 函数在执行过程中，首先判断待插入的位置是否越界，如果越界则直接抛出错误；如果 field 为空且没有提供它的名字，则函数直接返回输入实例。另外，在 field 为一个字符串的情况下创建一个标签。

接下来设置 Field 的源代码块，如果源代码块已渲染，则初始化 Field。在把 Field 插入到输入中的时候需要考虑其是否有前缀和后缀，有的话需要递归调用 insertFieldAt 函数完成添加。在函数的最后会重新渲染一次所属源代码块并调整其与相邻块的位置，因为增加完 Field 会改变源块的形状。函数代码如下：

```
Blockly.Input.prototype.insertFieldAt = function(index, field, opt_name) {
    // 插入位置 index 越界
    if (index < 0 || index > this.fieldRow.length) {
        throw new Error('index ' + index + ' out of bounds.');
    }
    // Field 为空且没有名字
    if (!field && !opt_name) {
        return this;
    }
    // field 是字符串
    if (goog.isString(field)) {
        // 创建一个标签
        field = new Blockly.FieldLabel(field);
    }
    // 为 Field 设置源代码块
    field.setSourceBlock(this.sourceBlock_);
    if (this.sourceBlock_.rendered) {
        // 初始化 Field
        field.init();
    }
    // Field 命名
    field.name = opt_name;
    // 如果 Field 有前置标签
    if (field.prefixField) {
        // 增加前置标签
        index = this.insertFieldAt(index, field.prefixField);
    }
    // 把 Field 增加到 fieldRow 中
    this.fieldRow.splice(index, 0, field);
    // 索引值自增
    ++index;
    // 如果有后置标签
    if (field.suffixField) {
        // 增加后置标签
        index = this.insertFieldAt(index, field.suffixField);
    }
    if (this.sourceBlock_.rendered) {
        // 重新渲染
        this.sourceBlock_.render();
        // 添加 Field 将导致代码块改变形状，重新调整下连接的块
        this.sourceBlock_.bumpNeighbours_();
    }
    // 返回最后一个 Field 后面的索引值
    return index;
};
```

在 Blockly.Input 中，另外一个比较重要的函数是 setVisible，其主要作用是设置 input 的显示和隐藏。该函数接收的唯一参数是 visible，为 true 时显示，为 false 时隐藏，最后返回一个待渲染的块列表。

在执行过程中，首先判断要设置的显/隐状态与 input 当前状态是否一致，如果一致，则直接返回空列表。然后循环遍历 fieldRow，对 input 中的每一个 Field 设置显/隐状态，如果此 input 有连接，根据 visible 的值的不同，获取所有与此连接相关的待渲染代码块，或者隐藏所有与此连接相关的代码块。最后试图获得连接的子块，如果有子块则设置它的显/隐状态。函数代码如下：

```
Blockly.Input.prototype.setVisible = function(visible) {
    // 需要渲染的块列表
    var renderList = [];
    if (this.visible_ == visible) {
        // 返回空列表
        return renderList;
    }
    this.visible_ = visible;
    var display = visible ? 'block' : 'none';
    // 循环设置输入中的 Field 的显/隐状态
    for (var y = 0, field; field = this.fieldRow[y]; y++) {
        field.setVisible(visible);
    }
    // 如果输入有连接
    if (this.connection) {
        // 有一个连接
        if (visible) {
            // 获取与此连接相关的所有待渲染块
            renderList = this.connection.unhideAll();
        } else {
            // 隐藏所有与此连接相关的块
            this.connection.hideAll();
        }
        // 获取连接的子块
        var child = this.connection.targetBlock();
        if (child) {
            // 设置子块的显示与隐藏状态
            child.getSvgRoot().style.display = display;
            if (!visible) {
                child.rendered = false;
            }
        }
    }
    // 返回需要渲染的块列表
    return renderList;
};
```

2.3.13　mutator.js：代码块的变形器

Mutator（变形器）只是一组方法的集合，在代码块的初始化期间混合到块的对象中，高级的代码块允许使用变形器来完成一些更加动态、灵活的配置。变形器允许模块以定制的方式来改变代码块，其中最常见的例子是弹出对话框，允许 if 语句获得额外的 else…if 及 else 语句。

一个代码块上的变形器必须至少添加方法 mutationToDom 和 domToMutation，用于指定如何序列化和反序列化变形器的状态。如果需要使用默认的变形器 UI，则还必须实现方法 decompose 和 compose，分别用于告诉 UI 如何将代码块分解为子块，以及如何从一组子块来更新变形器。

Blockly.Mutator 是一个表示变形器对话框的类，变形器允许用户使用嵌套的代码块编辑器来更改代码块的形状，它继承自图标类 Blockly.Icon。设置完变形器的代码块，其左上角会有一个齿轮形状的图标，单击后会出现一个块编辑器。Blockly.Mutator 的核心属性和函数如表 2.14 所示。

表 2.14　Blockly.Mutator的核心属性/函数说明

属性/函数	类　　型	说　　明
quarkNames_	字符串数组	Flyout的子块名字列表
workspace_	Blockly.WorkspaceSvg	当前变形器的工作区
workspaceWidth_	数字	工作区的宽
workspaceHeight_	数字	工作区的高
createEditor_	函数	为变形器的气泡创建编辑器
setVisible	函数	显示或隐藏变形器的气泡
workspaceChanged_	函数	变形器的工作区

其中，createEditor_ 函数的作用是为变形器的气泡创建一个编辑器，返回值是编辑器的顶层节点。函数首先创建一个svg元素svgDialog，然后将变形器的名称列表转换为Flyout的 XML 对象列表，创建一个工作区及其 Flyout，并插入到 svgDialog 中，最后返回编辑器。函数代码如下：

```
Blockly.Mutator.prototype.createEditor_ = function() {
    // 创建编辑器，下面是将要生成的标签
    /*
    <svg>
        [Workspace]
    </svg>
    */
    // 创建 svg
```

```
    this.svgDialog_ = Blockly.utils.createSvgElement('svg',
        {'x': Blockly.Bubble.BORDER_WIDTH, 'y': Blockly.Bubble.BORDER_WIDTH},
null);

        // 将名称列表转换为 XML 对象列表
        if (this.quarkNames_.length) {
            var quarkXml = goog.dom.createDom('xml');
            for (var i = 0, quarkName; quarkName = this.quarkNames_[i]; i++) {
                quarkXml.appendChild(goog.dom.createDom('block', {'type': quarkName}));
            }
        } else {
            var quarkXml = null;
        }
        // 生成工作区的配置对象
        var workspaceOptions = {
            languageTree: quarkXml,
            parentWorkspace: this.block_.workspace,
            pathToMedia: this.block_.workspace.options.pathToMedia,
            RTL: this.block_.RTL,
            toolboxPosition: this.block_.RTL ? Blockly.TOOLBOX_AT_RIGHT :
            Blockly.TOOLBOX_AT_LEFT,
            horizontalLayout: false,
            getMetrics: this.getFlyoutMetrics_.bind(this),
            setMetrics: null
        };
        // 创建工作区
        this.workspace_=new Blockly.WorkspaceSvg(workspaceOptions, this.block_.
            workspace.dragSurface);

        // 此工作区是变形器
        this.workspace_.isMutator = true;
        // 变形器的 Flyout 不是顶层 svg, 而是在变形器工作区中的<g>标签内
        // 因此它不需要自己处理 scale, 而是继承自工作区
        var flyoutSvg = this.workspace_.addFlyout_('g');
        var background = this.workspace_.createDom('blocklyMutatorBackground');
        // 在<rect>之后、块画布之前插入 Flyout, 这使得在拖动期间代码块层可以正常工作
        background.insertBefore(flyoutSvg, this.workspace_.svgBlockCanvas_);
        this.svgDialog_.appendChild(background);
        // 返回编辑器对话框
        return this.svgDialog_;
    };
```

🔔 **注意**: 此处的 Flyout 是变形器自己的, 是当单击齿轮时弹出来的部分, 不同于上面章节讲到的 Flyout。

显示或隐藏变形器气泡的函数 setVisible, 其接收唯一的参数 visible, 为 true 时显示气泡, 为 false 时销毁气泡。在函数执行过程中, 首先判断要设置的显/隐状态与当前的显/隐状态是否相同, 如果相同则函数直接返回。

setVisible 函数在处理变形器的显示和隐藏状态之前, 首先触发一个名字为 mutatorOpen 的 UI 事件, 然后根据 visible 的值分别处理。如果 visible 为 true, 则需要创建气泡、

根据语法树初始化 Flyout、填充变形器的对话框、渲染每个子块、保存已有连接并绑定工作区变化处理函数等；如果 visible 为 false，则要进行一些销毁操作，如销毁工作区、销毁气泡及解除事件侦听等。函数代码如下：

```
Blockly.Mutator.prototype.setVisible = function(visible) {
    if (visible == this.isVisible()) {
        // 与现在的显/隐状态相同
        return;
    }
    // 触发一个 UI 事件
    Blockly.Events.fire( new Blockly.Events.Ui(this.block_, 'mutatorOpen',
 !visible, visible));
    if (visible) {
        // 创建气泡
        this.bubble_ = new Blockly.Bubble(this.block_.workspace,this.
createEditor_(),
            this.block_.svgPath_, this.iconXY_, null, null);

        // 获取语法树
        var tree = this.workspace_.options.languageTree;
        if (tree) {
            // 初始化 Flyout
            this.workspace_.flyout_.init(this.workspace_);
            // 显示和填充 Flyout
            this.workspace_.flyout_.show(tree.childNodes);
        }
        // 填充变形器的对话框
        this.rootBlock_ = this.block_.decompose(this.workspace_);
        // 获取所有子块
        var blocks = this.rootBlock_.getDescendants(false);
        // 虚幻渲染每个子块
        for (var i = 0, child; child = blocks[i]; i++) {
            child.render();
        }
        // 设置根代码块不可拖曳
        this.rootBlock_.setMovable(false);
        // 设置根代码块不可删除
        this.rootBlock_.setDeletable(false);
        // 计算根块的位置
        if (this.workspace_.flyout_) {
            var margin = this.workspace_.flyout_.CORNER_RADIUS * 2;
            var x = this.workspace_.flyout_.width_ + margin;
        } else {
            var margin = 16;
            var x = margin;
        }
        if (this.block_.RTL) {
            x = -x;
        }
        // 移动
        this.rootBlock_.moveBy(x, margin);
        // 保存最初的连接，并侦听未来的变化
```

```
        if (this.block_.saveConnections) {
        var thisMutator = this;
        this.block_.saveConnections(this.rootBlock_);
        this.sourceListener_ = function() {
            thisMutator.block_.saveConnections(thisMutator.rootBlock_);
        };
        this.block_.workspace.addChangeListener(this.sourceListener_);
        }
        // 调整大小
        this.resizeBubble_();
        // 绑定变形器工作区变化处理函数
        this.workspace_.addChangeListener(this.workspaceChanged_.bind(this));
        // 更新颜色
        this.updateColour();
    } else {
        // 隐藏
        this.svgDialog_ = null;
        // 销毁工作区
        this.workspace_.dispose();
        this.workspace_ = null;
        this.rootBlock_ = null;
        // 销毁气泡
        this.bubble_.dispose();
        this.bubble_ = null;
        this.workspaceWidth_ = 0;
        this.workspaceHeight_ = 0;
        if (this.sourceListener_) {
            // 撤销事件监听
            this.block_.workspace.removeChangeListener(this.sourceListener_);
            this.sourceListener_ = null;
        }
    }
};
```

当变形器的工作区发生变化的时候，需要对源块执行更新操作，其处理是在函数 workspaceChanged_中进行的。

当拖曳结束的时候，需要对工作区中所有的顶层块做越界检测，如果有代码块越界则将其拉回。当变形器的工作区发生变化的时候，需要更新源代码块，其中包括重建源代码块、重新初始化 SVG，如果新旧 mutation 不同，还需要触发一个 mutation 类型的代码块变化事件等。最后对代码块重新执行一次渲染，并对变形器的气泡做一次更新操作。函数代码如下：

```
Blockly.Mutator.prototype.workspaceChanged_ = function() {
    // 工作区拖曳过程中不进行处理
    if (!this.workspace_.isDragging()) {
        // 获取所有顶层块
        var blocks = this.workspace_.getTopBlocks(false);
        var MARGIN = 20;
        // 循环遍历每个顶层块，判断是否越界
        for (var b = 0, block; block = blocks[b]; b++) {
```

```
        var blockXY = block.getRelativeToSurfaceXY();
        var blockHW = block.getHeightWidth();
        if (blockXY.y + blockHW.height < MARGIN) {
            // 将顶部以上任何代码块撞回内部
            block.moveBy(0, MARGIN - blockHW.height - blockXY.y);
        }
    }
}
// 当变形器的工作区发现变化的时候，更新源代码块
if (this.rootBlock_.workspace == this.workspace_) {
    Blockly.Events.setGroup(true);
    var block = this.block_;
    // 获取旧的 mutation 值
    var oldMutationDom = block.mutationToDom();
    var oldMutation = oldMutationDom && Blockly.Xml.domToText(oldMutationDom);
    // 重建源代码块时关闭渲染
    var savedRendered = block.rendered;
    block.rendered = false;
    // 重建源代码块
    block.compose(this.rootBlock_);
    // 重启渲染，展示变化
    block.rendered = savedRendered;
    // 重新初始化
    block.initSvg();
    // 获取新的 mutation 值
    var newMutationDom = block.mutationToDom();
    var newMutation = newMutationDom && Blockly.Xml.domToText(
        newMutationDom);

    // 当 mutation 的新旧值不同
    if (oldMutation != newMutation) {
        // 触发一次类型为 mutation 的代码块变化事件
        Blockly.Events.fire(new Blockly.Events.BlockChange(
            block, 'mutation', null, oldMutation, newMutation));

        // 确保任何碰撞都是此变形器事件组的一部分
        var group = Blockly.Events.getGroup();
        setTimeout(function() {
            Blockly.Events.setGroup(group);
            block.bumpNeighbours_();
            Blockly.Events.setGroup(false);
        }, Blockly.BUMP_DELAY);
    }
    // 重新渲染
    if (block.rendered) {
        block.render();
    }
```

```
      // 在工作区停止拖曳的时候更新气泡
      if (!this.workspace_.isDragging()) {
          this.resizeBubble_();
      }
      Blockly.Events.setGroup(false);
   }
};
```

2.3.14　extensions.js：代码块的扩展

代码块的扩展是帮助初始化代码块的函数，通常用于添加动态行为，如 onchange 事件处理程序及 Mutator 变形器等。它们是利用 Block.applyExtension 函数或者 JSON 的 extensions 数组属性实现的。扩展类 Blockly.Extensions 定义在文件 extensions.js 中，其核心函数和属性如表 2.15 所示。

表 2.15　Blockly.Extensions的核心属性/函数说明

属性/函数	类　　型	说　　明
ALL_	对象	所有注册的扩展名的集合，由扩展名或者扩展id为key
register	函数	注册一个新的扩展函数
registerMixin	函数	注册一个新的扩展函数，以添加mixinObj对象的所有键和值
registerMutator	函数	注册一个新的扩展函数，以便为代码块添加一个变形器
apply	函数	对一个代码块应用一个扩展方法

注册函数 register 用于注册一个新的扩展函数，最终保存在 ALL_属性中，第一个参数 name 为扩展的名字，第二个参数 initFn 为初始化扩展代码块的函数。在 register 函数执行过程中，如果扩展名无效、此扩展名已经注册过，或者 initFn 不是函数类型，则注册函数抛出异常。函数代码如下：

```
Blockly.Extensions.register = function(name, initFn) {
   // 扩展名无效
   if (!goog.isString(name) || goog.string.isEmptyOrWhitespace(name)) {
      throw new Error('Error: Invalid extension name "' + name + '"');
   }
   // 扩展名已经注册
   if (Blockly.Extensions.ALL_[name]) {
      throw new Error('Error: Extension "' + name + '" is already
registered.');
   }
   // initFn 不是函数类型
   if (!goog.isFunction(initFn)) {
      throw new Error('Error: Extension "' + name + '" must be a function');
   }
```

```
    // 保存在扩展集合中
    Blockly.Extensions.ALL_[name] = initFn;
};
```

registerMixin 函数可以看成是特殊场景下的 register，最终目的是将一个对象的键-值对混合到代码块中，第一个参数 name 表示扩展名，第二个参数 mixinObj 是要混合的对象，如果 mixinObj 不是一个对象，则函数抛出错误。最后通过 register 函数注册一个对象混合函数。函数代码如下：

```
Blockly.Extensions.registerMixin = function(name, mixinObj) {
    // mixinObj 不是对象类型，抛出错误
    if (!goog.isObject(mixinObj)){
        throw new Error('Error: Mixin "' + name + '" must be a object');
    }
    Blockly.Extensions.register(name, function() {
        // 将 mixinObj 混合到块对象中
        this.mixin(mixinObj);
    });
};
```

为代码块注册变形器也是一种特殊的扩展，registerMutator 函数接收 4 个参数，name 是扩展的名字，mixinObj 是注册变形器必需的混合对象，opt_helperFn 是一个可选的函数类型参数，对象混合后调用，opt_blockList 是在"变形器"对话框中显示的代码块列表。

registerMutator 函数在执行过程中，首先对混合对象 mixinObj 进行检查，检查其是否具有注册变形器所必需的函数 domToMutation 和 mutationToDom，然后判断是否需要有变形器弹出框，最后对变形器扩展进行注册。注册过程包括设置弹出框、把 mixinObj 混合到块对象及调用 opt_helperFn。代码如下：

```
Blockly.Extensions.registerMutator = function(name, mixinObj, opt_helperFn,
    opt_blockList) {
    // 错误提示前缀
    var errorPrefix = 'Error when registering mutator "' + name + '": ';
    // 注册前检查 mixinObj 的 domToMutation 属性
    Blockly.Extensions.checkHasFunction_(
        errorPrefix, mixinObj.domToMutation, 'domToMutation');

    // 注册前检查 mixinObj 的 mutationToDom 属性
    Blockly.Extensions.checkHasFunction_(
        errorPrefix, mixinObj.mutationToDom, 'mutationToDom');

    // 注册前检查 mixinObj 是否具有变形器弹出框必需的函数
    var hasMutatorDialog =
        Blockly.Extensions.checkMutatorDialog_(mixinObj, errorPrefix);

    // 检查 opt_helperFn 是不是函数
    if (opt_helperFn && !goog.isFunction(opt_helperFn)) {
        throw new Error('Extension "' + name + '" is not a function');
    }
    // 检查通过
```

```
    // 注册变形器扩展
    Blockly.Extensions.register(name, function() {
        if (hasMutatorDialog) {
            // 为代码块设置一个变形器弹出框
            this.setMutator(new Blockly.Mutator(opt_blockList));
        }
    // 混合对象
        this.mixin(mixinObj);
    // 调用 opt_helperFn
    if (opt_helperFn) {
            opt_helperFn.apply(this);
        }
    });
};
```

所有注册的扩展都被保存在了 Blockly.Extensions 的 ALL_属性中，如果要实施一个扩展，需要调用函数 apply。另外需要注意的是，对代码块应用扩展方法只能在块的构造函数中进行。

调用 apply 函数需要传递三个参数，第一个参数 name 为要实施的扩展名，第二个参数 block 为要实施此扩展的代码块，最后一个参数 isMutator 用于标识此扩展是否定义了一个变形器。

apply 函数在执行过程中，首先获取相应的扩展函数并对其进行类型检查，如果检查失败，函数直接抛出异常。如果当前扩展定义了一个变形器，需要对当前代码块进行检测，假设已经有了变形器属性，则函数抛出异常，不可以对一个已经有变形器属性的代码块重复实施变形器扩展。

如果实施一个没有定义变形器的扩展，在执行完扩展函数后，需要检验当前代码块的变形器属性是否有所变化，如果有变化说明此扩展在实施过程中发生错误，函数抛出异常。函数代码如下：

```
Blockly.Extensions.apply = function(name, block, isMutator) {
    // 获取扩展函数
    var extensionFn = Blockly.Extensions.ALL_[name];
    // 判断是否是函数类型
    if (!goog.isFunction(extensionFn)) {
        throw new Error('Error: Extension "' + name + '" not found.');
    }
    // 扩展定义了一个变形器
    if (isMutator) {
        // 检测此块没有变形器属性
        Blockly.Extensions.checkNoMutatorProperties_(name, block);
    } else {
        // 记录旧属性，以便在应用扩展后确保它们不会更改
        var mutatorProperties = Blockly.Extensions.getMutatorProperties_
(block);
    }
    // 调用扩展函数
    extensionFn.apply(block);
```

```
    if (isMutator) {
        // 错误前缀
        var errorPrefix = 'Error after applying mutator "' + name + '": ';
        // 检查此块已经有了变形器属性
        Blockly.Extensions.checkBlockHasMutatorProperties_(errorPrefix, block);
    } else {
        // 检查当前的 mutator 属性是否与旧 mutator 属性的列表匹配
        if (!Blockly.Extensions.mutatorPropertiesMatch_(mutatorProperties,
block)) {
            // 不匹配则抛出错误
            throw new Error('Error when applying extension "' + name + '": ' +
                'mutation properties changed when applying a non-mutator
extension.');
        }
    }
};
```

2.3.15　block.js：定义一个代码块

block.js 对外提供 Blockly.Block 类，它表示一个代码块，通常不被直接调用，而是通过工作区的函数 workspace.newBlock 调用。Blockly.Block 中比较重要的属性和函数如表 2.16 所示。

表 2.16　Blockly.Block的关键属性/函数说明

属性/函数	类　　型	说　　明
id	字符串	标识一个块的全局唯一ID
outputConnection	Blockly.Connection	输出连接
nextConnection	Blockly.Connection	下一个连接
previousConnection	Blockly.Connection	上一个连接
inputList	Blockly.Input	所有输入的列表
inputsInline	布尔值	设置"值输入"的排列方式，true表示水平排列，false表示垂直排列
disabled	布尔值	块是否被禁用
tooltip	字符串或函数	光标在块上停留时的提示
contextMenu	布尔值	右击是否启用上下文菜单
deletable_	布尔值	是否可删除
movable_	布尔值	是否可移动
editable_	布尔值	是否可编辑
isShadow_	布尔值	是否是一个阴影块
comment	字符串或Blockly.Comment	块的注释
category_	字符串	块所属类别

属性/函数	类　型	说　明
xy_	goog.math.Coordinate	块在工作区中的位置
workspace	Blockly.Workspace	块所属的工作区
parentBlock_	Blockly.Block	父代码块
childBlocks_	Blockly.Block数组	子代码块数组
appendInput	函数	增加一个输入
getChildren	函数	查找直接嵌套在此块中的所有块
setParent	函数	设置块的父代码块
setPreviousStatement	函数	设置块是否可以有前置语句
setNextStatement	函数	设置块是否可以有后置语句
setOutput	函数	设置块是否有返回值
toString	函数	创建当前块及其所有子块的可读文本表示形式
jsonInit	函数	使用跨平台、国际化友好的JSON描述初始化当前块
interpolate_	函数	在块中插入消息描述
dispose	函数	销毁当前块

　　函数 appendInput_ 用于将一个值输入、语句输入或者局部变量添加到代码块中，其接收两个参数，第一个参数 type 表示输入的类型，值输入为 1，语句输入为 3，虚拟输入为 5；第二个参数 name 为输入的名字。

　　appendInput 函数在执行过程中首先判断输入类型 type，如果是值输入或语句输入则新建一个连接 connection，然后创建一个 Blockly.Input 实例 input，最后把 input 追加到输入列表中并将其返回。函数代码如下：

```
Blockly.Block.prototype.appendInput_ = function(type, name) {
    var connection = null;
    // 如果是值输入或者语句输入
    if (type == Blockly.INPUT_VALUE || type == Blockly.NEXT_STATEMENT) {
        // 新建一个连接
        connection = this.makeConnection_(type);
    }
    // 新建一个 Blockly.Input 实例 input
    var input = new Blockly.Input(type, name, this, connection);
    // 把 input 追加到列表中
    this.inputList.push(input);
    // 返回当前输入实例
    return input;
};
```

　　另一个函数 getChildren 用于查找直接嵌套在此代码块中的所有子代码块，包括值输入及语句输入中的块。子代码块可以按照从上到下进行排序，通过函数的唯一参数 ordered 来控制，当其为 true 时表示对块列表进行排序。getChildren 函数最终的返回结果是一个包含所有子代码块的数组。

由于在每个代码块中都会维护一个 childBlocks_ 字段，其中保存着它的所有子块，如果不需要对子块排序，getChildren 函数直接返回 this.childBlocks_。如果需要排序，则循环遍历输入列表 inputList 中的每个元素。如果输入有连接并且连接的目标块存在，则此目标块就是一个要找的子块，将其加入子块数组中。

循环结束后，查找直接连接到此块的下一个语句块是否存在，如果存在也将其加入到子块数组中。函数代码如下：

```
Blockly.Block.prototype.getChildren = function(ordered) {
    // 如果不需要排序
    if (!ordered) {
        // 直接返回 this.childBlocks_
        return this.childBlocks_;
    }
    // 定义子块数组
    var blocks = [];
    // 循环遍历输入列表
    for (var i = 0, input; input = this.inputList[i]; i++) {
        // 如果输入有连接
        if (input.connection) {
            // 获取连接的目标块
            var child = input.connection.targetBlock();
            if (child) {
                // 加入子块数组
                blocks.push(child);
            }
        }
    }
    // 获取当前块的下一个块
    var next = this.getNextBlock();
    if (next) {
        // 加入子块数组
        blocks.push(next);
    }
    // 返回子块列表
    return blocks;
};
```

在主工作区中，一个代码块有两种存在形式，要么是隶属于某个父块的 childBlocks_，要么就是工作区 topBlocks_ 的成员。setParent 的功能就是为当前块设置父块，如果没有父块，则追加到顶层块中。

在 setParent 函数执行过程中，首先判断要设置的新父块是否就是当前的父块，如果新旧父块相同，函数直接返回。如果当前代码块有父块，就需要在父块的子块列表中把当前块删除，然后判断当前块的 previousConnection 连接与 outputConnection 连接是否已经断开，如果有一个还处于连接状态，函数抛出错误。如果当前块没有父块，说明它是顶层块，则将其从 topBlocks_ 中删除。

然后设置新的父块为参数 newParent，如果 newParent 不为空，则将当前代码块插入到新父块的 childBlocks_ 中；如果 newParent 为空，则将当前块插入到当前工作区的顶层块列表中。函数代码如下：

```
Blockly.Block.prototype.setParent = function(newParent) {
    // 要设置的新父块就是当前的父块
    if (newParent == this.parentBlock_) {
        return;
    }
    if (this.parentBlock_) {
        // 把当前块从之前父块的子块列表中删除
        goog.array.remove(this.parentBlock_.childBlocks_, this);
        // 如果与前面的块连接未断，抛出错误
        if (this.previousConnection && this.previousConnection.isConnected()) {
            throw 'Still connected to previous block.';
        }
        // 如果与输出连接未断，抛出错误
        if (this.outputConnection && this.outputConnection.isConnected()) {
            throw 'Still connected to parent block.';
        }
        this.parentBlock_ = null;
    } else {
        // 从工作区最上面的块列表中删除此块
        this.workspace.removeTopBlock(this);
    }
    // 设置新的父块
    this.parentBlock_ = newParent;
    if (newParent) {
        // 把当前块加入到新父块的子列表中
        newParent.childBlocks_.push(this);
    } else {
        this.workspace.addTopBlock(this);
    }
};
```

一个代码块与它的前置块是通过 previousConnection 连接的，但是我们可以设置一个代码块是否可以连接到另一个代码块的底部，以及连接到什么类型的代码块底部。Blockly.Block 的 setPreviousStatement 函数提供了此功能，它接收两个参数，第一个参数 newBoolean 是一个布尔值，为 true 代表此块可以有前置语句；第二个参数 opt_check 代表前置语句的类型或类型列表，如果为空或者未定义，则代表此块可以连接到任何类型的前置语句后面。

setPreviousStatement 函数首先判断 newBoolean 的真伪，如果为 false 则说明当前块不可以有前置语句，如果现在已经有了前置连接，则将其销毁并置空。如果为 true 则根据需要创建一个前置连接，然后为前置连接设置兼容的语句类型，如果为 null 则表示兼容任何类型。函数的代码如下：

```
Blockly.Block.prototype.setPreviousStatement = function(newBoolean, opt_
check) {
    // 可以有前置语句
    if (newBoolean) {
        if (opt_check === undefined) {
            opt_check = null;
        }
        // 如果前置连接不存在
        if (!this.previousConnection) {
            // 如果有外部连接，抛出错误
            goog.asserts.assert(!this.outputConnection,
                'Remove output connection prior to adding previous connection.');

            // 创建一个前置连接
            this.previousConnection =
                this.makeConnection_(Blockly.PREVIOUS_STATEMENT);
        }
        // 设置可连接的语句类型
        this.previousConnection.setCheck(opt_check);
    // 不可以有前置语句
    } else {
        // 如果当前有前置连接
        if (this.previousConnection) {
            // 如果处于连接状态，抛出错误
            goog.asserts.assert(!this.previousConnection.isConnected(),
                'Must disconnect previous statement before removing connection.');

                // 销毁前置连接
            this.previousConnection.dispose();
            // 置空
            this.previousConnection = null;
        }
    }
};
```

与 setPreviousStatement 函数相对应的函数就是 setNextStatement，用于设置另一个代码块是否可以连接到当前块的底部。setNextStatement 函数也接收两个参数，其与 setPreviousStatement 函数的唯一区别是 newBoolean 为 true 代表当前块可以有后置语句，其他含义完全一致。二者的源码结构也非常相似，读者可以自行分析。函数代码如下：

```
Blockly.Block.prototype.setNextStatement = function(newBoolean, opt_check) {
    if (newBoolean) {
        if (opt_check === undefined) {
            opt_check = null;
        }
        if (!this.nextConnection) {
            // 创建一个后置连接
            this.nextConnection = this.makeConnection_(Blockly.NEXT_STATEMENT);
```

```
        }
        // 设置可连接的语句类型
        this.nextConnection.setCheck(opt_check);
    } else {
        if (this.nextConnection) {
            // 如果后置连接还处于连接状态，抛出错误
            goog.asserts.assert(!this.nextConnection.isConnected(),
                'Must disconnect next statement before removing connection.');

            // 销毁后置连接
            this.nextConnection.dispose();
            // 置空
            this.nextConnection = null;
        }
    }
};
```

一个代码块还可以有另外一种连接——输出连接，用于对父块输出一个值。设置一个代码块是否可以输出一个值的函数为 setOutput，它同样接收两个参数，第一个参数 newBoolean 为 true 代表有输出值；第二个参数 opt_check 用于设置返回值的类型，如果为空或者未定义，则代表可以返回任意类型的值。

setOutput 函数在执行过程中，如果要建立一个输出连接，需要事先检查当前代码块是否还有前置连接，如果有则函数抛出错误，并给出创建输出连接前需要删除前置连接的提醒。函数代码如下：

```
Blockly.Block.prototype.setOutput = function(newBoolean, opt_check) {
if (newBoolean) {
// 可以返回任何类型的值
if (opt_check === undefined) {
        opt_check = null;
}
// 没有输出连接
if (!this.outputConnection) {
        // 确保创建输出连接之前没有前置连接
        goog.asserts.assert(!this.previousConnection,
            'Remove previous connection prior to adding output connection.');

        // 创建一个输出连接
        this.outputConnection = this.makeConnection_(Blockly.OUTPUT_
VALUE);
    }
    // 设置输出的类型
    this.outputConnection.setCheck(opt_check);
} else {
    if (this.outputConnection) {
        // 确保输出连接已断开
        goog.asserts.assert(!this.outputConnection.isConnected(),
            'Must disconnect output value before removing connection.');

        // 销毁输出连接
```

```
            this.outputConnection.dispose();
            // 置空
            this.outputConnection = null;
        }
    }
};
```

　　有些时候，我们需要把一个代码块及其子块翻译成一个可读的字符串，如把一个"加操作符"嵌入到"移动步数块"的内部，就可以翻译成"move ??? + ??? steps"，如果操作符是"1+2"，翻译结果为"move 1 + 2 steps"。

　　Blockly.Block 的原型方法 toString 可以提供代码块的翻译功能。它接收两个参数 opt_maxLength 和 opt_emptyToken，前者是一个可选的数字类型参数，表示字符串的最大长度，超过部分将被截断；后者也是一个可选参数，参数类型为字符串，用于表示空字段的占位符字符串，如果没有指定此参数，使用" ？"代替。toString 函数的返回值是一个字符串类型的代码块。

　　toString 函数在执行时首先定义文本数组 text 和占位符 emptyFieldPlaceholder，然后循环代码块的输入列表 inputList，对每一个输入的所有 fieldRow 进行文本翻译。如果输入有连接并且连接的目标块非空，则递归调用 toString 函数翻译子块。

　　处理完当前代码块及其子块的翻译之后，toString 函数会把 text 数组连接成一个字符串，并作为函数返回值返回，如果翻译字符串有最大长度限制，则对字符串进行截取操作。函数代码如下：

```
Blockly.Block.prototype.toString = function(opt_maxLength, opt_emptyToken) {
    // 定义一个字符串数组
    var text = [];
    // 定义占位符，默认为"?"
    var emptyFieldPlaceholder = opt_emptyToken || '?';
    // 代码块已经折叠
    if (this.collapsed_) {
        text.push(this.getInput('_TEMP_COLLAPSED_INPUT').fieldRow[0].text_);
    } else {
        // 循环代码块的每一个输入
        for (var i = 0, input; input = this.inputList[i]; i++) {
            // 循环输入的每一个 field
            for (var j = 0, field; field = input.fieldRow[j]; j++) {
                // 如果是一个下拉输入并且值为空
                if (field instanceof Blockly.FieldDropdown && !field.getValue()) {
                    // 用占位符取代
                    text.push(emptyFieldPlaceholder);
                } else {
                    // 获取文本值
                    text.push(field.getText());
                }
            }
            // 如果输入有连接
            if (input.connection) {
```

```
        // 获取连接的目标块
        var child = input.connection.targetBlock();
        // 如果存在目标块
        if (child) {
            // 递归调用目标块的 toString 函数
            text.push(child.toString(undefined, opt_emptyToken));
        } else {
            // 用占位符取代
            text.push(emptyFieldPlaceholder);
        }
      }
    }
  }
  // 连接字符串数组，如果为空，用"???"取代
  text = goog.string.trim(text.join(' ')) || '???';
  // 如果定义了字符串的最大长度
  if (opt_maxLength) {
    // 对字符串做截取操作
    text = goog.string.truncate(text, opt_maxLength);
  }
  // 返回代码块的文本表示
  return text;
};
```

🔔 **注意：** Scratch-blocks 没有代码块折叠功能，Blockly 中才有折叠的功能，大家可以略过折叠的代码。

Blockly.Block 的原型方法 jsonInit 是使用跨平台、国际化友好的 JSON 描述来初始化代码块，它接收的唯一参数 json 为描述代码块的结构化数据。

在项目源码的根目录下有 blocks_common、blocks_horizontal 及 blocks_vertical 3 个文件夹，其中分别定义了公共代码块、水平代码块及垂直代码块，其中在每个代码块的 init 初始化函数中，都调用了 jsonInit 函数。

jsonInit 函数首先对 json 定义进行合法性检测，如果同时存在输出和前置语句字段，则抛出错误。然后对 json 的颜色字段、消息字段、连接字段及扩展字段等分别进行相应的代码块初始化工作。函数代码如下：

```
Blockly.Block.prototype.jsonInit = function(json) {
  // 警告前缀
  var warningPrefix = json['type'] ? 'Block "' + json['type'] + '": ' : '';
  // 输出和前置语句不能同时存在
  goog.asserts.assert(
      json['output'] == undefined || json['previousStatement'] == undefined,
      warningPrefix + 'Must not have both an output and a previousStatement.');

  // 设置代码块的颜色属性
  if (json['colour'] !== undefined) {
    this.setColourFromJson_(json);
  }
```

```
    // 插入消息块
    var i = 0;
    while (json['message' + i] !== undefined) {
        this.interpolate_(json['message' + i], json['args' + i] || [],
json['lastDummyAlign' + i]);
        i++;
    }
    // 设置值输入是水平排列还是垂直排列
    if (json['inputsInline'] !== undefined) {
        this.setInputsInline(json['inputsInline']);
    }
    // 设置输出连接
    if (json['output'] !== undefined) {
        this.setOutput(true, json['output']);
    }
    // 设置前置连接
    if (json['previousStatement'] !== undefined) {
        this.setPreviousStatement(true, json['previousStatement']);
    }
    // 设置后置连接
    if (json['nextStatement'] !== undefined) {
        this.setNextStatement(true, json['nextStatement']);
    }
    // 设置工具提示
    if (json['tooltip'] !== undefined) {
        var rawValue = json['tooltip'];
        var localizedText = Blockly.utils.replaceMessageReferences(rawValue);
        this.setTooltip(localizedText);
    }
    // 设置是否开启上下文菜单
    if (json['enableContextMenu'] !== undefined) {
        var rawValue = json['enableContextMenu'];
        this.contextMenu = !!rawValue;
    }
    // 设置块的帮助页面地址
    if (json['helpUrl'] !== undefined) {
        var rawValue = json['helpUrl'];
        var localizedValue = Blockly.utils.replaceMessageReferences(rawValue);
        this.setHelpUrl(localizedValue);
    }
    // 如果扩展属性是一个字符串
    if (goog.isString(json['extensions'])) {
        // 给出扩展属性只能是字符串数组的警告
        console.warn('JSON attribute \'extensions\' should be an array of ' +
            'strings. Found raw string in JSON for \'' + json['type'] + '\'' +
block.');

        // 转换成字符串数组并赋值
        json['extensions'] = [json['extensions']];
    }
    // 增加 Mutator
    if (json['mutator'] !== undefined) {
        Blockly.Extensions.apply(json['mutator'], this, true);
```

```
    }
    // 实施扩展
    if (Array.isArray(json['extensions'])) {
        var extensionNames = json['extensions'];
        for (var i = 0; i < extensionNames.length; ++i) {
            var extensionName = extensionNames[i];
            Blockly.Extensions.apply(extensionName, this, false);
        }
    }
    // 设置输出形状
    if (json['outputShape'] !== undefined) {
        this.setOutputShape(json['outputShape']);
    }
    // 设置在 Flyout 中是否有复选框
    if (json['checkboxInFlyout'] !== undefined) {
        this.setCheckboxInFlyout(json['checkboxInFlyout']);
    }
    // 设置块的类别
    if (json['category'] !== undefined) {
        this.setCategory(json['category']);
    }
};
```

在以上代码处理消息的过程中，调用了 interpolate_函数，用于在代码块中插入消息描述。该函数接收三个参数，第一个参数 message 是带着插值标记的文本字符串，例如代码块 motion_movesteps 中的 message0 是"move %1 steps"；第二个参数 args 表示要插入的参数数组；第三个参数 lastDummyAlign 是一个字符串类型，表示如果在末尾添加了一个伪输入，应该如何对齐。

interpolate_函数在执行时首先解析具有插值符号的 message，生成一个 tokens 数组，例如 "移动步数代码块" 的 message0 解析后生成的 tokens 数组为["move", 1, "steps"]。然后循环遍历此 tokens 数组，生成对应的 elements 元素列表，结果为["move", {type: "input_value", name: "STEPS"}, "steps"]。如果元素列表的最后一个元素是字符串类型或者其 type 属性以 field_开头，需要追加一个 dummyInput 虚拟输入。

然后循环遍历 elements 元素列表，针对元素的不同类型创建相应的 input 输入或者 Field，最后根据需要把 Field 追加到其对应的 input 中。需要注意的是，如果遇到无法识别的 Field 类型，就取元素的 alt 属性重新执行一遍，也就是代码中的 do…while 循环的逻辑。函数代码如下：

```
Blockly.Block.prototype.interpolate_ = function(message, args, lastDummyAlign) {
    // 解析具有插值符号的字符串
    var tokens = Blockly.utils.tokenizeInterpolation(message);
    // 判重数组
    var indexDup = [];
    // 插值符号的个数
    var indexCount = 0;
    var elements = [];
```

```
// 插入参数，生成元素列表
for (var i = 0; i < tokens.length; i++) {
    var token = tokens[i];
    // 数字类型的 token
    if (typeof token == 'number') {
        // 数值越界
        if (token <= 0 || token > args.length) {
            // 抛出越界错误
            throw new Error('Block "' + this.type + '": ' +
                'Message index %' + token + ' out of range.');
        }
        // 此 token 已处理过
        if (indexDup[token]) {
            // 抛出重复错误
            throw new Error('Block "' + this.type + '": ' +
                'Message index %' + token + ' duplicated.');
        }
        // 标记为已处理
        indexDup[token] = true;
        // 插值符号个数自增
        indexCount++;
        // 往元素列表中插入一个参数
        elements.push(args[token - 1]);
    // 不是数字类型的 token
    } else {
        // 去除头尾空格
        token = token.trim();
        if (token) {
            // 插入元素列表
            elements.push(token);
        }
    }
}
// 消息与参数个数不等时抛出错误
if (indexCount != args.length) {
    throw new Error('Block "' + this.type + '": ' +
        'Message does not reference all ' + args.length + ' arg(s).');
}
// 如果需要，添加最后一个虚拟输入
if (elements.length && (typeof elements[elements.length - 1] == 'string' ||
    goog.string.startsWith(elements[elements.length - 1]['type'], 'field_'))) {

    var dummyInput = {type: 'input_dummy'};
    // 设置对齐方式
    if (lastDummyAlign) {
        dummyInput['align'] = lastDummyAlign;
    }
    // 把虚拟输入插入元素列表中
    elements.push(dummyInput);
}
// 对齐方式常量
var alignmentLookup = {
```

```
        'LEFT': Blockly.ALIGN_LEFT,
        'RIGHT': Blockly.ALIGN_RIGHT,
        'CENTRE': Blockly.ALIGN_CENTRE
};
// 为代码块填充输入 input 和字段 Field
// Field 数组
var fieldStack = [];
// 循环遍历元素列表
for (var i = 0; i < elements.length; i++) {
    var element = elements[i];
    // 字符串元素
    if (typeof element == 'string') {
        fieldStack.push([element, undefined]);
    } else {
        var field = null;
        var input = null;
        do {
            var altRepeat = false;
            // 创建一个 label 标签
            if (typeof element == 'string') {
                field = new Blockly.FieldLabel(element);
            } else {
                switch (element['type']) {
                    // 值输入
                    case 'input_value':
                        input = this.appendValueInput(element['name']);
                    break;
                    // 语句输入
                    case 'input_statement':
                        input = this.appendStatementInput(element['name']);
                    break;
                    // 虚拟输入
                    case 'input_dummy':
                        input = this.appendDummyInput(element['name']);
                    break;
                    default:
                        // 创建 Field
                        field = Blockly.Ficld.fromJson(element);
                        // 无法识别的 Field
                        if (!field) {
                            // 有 alt 属性
                            if (element['alt']) {
                            // 取元素的 alt 属性
                            element = element['alt'];
                            // 重复标志置为 true
                            altRepeat = true;
                        } else {
                            // 无法创建此类型的 Field
                            console.warn('Blockly could not create a field of
                                type ' + element['type'] +'. You may
                                need to register your custom field.
                                See'github.com/google/blockly/issues/1584');
                        }
```

```
            }
          }
        }
        // 取元素的 alt 属性重新执行一次
      } while (altRepeat);
      if (field) {
        fieldStack.push([field, element['name']]);
      } else if (input) {
        // 设置 input 中连接的兼容性
        if (element['check']) {
          input.setCheck(element['check']);
        }
        // 设置对齐方式
        if (element['align']) {
          input.setAlign(alignmentLookup[element['align']]);
        }
        // 把 Field 追加到 input 中
        for (var j = 0; j < fieldStack.length; j++) {
          input.appendField(fieldStack[j][0], fieldStack[j][1]);
        }
        // 清空 Field 数组，开始下一次循环
        fieldStack.length = 0;
      }
    }
  }
};
```

🔔**注意**：在插值函数 interpolate_ 处理的过程中，如果插值符号数目不等于参数个数，函数将抛出异常。

以上代码中提到的"移动步数代码块"，它有一个消息和一个参数，参数类型为值输入，其块定义如下：

```
Blockly.Blocks['motion_movesteps'] = {
  init: function() {
    this.jsonInit({
      // 消息
      "message0": Blockly.Msg.MOTION_MOVESTEPS,
      // 参数
      "args0": [
        {
          "type": "input_value",
          "name": "STEPS"
        }
      ],
      // 类别
      "category": Blockly.Categories.motion,
      // 扩展
      "extensions": ["colours_motion", "shape_statement"]
    });
  }
};
```

如何销毁一个 block 代码块呢？Blockly.Block 的原型方法 dispose 可以销毁当前代码块及其所有子块。从 DOM 中删除这个块会导致内存泄漏和连接数据库损坏。因此，我们必须有条不紊地穿过这些代码块，仔细地拆卸它们。

dispose 函数接收唯一的布尔类型参数 healStack，如果其为 true，则代表将当前块的后置块与前置块进行连接；如果为 false，则表示销毁当前块的所有子块。

dispose 函数在执行过程中，首先将 onchange 事件的侦听终止，接下来将当前块从工作区的顶层块列表和块数据库中删除，然后循环遍历所有子块，销毁子块，接着把当前块的所有输入及 Filed 销毁。最后获取块的所有连接，包括输出连接、前置连接、后置连接和输入连接，分别将连接断开并销毁。

```
Blockly.Block.prototype.dispose = function(healStack) {
    if (!this.workspace) {
        // 块已经删除了
        return;
    }
    // 终止 onchange 事件侦听
    if (this.onchangeWrapper_) {
        this.workspace.removeChangeListener(this.onchangeWrapper_);
    }
    // 断开与其他块的连接
    this.unplug(healStack);
    // 触发块删除事件
    if (Blockly.Events.isEnabled()) {
        Blockly.Events.fire(new Blockly.Events.BlockDelete(this));
    }
    // 停止事件发送
    Blockly.Events.disable();
    // 试着执行块删除操作
    try {
        // 把块从工作区的顶层块列表中删除
        if (this.workspace) {
            this.workspace.removeTopBlock(this);
            // 把块从工作区的数据库中删除
            delete this.workspace.blockDB_[this.id];
            // 置空块的工作区
            this.workspace = null;
        }
        // 取消选中
        if (Blockly.selected == this) {
            Blockly.selected = null;
        }

        // 删除所有的子块
        for (var i = this.childBlocks_.length - 1; i >= 0; i--) {
            this.childBlocks_[i].dispose(false);
        }
        // 销毁当前代码块、输入及其 Field
        for (var i = 0, input; input = this.inputList[i]; i++) {
```

```
        input.dispose();
    }
    // 置空输入列表
    this.inputList.length = 0;
    // 获取所有连接
    var connections = this.getConnections_(true);
    // 断开所有连接并销毁，包括输出连接、前置连接、后置连接和输入连接
    for (var i = 0; i < connections.length; i++) {
    var connection = connections[i];
        if (connection.isConnected()) {
            // 断开连接
            connection.disconnect();
        }
        // 销毁连接
        connections[i].dispose();
    }
} finally {
    // 开启事件发送
    Blockly.Events.enable();
}
};
```

以上代码块销毁函数中调用了 unplug 函数，它的字面意思是"拔出"，其实真实作用是将当前块从输出、前置及后置连接中断开，dispose 的唯一参数 healStack 就是传给它的。如果 healStack 为 true，并且当前块有前置代码块和后置代码块，则将它们进行连接。函数代码如下：

```
Blockly.Block.prototype.unplug = function(opt_healStack) {
    if (this.outputConnection) {
        if (this.outputConnection.isConnected()) {
            // 断开输出连接
            this.outputConnection.disconnect();
        }
    } else {
        if (this.previousConnection) {
            var previousTarget = null;
            if (this.previousConnection.isConnected()) {
                // 保存当前块的前置连接目标块
                previousTarget = this.previousConnection.targetConnection;
                // 断开前置连接
                this.previousConnection.disconnect();
            }
        }
        var nextBlock = this.getNextBlock();
        if (opt_healStack && nextBlock) {
            // 保存当前块的后置连接目标块
            var nextTarget = this.nextConnection.targetConnection;
            // 断开后置连接
            nextTarget.disconnect();
            // 检测是否可以连接
            if (previousTarget && previousTarget.checkType_(nextTarget)) {
                // 连接当前块的后置块与前置块
```

```
                previousTarget.connect(nextTarget);
            }
        }
    }
};
```

2.4 小　　结

　　Scratch-blocks 是基于谷歌的 Blockly 技术发展而来的，并在其基础上进行了完善和创新，它通过与 Scratch-vm 技术的结合，可以提供一种可视化编程接口的能力。本章详细探讨了 Scratch-blocks 技术，并对其核心源码进行了深入分析，其中包括工作区、代码块、事件及连接等。通过本章的学习，读者可以对 Scratch-blocks 有更深一层的认识，为接下来的 Scratch-vm 学习打下基础。

第 3 章　Scratch-vm：
虚拟机源码分析

在 Scratch 技术生态中，Scratch-vm 具有承上启下的作用，它是一个用于表示、运行和维护使用 Scratch-blocks 编写的计算机程序状态的库。虚拟机通过 blockListener 监听 Scratch-blocks 工作区发出的事件，以此来构造和维护抽象语法树（AST）的状态。每个目标都为它的代码块维护一个 AST，并在任何时刻都可以查看其当前状态。本章将详细探讨 Scratch-vm 并对其源码进行深入分析。

本章涉及的主要内容如下：

- Scratch-vm 概述，对 Scratch-vm 技术进行整体了解和宏观把控。
- Scratch-vm 执行流程，了解 Scratch-vm 的代码结构与执行主线。
- Scratch-vm 源码分析，深入理解 Scratch-vm 技术的源码实现。

🔔注意：由于 Scratch-vm 的内容非常多，受篇幅限制，本章只选最核心的代码进行源码分析。

3.1　Scratch-vm 概述

通过上一章的学习，大家已经了解了 Scratch-blocks 是基于谷歌 Blockly 技术发展而来的，但是与 Blockly 不同的是，Scratch-blocks 并没有使用官方的代码生成器（Code Generator），而是通过与自主研发的 Scratch-vm 虚拟机技术相结合，创建了一种高度动态的可交互式编程环境。可以将 Scratch-vm 理解成一个状态管理中心，它把用 Scratch-blocks 编写的程序解析为内部状态，通过状态控制舞台区域的渲染，并可以侦听 Scratch-blocks 工作区的变化，更新内部状态。

3.1.1　Scratch-vm 的职责

从整个 Scratch 技术生态来看，Scratch-vm 诞生的目的就是解析并执行用 Scratch-blocks

编写的程序，然后通过 Scratch-render 控制舞台的变化。围绕这个终极目标，它的职责大体包括：对每一个 Scratch-blocks 代码块定义操作码及实施函数，控制代码块的执行，维护执行过程中的线程状态，进行运行时的序列化与反序列化，控制舞台区域的绘制。

3.2　Scratch-vm 代码结构与流程

本节主要介绍 Scratch-vm 的代码结构与执行流程，从宏观层面对源码进行分析。通过本节的学习，读者可以了解到 Scratch-vm 的源码由几大部分组成，每个部分的职责是什么，以及它们之间是如何协作的，同时会以流程图的形式展现虚拟机的整个执行流程，为深入阅读源码做好准备。

🔔注意：Scratch-vm 是一个活跃的项目，时常有代码更新。本书将以 develop 分支为基础进行流程和源码分析。

3.2.1　Scratch-vm 代码结构

本小节将对 Scratch-vm 源码的目录结构进行全面介绍。通过本小节的学习，读者可以对代码结构有一个比较清晰的认识，同时可以熟悉每一部分的主要功能，为源码分析打好基础。目录结构如下：

- .github：该文件夹里主要是一些 Markdown 模板文件，包括 pull request 模板、issue 模板及 contributing 说明文件。这些文件主要是为项目开源服务的，不属于 Scratch-vm 项目的具体代码部分。
- .tx：该文件夹里的 config 文件用于将本地仓库中的文件映射到 Transifex 中的资源，为语言翻译所用，方便项目做国际化。这是因为 Scratch-blocks 依赖 Transifex 包。
- dist：执行构建命令 npm run build 后生成的目录。
- docs：有关扩展的说明文档。
- node_modules：Scratch-vm 所依赖的第三方包的安装目录。
- playground：构建生成的文件，其中包括 Scratch-vm 的基准程序及所依赖的第三方模块、媒体资源和文档等。
- src：Scratch-vm 项目的源码部分，其中包括代码块、消息派发、引擎、扩展及序列化等。
- test：项目的测试代码部分，其中包括单元测试、集成测试及一些可执行的 sb2/sb3 文件。
- .editorconfig：编码格式配置文件，使同一个项目的多个开发人员在不同的编辑器和

IDE 中保持一致的编码样式。

- .eslintignore：代码检测配置文件，可以从中指定一些忽略 ESLint 代码检测的文件和目录。
- .eslintrc.js：定义 ESLint 代码检测规则的文件。
- .gitattributes：一个文本文件，以行为单位设置一个路径或匹配模式下所有文件的属性。
- .gitignore：明确指定在 Git 仓库中忽略哪些文件，对于这些文件 Git 将不进行版本跟踪。
- .jsdoc.json：文档生成工具 JSDoc 的配置文件。
- .npmignore：把一些不必要的文件排除在 NPM 包之外，如果项目中没有.npmignore，NPM 会按照.gitignore 匹配忽略的文件。
- .travis.yml：Travis CI 的配置文件。
- LICENSE：许可说明文件。
- package-lock.json：执行 npm install 后生成的文件，用来记录当前安装的各个包的具体来源及版本号。
- package.json：一个方便管理 NPM 包的配置文件，其中列出了这个项目需要依赖的第三方包，可以使用语义化的版本控制规则指定包的具体版本，同时使项目的构建可复制，方便与其他开发者共享。
- README.md：项目说明文件。
- TRADEMARK：商标信息。
- webpack.config.js：Webpack 的配置文件。

🔔注意：在以上代码结构中，src 是 Scratch-vm 的源码部分。本章的源码分析也将重点讲解此部分内容。

3.2.2　Scratch-vm 代码流程

在了解了 Scratch-vm 的源码目录结构之后，接下来我们梳理整个项目的执行流程，并以流程图的形式展现出来。Scratch-vm 项目的执行是以虚拟机的开启为前提的，其核心代码如下：

```
// scratch-vm/src/virtual-machine.js
// 开启虚拟机
start () {
    // 虚拟机运行时开启
    this.runtime.start();
}
```

在虚拟机的开启函数里启动了运行时模块，运行时的开启主要包括：根据虚拟机的运行模式设置周期时间，并对_step 进行周期调用，最后触发一个运行时已开启事件。核心代码如下：

```
start () {
    ......
    // 设置周期调用时间
    let interval = Runtime.THREAD_STEP_INTERVAL;
    if (this.compatibilityMode) {
        interval = Runtime.THREAD_STEP_INTERVAL_COMPATIBILITY;
    }
    ......
    // 开启周期调用
    this._steppingInterval = setInterval(() => {
        // 周期执行函数
        this._step();
    }, interval);
    // 触发运行时已开启事件
    this.emit(Runtime.RUNTIME_STARTED);
}
```

在周期执行函数_step 中，主要做了 4 件事情，首先是开启所有符合要求的帽子线程，然后开启所有的监控，之后执行线程队列，最后绘制舞台。整个过程的流程图如图 3.1 所示，核心代码如下：

```
_step () {
    ......
    for (const hatType in this._hats) {
        ......
        const hat = this._hats[hatType];
        if (hat.edgeActivated) {
            // 开启帽子块线程
            this.startHats(hatType);
        }
    }
    ......
    // 开启监控
    this._pushMonitors();
    ......
    // 执行线程队列
    const doneThreads = this.sequencer.stepThreads();
    ......
    if (this.renderer) {
        // 绘制舞台
        this.renderer.draw();
    }
}
```

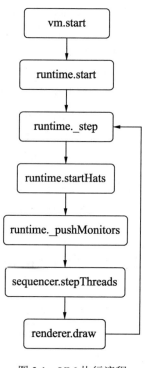

图 3.1　VM 执行流程

以上 startHats 开启的是当前运行时模块中的元数据具有 edgeActivated 属性且值为 true 的帽子块。在 Scratch-vm 实施的代码块中，只有两个代码块具备此条件，即"当触摸对象"事件代码块和"当大于"事件代码块，它们的定义如下：

```
// scratch-vm/src/blocks/scratch3_event.js
getHats () {
    return {
        ......
        // 触摸对象事件
        event_whentouchingobject: {
            restartExistingThreads: false,
            // 边缘激活属性
            edgeActivated: true
        },
        ......
        // 大于事件
        event_whengreaterthan: {
            restartExistingThreads: false,
            // 边缘激活属性
            edgeActivated: true
        }
        ......
    };
}
```

在 startHats 内部具体做了什么呢？就是通过函数 allScriptsByOpcodeDo 查找所有满足要求的脚本，然后启动这些脚本。当然，在启动之前需要判断代码块元数据中的 restartExistingThreads 字段，选择重启线程或者放弃执行。startHats 函数最后返回所有新启动的线程列表 newThreads。代码如下：

```
// scratch-vm/src/engine/runtime.js
startHats (requestedHatOpcode, optMatchFields, optTarget) {
    ......
    // 查询所有脚本
    this.allScriptsByOpcodeDo(requestedHatOpcode, (script, target) => {
        const {
            blockId: topBlockId,
            fieldsOfInputs: hatFields
        } = script;
        ......
        if (hatMeta.restartExistingThreads) {
            ......
            // 重启线程
            newThreads.push(this._restartThread(this.threads[i]));
            // 函数返回
            return;
        }else {
            ......
            // 函数返回
            return
        }
        // 创建一个线程，并将其插入线程池
        newThreads.push(this._pushThread(topBlockId, target));
    }, optTarget);
    ......
    return newThreads;
}
```

函数 allScriptsByOpcodeDo 接收三个参数，第一个参数 opcode 为要查找的操作码，第二个参数 f 为一个执行函数，第三个参数 optTarget 为查找的目标集合，如果为空则默认为当前执行目标。allScriptsByOpcodeDo 函数最终实现对目标集中所有具有 opcode 操作码的脚本执行 f 函数。代码如下：

```
// scratch-vm/src/engine/runtime.js
allScriptsByOpcodeDo (opcode, f, optTarget) {
    // 运行时模块中的执行目标
    let targets = this.executableTargets;
    if (optTarget) {
        targets = [optTarget];
    }
    for (let t = targets.length - 1; t >= 0; t--) {
        const target = targets[t];
        // 获取匹配操作码的所有脚本
        const scripts = BlocksRuntimeCache.getScripts(target.blocks, opcode);
        for (let j = 0; j < scripts.length; j++) {
            // 执行函数 f
            f(scripts[j], target);
        }
    }
}
```

经过以上代码分析，我们可以总结出启动具有"边缘激活"属性帽子代码块的整体执行流程，如图 3.2 所示。

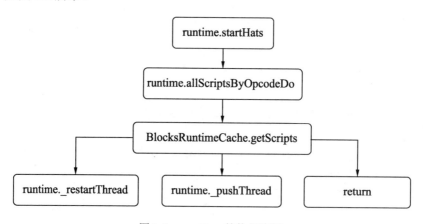

图 3.2　startHats 的执行流程

接下来分析函数_pushMonitors，它用于把所有的监控器代码块加入执行序列中。函数代码如下：

```
// scratch-vm/src/engine/runtime.js
_pushMonitors () {
    // 运行所有的监控器代码块
```

```
    this.monitorBlocks.runAllMonitored(this);
}
```

其中调用了监控代码块容器的 runAllMonitored 方法，它接收唯一的运行时参数 runtime。runAllMonitored 函数首先判断当前执行监控脚本的缓存是否存在，如果不存在，则构建缓存，然后循环监控缓存的每个元素，增加监控脚本。代码如下：

```
runAllMonitored (runtime) {
    // 从监控代码块 ID 到执行目标 ID 的缓存为空
    if (this._cache._monitored === null) {
        // 生成监控缓存
        this._cache._monitored = Object.keys(this._blocks)
            // 过滤出监控块
            .filter(blockId => this.getBlock(blockId).isMonitored)
            .map(blockId => {
                const targetId = this.getBlock(blockId).targetId;
                // 返回块 ID 和目标 ID
                return {
                    blockId,
                    target: targetId ? runtime.getTargetById(targetId) : null
                };
            });
    }
    // 获取缓存
    const monitored = this._cache._monitored;
    // 循环每一个监控缓存元素
    for (let i = 0; i < monitored.length; i++) {
        // 获取块 ID 和目标 ID
        const {blockId, target} = monitored[i];
        // 增加监控脚本
        runtime.addMonitorScript(blockId, target);
    }
}
```

在以上代码的 addMonitorScript 函数中，首先获取监控目标，如果没有，使用当前编辑目标，然后判断此监控线程是否已经在运行，如果没有，则创建一个新线程并将其插入线程池。函数代码如下：

```
addMonitorScript (topBlockId, optTarget) {
    if (!optTarget) optTarget = this._editingTarget;
    for (let i = 0; i < this.threads.length; i++) {
        // 判断监控线程是否已经在执行
        if (this.threads[i].topBlock === topBlockId &&
            this.threads[i].status !== Thread.STATUS_DONE &&
            this.threads[i].updateMonitor) {

            // 函数退出
            return;
        }
    }
    // 创建一个新线程，并将其插入线程池
    this._pushThread(topBlockId, optTarget, {updateMonitor: true});
}
```

经过以上代码分析，我们可以总结出运行时模块中为目标启动监控线程的整个执行流程，如图 3.3 所示。

在以上"开启帽子代码块"和"开启监控"两个子流程中，都是向运行时的线程池中插入线程。那线程池的线程是怎么执行的呢？其实在虚拟机的执行中，另外一个重要的子流程就是线程的有序执行。

在 Scratch-vm 中定义了一个序列器类 Sequencer，其中的函数 stepThreads 可以有序地执行线程。它会循环遍历线程池中的每一个线程，然后进入当前活动线程并开始执行，执行完一轮后在线程池中过滤掉已完成的线程，然后重新开始下一轮。stepThreads 函数一共包括两个循环，其核心代码如下：

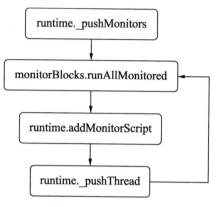

图 3.3　_pushMonitors 的执行流程

```
// scratch-vm/src/engine/sequencer.js
stepThreads () {
    ......
    while (this.runtime.threads.length > 0 && numActiveThreads > 0 &&
        this.timer.timeElapsed() < WORK_TIME &&
        (this.runtime.turboMode || !this.runtime.redrawRequested)) {
        ......
        // 获取运行时的线程池
        const threads = this.runtime.threads;
        for (let i = 0; i < threads.length; i++) {
            ......
            // 进入一个活动线程
            this.stepThread(activeThread);
            ......
        }
        // 在线程池中过滤出执行完成的线程
        for (let i = 0; i < this.runtime.threads.length; i++) {
            const thread = this.runtime.threads[i];
            if (thread.stack.length !== 0 && thread.status !== Thread.
STATUS_DONE) {
                this.runtime.threads[nextActiveThread] = thread;
                nextActiveThread++;
            } else {
                doneThreads.push(thread);
            }
        ......
    }
    // 返回已执行完的线程
    return doneThreads;
}
```

以上代码中的 stepThreads 用于进入某一个具体的线程，并对当前线程中的所有代码块进行有序执行，执行完一个代码块后进入下一个代码块，直至线程执行完毕。执行流程如图 3.4 所示，核心代码如下：

```
// scratch-vm/src/engine/sequencer.js
stepThread (thread) {
    ......
    while ((currentBlockId = thread.peekStack())) {
        ......
        // 执行代码块
        execute(this, thread);
        ......
        // 进入下一个代码块
        thread.goToNextBlock();
    }
}
```

到目前为止，我们已经分析完了 Scratch-vm 的整个执行流程，相信大家已经对虚拟机有了一个整体的认识。其实除了上面介绍的主流程之外，还有很多其他模块，在接下来的源码分析部分我们再详细探讨。

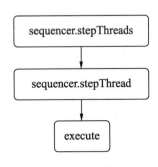

图 3.4　stepThreads_的执行流程

3.3　Scratch-vm 核心代码分析

上一节我们讲解了 Scratch-vm 的代码结构及整体执行流程，从宏观上介绍了这个项目，接下来我们将从细节着手，深入到整体执行流程中的每一个环节，对核心代码进行精读分析。通过本节的学习，读者可以对代码块实施、消息派发、目标、代码块执行、运行时、线程池、变量、序列化等核心模块有一个比较深刻的认知，理解其设计思想及代码实现过程，灵活运用各模块功能，根据需要对源码进行重构和优化，以提高虚拟机的性能。

3.3.1　virtual-machine.js：最外层的 API 定义

在 Scratch-vm 项目中，最外层的 index.js 文件只是引用了 virtual-machine.js，并将其对外暴露了出去。也就是说，virtual-machine.js 提供了整个项目最外层的 API。我们将以它为突破口，由外到内逐步分析整个项目的源码。index.js 文件对外暴露 VirtualMachine 类，其主要职责是处理代码块、舞台及扩展之间的连接。它继承了 EventEmitter 事件发射器，可以触发和监听事件，其内部维护的成员变量有以下 4 个：

- runtime：虚拟机运行时，用于存储代码块、输入/输出设备、精灵或者目标等。运行时侦听到的事件会传递给虚拟机触发。
- editingTarget：虚拟机当前正在编辑或者选中的目标 ID，来自 Scratch-blocks 工作区的任何事件都会路由到这个目标上。

- _dragTarget：当前拖动的目标，用于重定向输入/输出数据。
- extensionManager：扩展管理器，负责扩展同步或异步加载、扩展元数据收集和扩展注册等。

VirtualMachine 的成员方法大致可以分为 5 类，我们从每一类中选取一个方法进行源码分析。

（1）运行时：运行时类方法包括运行时的开启、模式设置、数据清理及关闭等。其中，模式设置函数 setTurboMode 用于开启或者关闭涡轮模式，最后触发一个事件。函数代码如下：

```
// 设置虚拟机是否处于涡轮模式
setTurboMode (turboModeOn) {
    this.runtime.turboMode = !!turboModeOn;
    if (this.runtime.turboMode) {
        // 触发涡轮模式开启事件
        this.emit(Runtime.TURBO_MODE_ON);
    } else {
        // 触发涡轮模式关闭事件
        this.emit(Runtime.TURBO_MODE_OFF);
    }
}
```

（2）扩展：扩展类方法包括浏览外围设备、连接与断开外围设备等。其中，函数 connectPeripheral 是连接到扩展的指定外围设备，第一个参数为扩展的 ID，第二个参数为外围设备的 ID。源码如下：

```
connectPeripheral (extensionId, peripheralId) {
    // 调用运行时的连接函数
    this.runtime.connectPeripheral(extensionId, peripheralId);
}
```

其中，运行时的连接函数与 VM 一样，也是接收扩展 ID 和外围设备 ID 两个参数。connectPeripheral 函数代码如下：

```
connectPeripheral (extensionId, peripheralId) {
    // 判断扩展是否存在
    if (this.peripheralExtensions[extensionId]) {
        // 连接外围设备
        this.peripheralExtensions[extensionId].connect(peripheralId);
    }
}
```

以上代码中，peripheralExtensions 是一个扩展的列表，用于管理硬件的连接，通过外围设备的 ID 进行连接。

（3）工程：工程类方法包括工程加载、工程下载、工程保存和工程导出等，其中，工程加载是指从一个后缀为 sb、sb2、sb3 的文件或者 JSON 字符串中加载一个 Scratch 工程。loadProject 函数代码如下：

```
loadProject (input) {
    if (typeof input === 'object' && !(input instanceof ArrayBuffer) &&
        !ArrayBuffer.isView(input)) {

        // 如果输入是一个对象，而不是任何 ArrayBuffer 或 ArrayBuffer 视图
        //（这包括所有类型的数组和数据视图），将对象转换为 JSON 字符串，因为我们
        // 怀疑这是一个 project.json，一个对象的验证需要一个字符串或缓冲区作为输入
        input = JSON.stringify(input);
    }
    const validationPromise = new Promise((resolve, reject) => {
        const validate = require('scratch-parser');
        // 下面的第二个参数 false 向验证器指示，应该将输入解析/验证为整个项目，而不是
        // 单个 sprite
        validate(input, false, (error, res) => {
            if (error) return reject(error);
            resolve(res);
        });
    })
        .catch(error => {
            const {SB1File, ValidationError} = require('scratch-sb1-converter');
            // 把输入看作 Scratch 1 文件，试着把它转换成 Scratch 2 文件
            try {
                const sb1 = new SB1File(input);
                const json = sb1.json;
                json.projectVersion = 2;
                return Promise.resolve([json, sb1.zip]);
            } catch (sb1Error) {
                if (sb1Error instanceof ValidationError) {
                    // 输入不是一个有效的 Scratch 1 文件
                } else {
                    // 工程是 Scratch 1 文件，但无法成功转换为 Scratch 2 文件
                    return Promise.reject(sb1Error);
                }
            }
            // 抛出原始错误，因为输入不是 sb1 文件
            return Promise.reject(error);
        });

    return validationPromise
        // 从 Scratch 的 JSON 表示加载工程
        .then(validatedInput => this.deserializeProject(validatedInput[0],
validatedInput[1]))
        // 触发事件，报告工程已加载到虚拟机中
        .then(() => this.runtime.emitProjectLoaded())
        .catch(error => {
            // 验证错误
            if (error.hasOwnProperty('validationError')) {
                return Promise.reject(JSON.stringify(error));
            }
            return Promise.reject(error);
        });
}
```

　　loadProject 函数接收唯一的参数 input，表示要加载的工程的 JSON 字符串、对象或者 ArrayBuffer，返回值是一个目标安装后解析的 Promise。代码中的 scratch-parser 是一个 Scratch 解析器，用于解析和验证 Scratch 工程。

　　以上代码中的 deserializeProject 函数用于将一个 JSON 表示的 Scratch 工程进行反序列化操作。第一个参数 projectJSON 是表示工程的 JSON 字符串，第二个参数 zip 代表需要加载的压缩资源，是可选参数，函数返回值是一个 Promise，其在工程成功加载后解析，或者抛出一个加载错误。

　　deserializeProject 函数在反序列化的过程中，首先对运行时模块执行清理工作，然后定义一个反序列化函数，其会根据 Scratch 工程版本是 2 还是 3 来调用相应 sb2 或者 sb3 的反序列化函数，当版本为其他值时抛出异常。代码如下：

```
deserializeProject (projectJSON, zip) {
    // 清理当前正在运行的工程数据
    this.clear();
    const runtime = this.runtime;
    // 定义一个反序列化 Promise 函数
    const deserializePromise = function () {
        // 获取工程版本
        const projectVersion = projectJSON.projectVersion;
        if (projectVersion === 2) {
            const sb2 = require('./serialization/sb2');
            // 反序列化 sb2 工程
            return sb2.deserialize(projectJSON, runtime, false, zip);
        }
        if (projectVersion === 3) {
            const sb3 = require('./serialization/sb3');
            // 反序列化 sb3 工程
            return sb3.deserialize(projectJSON, runtime, zip);
        }
        // 不能识别的 Scratch 工程版本，抛出错误
        return Promise.reject('Unable to verify Scratch Project version.');
    };
    return deserializePromise()
        .then(({targets, extensions}) =>
            // 在运行时模块上增加目标
            this.installTargets(targets, extensions, true));
}
```

　　在没有异常发生的情况下，以上反序列化 Promise 函数 deserializePromise 的返回值是工程中的所有目标及目标所使用的扩展的元数据，最后通过目标安装函数将其加载到虚拟机的运行时模块中。

　　目标安装函数 installTargets 共接收三个参数，第一个参数 targets 代表所有目标的集合，第二个参数 extensions 表示目标所使用的扩展，第三个参数 wholeProject 用于标识装配的是整个工程还是单个精灵。返回值是一个 Promise，一旦所有目标都装配好后，触发解析操作。函数代码如下：

```
installTargets (targets, extensions, wholeProject) {
    // 定义一个扩展加载的 Promise 数组
    const extensionPromises = [];
    // 遍历每一个扩展，如果没有加载，则加载该扩展
    extensions.extensionIDs.forEach(extensionID => {
        // 判断此扩展是否已经加载
        if (!this.extensionManager.isExtensionLoaded(extensionID)) {
            // 获取扩展的 URL 或内部扩展 ID
            const extensionURL = extensions.extensionURLs.get(extensionID) ||
                extensionID;

            // 加载扩展
            extensionPromises.push(this.extensionManager.loadExtensionURL
                (extension URL));
        }
    });
    // 过滤掉为空的目标
    targets = targets.filter(target => !!target);
    // 等所有扩展加载完毕
    return Promise.all(extensionPromises).then(() => {
        targets.forEach(target => {
            // 把当前目标增加到运行时模块中
            this.runtime.addTarget(target);
            // 为目标更新所有可绘制的属性
            target.updateAllDrawableProperties();
            // 确保精灵名字唯一
            if (target.isSprite()) this.renameSprite(target.id, target.
getName());
        });
        // 按 layerOrder 属性对可执行目标排序
        this.runtime.executableTargets.sort((a, b) => a.layerOrder - b.
layerOrder);
        // 排序后删除该属性
        targets.forEach(target => {
            delete target.layerOrder;
        });
        // 选择第一个目标为当前编辑目标，比如第一个精灵
        if (wholeProject && (targets.length > 1)) {
            this.editingTarget = targets[1];
        } else {
            this.editingTarget = targets[0];
        }
        // 修复此目标中的变量引用，避免与相同范围内的已有变量冲突
        if (!wholeProject) {
            this.editingTarget.fixUpVariableReferences();
        }
        // 通过触发事件更新虚拟机用户看到的工作区上的目标和代码块
        // 触发目标更新
        this.emitTargetsUpdate(false);
        // 触发工作区更新
        this.emitWorkspaceUpdate();
        // 设置运行时的当前编辑目标
```

```
        this.runtime.setEditingTarget(this.editingTarget);
        // 设置舞台目标
        this.runtime.ioDevices.cloud.setStage(this.runtime.getTargetForStage());
    });
}
```

installTargets 函数中首先加载所有的扩展，然后循环遍历所有目标，把每个目标添加到运行时模块中，然后对可执行目标进行排序，接下来选择当前编辑对象，最后触发事件告知虚拟机用户，至此所有目标都已经装配完毕。

（4）素材：素材类方法包括素材的增、删、改、查、克隆和重排序等（素材包括精灵、造型、声音和背景）。

deleteSprite 用于删除一个精灵及其所有克隆体，参数 targetId 代表要删除精灵的目标 ID，返回值是一个用于恢复删除的精灵的函数。精灵在删除前会以 sprite3 的格式进行导出，以便后期恢复。另外，如果要删除的精灵或其克隆体是当前的编辑目标，则需要重新设置编辑目标。代码如下：

```
deleteSprite (targetId) {
    // 获取精灵所属的目标
    const target = this.runtime.getTargetById(targetId);
    if (target) {
        // 获取目标的索引
        const targetIndexBeforeDelete = this.runtime.targets.map(t => t.id).
indexOf(
            target.id);

        // 如果不是精灵，抛出异常
        if (!target.isSprite()) {
            // 不可以删除非精灵目标
            throw new Error('Cannot delete non-sprite targets.');
        }
        const sprite = target.sprite;
        // 如果没有与此目标关联的精灵，抛出异常
        if (!sprite) {
            // 没有与此目标关联的精灵
            throw new Error('No sprite associated with this target.');
        }
        // 以 sprite3 格式导出精灵
        const spritePromise = this.exportSprite(targetId, 'uint8array');
        // 恢复精灵函数
        const restoreSprite = () => spritePromise.then(spriteBuffer =>
this.addSprite(
            spriteBuffer));

        // 从运行时状态中移除监视器并移除特定于此目标的监视块（例如：局部变量）
        target.deleteMonitors();
        const currentEditingTarget = this.editingTarget;
        // 删除精灵的所有克隆体
        for (let i = 0; i < sprite.clones.length; i++) {
            const clone = sprite.clones[i];
```

```
            this.runtime.stopForTarget(sprite.clones[i]);
            this.runtime.disposeTarget(sprite.clones[i]);
            // 如果要删除的目标是当前编辑目标，则更换当前编辑目标
            if (clone === currentEditingTarget) {
                const nextTargetIndex = Math.min(this.runtime.targets.length
                    - 1, targetIndexBeforeDelete);

                if (this.runtime.targets.length > 0){
                    // 设置当前编辑目标
                    this.setEditingTarget(this.runtime.targets[nextTarget
Index].id);
                } else {
                    // 没有当前可编辑目标
                    this.editingTarget = null;
                }
            }
        }
        // 触发目标更新和工程更新
        this.emitTargetsUpdate();
        // 返回用于恢复当前删除精灵的函数
        return restoreSprite;
    }
    // 获取目标失败，抛出异常
    throw new Error('No target with the provided id.');
}
```

以上代码中的函数调用 exportSprite(targetId, 'uint8array')用于以 sprite3 的格式导出一个精灵。该函数一共接收两个参数，第一个参数 targetId 是要导出的目标 ID，第二个参数 optZipType 是一个可选参数，用于设定导出的 zip 类型，可选项有 base64、binarystring、array、uint8array、arraybuffer、blob 及 nodebuffer 共 7 种类型，如果不提供该参数，默认值为 blob。

在 exportSprite 函数中包括声音的序列化、造型的序列化、目标的序列化，函数最终返回一个精灵及其资源的 zip 包。代码如下：

```
exportSprite (targetId, optZipType) {
    // 引入 sb3 序列化、反序列化模块
    const sb3 = require('./serialization/sb3');
    // 序列化目标中的声音
    const soundDescs = serializeSounds(this.runtime, targetId);
    // 序列化目标中的造型
    const costumeDescs = serializeCostumes(this.runtime, targetId);
    // 把目标序列化
    const spriteJson = StringUtil.stringify(sb3.serialize(this.runtime,
targetId));
    // jszip 是一个创建、读取及编辑.zip 文件的 JavaScript 库
    const zip = new JSZip();
    // 往 zip 中增加文件
    zip.file('sprite.json', spriteJson);
    this._addFileDescsToZip(soundDescs.concat(costumeDescs), zip);
    // 异步生成 zip 文件
```

```
    return zip.generateAsync({
        type: typeof optZipType === 'string' ? optZipType : 'blob',
        mimeType: 'application/x.scratch.sprite3',
        compression: 'DEFLATE',
        compressionOptions: {
            level: 6
        }
    });
}
```

对以上代码中的声音序列化函数 serializeSounds(this.runtime, targetId)，如果没有提供第二个参数 targetId，则是将所提供的运行时模块中的所有声音序列化，如果提供了目标 ID，则将指定目标中的所有声音序列化为一个文件描述符数组。其中文件描述符是一个对象，包含要写入的文件的名称、文件的内容及序列化后的声音。

与序列化声音类似，serializeCostumes(this.runtime, targetId)用于将指定目标中的所有造型序列化为一个文件描述符数组，sb3.serialize(this.runtime, targetId)用于序列化一个目标。最后把序列化后的内容增加到 zip 中，生成最终的 zip 文件。

🔔注意：zip 文件的生成用到了第三方包 jszip，通过它可以创建、读取、编辑.zip 格式的文件。

（5）事件处理：事件处理类方法包括对象的事件处理、Flyout 的事件处理、变量的事件处理等。其中触发工作区更新的函数 emitWorkspaceUpdate 是基于当前编辑对象和运行时生成一个 XML 字符串，然后触发一次工作区更新事件。函数执行过程如下：

首先基于舞台变量字典创建广播消息的 ID 序列，然后遍历所有目标上的所有代码块，从 ID 列表中删除被引用的 ID，剩下的 ID 表示对应变量没有被任何代码块引用，从变量字典中将其删除。

然后分别获取全局变量、局部变量及工作区注释，并结合当前编辑对象的代码块共同生成一个兼容 Blockly 和 Scratch-blocks 的 XML 字符串。

最后触发一个工作区更新事件，将上一步生成的 XML 字符串作为事件的数据。函数代码如下：

```
emitWorkspaceUpdate () {
    // 获取舞台变量字典
    const stageVariables = this.runtime.getTargetForStage().variables;
    // 定义消息 ID 数组
    let messageIds = [];
    // 循环变量字典，生成消息 ID 数组
    for (const varId in stageVariables) {
        // 变量类型是广播消息类型
        if (stageVariables[varId].type === Variable.BROADCAST_MESSAGE_TYPE) {
            messageIds.push(varId);
        }
    }
```

```
    // 遍历所有目标上的所有代码块，从 ID 列表中删除引用的 ID
    for (let i = 0; i < this.runtime.targets.length; i++) {
        const currTarget = this.runtime.targets[i];
        const currBlocks = currTarget.blocks._blocks;
        // 遍历当前目标的所有代码块
        for (const blockId in currBlocks) {
            if (currBlocks[blockId].fields.BROADCAST_OPTION) {
                const id = currBlocks[blockId].fields.BROADCAST_OPTION.id;
                const index = messageIds.indexOf(id);
                if (index !== -1) {
                    // 删除 index 位置的 ID
                    messageIds = messageIds.slice(0, index)
                        .concat(messageIds.slice(index + 1));
                }
            }
        }
    }
    // 循环没有被任何代码块引用的消息 ID
    for (let i = 0; i < messageIds.length; i++) {
        const id = messageIds[i];
        // 在变量字典中将对应变量删除
        delete this.runtime.getTargetForStage().variables[id];
    }
    // 获取全局变量映射
    const globalVarMap = Object.assign({}, this.runtime.getTargetForStage().
variables);
    // 获取局部变量映射
    const localVarMap = this.editingTarget.isStage ?
        Object.create(null) : Object.assign({}, this.editingTarget.variables);

    // 获取全局变量
    const globalVariables = Object.keys(globalVarMap).map(k => globalVarMap[k]);
    // 获取局部变量
    const localVariables = Object.keys(localVarMap).map(k => localVarMap[k]);
    // 获取当前编辑目标的工作区注释
    const workspaceComments = Object.keys(this.editingTarget.comments)
        .map(k => this.editingTarget.comments[k])
        .filter(c => c.blockId === null);

    // 生成 XML
    const xmlString =
        `<xml xmlns="http://www.w3.org/1999/xhtml">
            <variables>
                ${globalVariables.map(v => v.toXML()).join()}
                ${localVariables.map(v => v.toXML(true)).join()}
            </variables>
            ${workspaceComments.map(c => c.toXML()).join()}
            ${this.editingTarget.blocks.toXML(this.editingTarget.comments)}
        </xml>`;
    // 触发工作区更新事件
    this.emit('workspaceUpdate', {xml: xmlString});
}
```

在以上代码中，多次出现了函数 this.runtime.getTargetForStage，它是用于取得一个代表 Scratch 舞台的目标，过程是循环当前运行的所有目标，然后根据 isStage 标志位返回舞台目标，代码如下：

```
getTargetForStage () {
    // 遍历运行时的所有目标
    for (let i = 0; i < this.targets.length; i++) {
        const target = this.targets[i];
        if (target.isStage) {
            // 返回舞台目标
            return target;
        }
    }
}
```

3.3.2 blocks 模块：代码块原语的实现

blocks 文件夹下的源码是有关代码块具体操作的定义，也就是块原语的具体实现，根据代码块的种类分为不同的 9 个模块，其中包括：控制模块、数据模块、事件模块、查看模块、移动模块、操作模块、步骤模块、传感模块及声音模块。下面我们将针对每一个模块进行源码分析。

每一个模块的源码结构都是相同的，大致分为 4 个部分：构造函数、getHats 函数、操作码到实施函数的映射及每个具体实施函数的定义。其中，getHats 函数是控制模块和事件模块中所独有的功能，它是对"带帽代码块"具体行为的定义，"带帽代码块"控制着线程的开启及关闭。

🔔注意：对于每一类别的代码块，本节只选其中一个有代表性的操作码对其实现函数进行源码分析。

（1）scratch3_control.js：该文件定义并对外暴露了 Scratch3ControlBlocks 类，它是对"控制类"代码块原语的实现，其中包括循环、条件判断及克隆等。

构造函数只包含两个变量的初始化逻辑，一个是当前的运行时，另一个是"计数器代码块"的值，以与 Scratch 2.0 兼容。

其中，操作码到实施函数的映射是一个键-值对，键是操作码，也代表一种代码块，值是针对此代码块的实施函数，获取代码块原语函数 getPrimitives 返回了这样一个键-值对象。代码如下：

```
// 检索此包实现的块原语
getPrimitives () {
    return {
        // 重复执行多少次
        control_repeat: this.repeat,
```

```
    // 重复执行直到
    control_repeat_until: this.repeatUntil,
    // while 循环
    control_while: this.repeatWhile,
    // for…each 循环
    control_for_each: this.forEach,
    // 重复执行
    control_forever: this.forever,
    // 等待
    control_wait: this.wait,
    // 等待直到
    control_wait_until: this.waitUntil,
    // if
    control_if: this.if,
    // if…else
    control_if_else: this.ifElse,
    // 停止
    control_stop: this.stop,
    // 创建克隆
    control_create_clone_of: this.createClone,
    // 删除克隆
    control_delete_this_clone: this.deleteClone,
    // 获取计数器值
    control_get_counter: this.getCounter,
    // 计数器自增
    control_incr_counter: this.incrCounter,
    // 清理计数器
    control_clear_counter: this.clearCounter,
    // 兼容 Scratch 2.0，类似于 if (1== 1)
    control_all_at_once: this.allAtOnce
    };
}
```

我们以实现函数“创建克隆体”为例，它对应的代码块是 create clone of，操作码是 control_create_clone_of。该函数接收两个参数，第一个参数 args 用于获取可以克隆的目标选项，第二个参数为 BlockUtility 类的实例，此类为代码块原语函数提供接口，用于与运行时、线程及目标交互。代码如下：

```
createClone (args, util) {
    // 获取可以克隆的选项
    args.CLONE_OPTION = Cast.toString(args.CLONE_OPTION);
    // 定义克隆目标对象
    let cloneTarget;
    //克隆自身
    if (args.CLONE_OPTION === '_myself_') {
        cloneTarget = util.target;
    } else {
        // 获取给定名称的第一个原始目标
        cloneTarget = this.runtime.getSpriteTargetByName(args.CLONE_OPTION);
    }
    // 如果没有找到克隆目标，函数返回
```

```
    if (!cloneTarget) return;
    // 制作一个克隆体
    const newClone = cloneTarget.makeClone();
    if (newClone) {
        // 把克隆体添加到运行时
        this.runtime.addTarget(newClone);
        // 把克隆体放在原目标后面
        newClone.goBehindOther(cloneTarget);
    }
}
```

该函数首先获取克隆目标（如果克隆目标获取失败，程序直接退出），然后基于克隆目标制作克隆体。makeClone 在执行克隆之前，需要验证是否可以执行克隆操作，因为在运行时中定义了最大克隆数目 300，如果达到这个数值将返回空。另外，如果克隆目标是舞台，也返回空。在制作克隆体的过程中，会拷贝克隆目标的所有属性，克隆成功后把克隆体添加到运行时，并移动到克隆目标的后面。

（2）scratch3_core_example.js：该文件定义并对外暴露 Scratch3CoreExample 类，它是一个依照扩展规范实现的核心块样例，不是作为虚拟机中核心块的一部分加载的，而是作为测试的一部分提供和使用的。扩展规范在根目录下 docs 文件的 extensions.md 文件中有详细说明。

Scratch 扩展被定义为一个 JavaScript 类，其构造函数需要把运行时存储起来，以便以后与 Scratch 运行时进行通信，如果此扩展运行在一个沙箱中，那么保存的运行时是一个异步代理对象。代码如下：

```
constructor (runtime) {
    // 实例化此代码块包的运行时
    this.runtime = runtime;
}
```

所有扩展都必须定义一个名为 getInfo 的函数，该函数返回一个对象，此对象包含渲染代码块及扩展本身所需要的信息，其中包括扩展的名字、代码块列表等。函数代码如下：

```
getInfo () {
    return {
        // 扩展的命名空间
        id: 'coreExample',
        // 扩展的名字
        name: 'CoreEx',
        // 扩展实施的代码块列表
        blocks: [
            {
                // 实施代码块的函数，类似于 opcode
                func: 'MAKE_A_VARIABLE',
                // 定义的块类型
                blockType: BlockType.BUTTON,
```

```
        // 代码块上的文本
        text: 'make a variable (CoreEx)'
    },
    {
        // 操作码
        opcode: 'exampleOpcode',
        blockType: BlockType.REPORTER,
        text: 'example block'
    },
    {
        opcode: 'exampleWithInlineImage',
        blockType: BlockType.COMMAND,
        text: 'block with image [CLOCKWISE] inline',
        // 描述每一个参数
        arguments: {
            CLOCKWISE: {
                type: ArgumentType.IMAGE,
                dataURI: blockIconURI
            }
        }
    }
    ]
    };
}
```

最后，扩展必须为代码块中定义的每一个操作码定义一个函数，以上述代码中的 exampleOpcode 为例，其函数代码如下：

```
exampleOpcode () {
    const stage = this.runtime.getTargetForStage();
    return stage ? stage.getName() : 'no stage yet';
}
```

（3）scratch3_data.js：该文件对外暴露 Scratch3DataBlocks 类，它是对"数据类"代码块原语的实现，其中获取列表内容的操作码是 data_listcontents，其对应的实施函数为 getListContents，这里以它为例进行分析。

在 getListContents 函数的执行过程中，首先通过函数参数 args 中的列表 ID 和名字查找列表对象，如果查找失败，则创建一个新的列表，如果脚本需要更新监视器的值，则根据_monitorUpToDate 标志位的情况更新监视器，如果列表值已更改，则重置标志位并返回列表值的副本，以触发监视器更新。

然后循环检测列表中所有元素的内容，如果每个元素都是单个字符，则将它们直接连接成一个字符串，否则将它们以空格为分隔符连接成一个字符串，最终将字符串返回。代码如下：

```
getListContents (args, util) {
    // 查找列表对象，如果没查到则创建一个
    const list = util.target.lookupOrCreateList(args.LIST.id, args.LIST.
name);
    // 如果脚本需要更新监控器的值
```

```
        if (util.thread.updateMonitor) {
            // 如果是最新的值，返回原始的列表值，不触发监视器更新
            if (list._monitorUpToDate) return list.value;
            // 重置最新值标志
            list._monitorUpToDate = true;
            // 返回副本
            return list.value.slice();
        }
        let allSingleLetters = true;
        // 循环列表的所有值，以判断列表中的元素是否都是单个字母
        for (let i = 0; i < list.value.length; i++) {
            const listItem = list.value[i];
            if (!((typeof listItem === 'string') && (listItem.length === 1))) {
                allSingleLetters = false;
                break;
            }
        }
        // 如果都是单个字母，不带分隔符连接在一起
        if (allSingleLetters) {
            return list.value.join('');
        }
        // 以空格为分隔符连接在一起
        return list.value.join(' ');

    }
```

🔔**注意**：因为监视器是不可变数据结构，只有新对象才能触发它的更新，所以以上代码使用了 slice 函数。

（4）scratch3_event.js：该文件中封装了 Scratch3EventBlocks 类，它对"事件类"代码块的原语进行了实现。接下来我们以操作码 event_broadcastandWait 对应的实施函数 broadcastAndWait 为例进行分析。

event_broadcastandWait 函数执行时首先通过消息 ID 和 name 获取广播消息对象，然后判断是否已经开启了线程，如果没有开启，执行 startHats 函数进行开启，最后判断是否还有线程在等待，如果有，根据是否所有线程都在等待，设置调用线程的状态为 STATUS_YIELD 或者 STATUS_YIELD_TICK。代码如下：

```
broadcastAndWait (args, util) {
    // 通过 ID 和 name 查找广播消息对象
    const broadcastVar = util.runtime.getTargetForStage().lookupBroadcastMsg(
        args.BROADCAST_OPTION.id, args.BROADCAST_OPTION.name);

    if (broadcastVar) {
        const broadcastOption = broadcastVar.name;
        // 判断是否已经开启了线程
        if (!util.stackFrame.startedThreads) {
            // 开启广播的帽子块，启动线程
            util.stackFrame.startedThreads = util.startHats(
                'event_whenbroadcastreceived', {
                    BROADCAST_OPTION: broadcastOption
```

```
        }
    );
    // 如果启动的线程个数为 0, 函数返回
    if (util.stackFrame.startedThreads.length === 0) {
        return;
    }
}
// 线程已经启动
const instance = this;
// 判断在当前运行时的线程池中是否还有线程在等待
const waiting = util.stackFrame.startedThreads
    .some(thread => instance.runtime.threads.indexOf(thread) !== -1);

// 还有线程在等待
if (waiting) {
    // 如果所有线程都在等待
    if (
        util.stackFrame.startedThreads
            .every(thread => instance.runtime.isWaitingThread(thread))
    ) {
        // 下一个执行周期设置线程为 yield
        util.yieldTick();
    } else {
        // 设置线程为 yield
        util.yield();
    }
}
```

注意：在 Scratch 2.0 中, 无论线程是否已经全部运行了其代码块, 还是被标记为已完成, 只要还在当前运行时的线程池中, 就认为该线程正在等待。

以上代码中的 util.startHats 是 block-utility.js 中的方法, 用于启动所有相关的"帽子块", 第一个参数 requestedHat 为要启动的"帽子"的操作码, 第二个参数 optMatchFields 是一个可选项, 代表要在"帽子"上匹配的字段, 第三个参数 optTarget 也是一个可选项, 表示要限制的目标, 函数返回值是此函数启动的线程列表。

因为 startHats 函数可能会执行更多的块, 从而污染 BlockUtility 的执行上下文, 并在返回到调用块时混淆调用块, 所以该函数在执行时首先存储了当前线程和序列。然后调用运行时的 startHats 方法返回线程列表, 最后在返回调用块之前, 将线程和序列还原为之前存储好的值。代码如下：

```
startHats (requestedHat, optMatchFields, optTarget) {
    // 存储当前线程和序列, 以确保我们可以返回到调用块的上下文
    const callerThread = this.thread;
    const callerSequencer = this.sequencer;
    const result = this.sequencer.runtime.startHats(requestedHat, optMatch
        Fields, optTarget);
```

```
    // 恢复线程和序列
    this.thread = callerThread;
    this.sequencer = callerSequencer;
    // 返回线程列表
    return result;
}
```

真正启动线程的是运行时的 startHats 函数，其参数与 BlockUtility 中的同名方法完全一致。startHats 在执行过程中，首先通过目标选项 optTarget 和操作码 requestedHatOpcode 过滤出满足条件的脚本，然后针对每个脚本执行一个函数，此函数根据 restartExisting-Threads 元数据搜索目前已存在的线程，结果有 3 种：重启现有线程、启动一个新线程和不重启也不启动新线程。startHats 函数最后返回一个线程队列。代码如下：

```
startHats (requestedHatOpcode, optMatchFields, optTarget) {
    if (!this._hats.hasOwnProperty(requestedHatOpcode)) {
        // 没有找到此操作码对应的"帽子块"
        return;
    }
    const instance = this;
    const newThreads = [];
    // 查找元数据
    const hatMeta = instance._hats[requestedHatOpcode];
    // 把 optMatchFields 自身属性的值转换成大写形式
    for (const opts in optMatchFields) {
        // 跳过继承而来的属性
        if (!optMatchFields.hasOwnProperty(opts)) continue;
        optMatchFields[opts] = optMatchFields[opts].toUpperCase();
    }

    // 在所有脚本中，查找针对目标 optTarget 且带有 requestedHatOpcode 操作码的"帽
    // 子块"
    this.allScriptsByOpcodeDo(requestedHatOpcode, (script, target) => {
        const {
            blockId: topBlockId,
            fieldsOfInputs: hatFields
        } = script;
        // 匹配所有的请求字段
        for (const matchField in optMatchFields) {
            if (hatFields[matchField].value !== optMatchFields[matchField]) {
                // 字段不匹配
                return;
            }
        }
        // 需要重启线程
        if (hatMeta.restartExistingThreads) {
            // 遍历所有线程
            for (let i = 0; i < this.threads.length; i++) {
                if (this.threads[i].target === target &&
                    this.threads[i].topBlock === topBlockId &&
                    // 由用户单击操作激活的线程可以与帽子线程共存
                    !this.threads[i].stackClick) {
```

```
            // 重启线程
            newThreads.push(this._restartThread(this.threads[i]));
            // 函数返回
            return;
        }
    }
    // 此 else 部分没有做任何有意义的事情（笔者个人理解）
    } else {
        for (let j = 0; j < this.threads.length; j++) {
            if (this.threads[j].target === target &&
                this.threads[j].topBlock === topBlockId &&
                !this.threads[j].stackClick &&
                this.threads[j].status !== Thread.STATUS_DONE) {
                // 函数返回
                return;
            }
        }
    }
    // 用顶块开启一个新线程
    newThreads.push(this._pushThread(topBlockId, target));
}, optTarget);
// 兼容 Scratch 2
newThreads.forEach(thread => {
    execute(this.sequencer, thread);
    thread.goToNextBlock();
});
// 返回线程队列
return newThreads;
}
```

（5）scratch3_looks.js：该文件中定义了 Scratch3LooksBlocks 类，其中封装了对影响外观的代码块的定义，比如产生气泡、改变颜色、改变背景等。这里以 looks_sayforsecs 操作码对应的 sayforsecs 函数为例进行源码分析。

sayforsecs 函数在执行时首先触发 SAY 事件出现气泡，然后获取气泡的 ID，执行倒计时，倒计时结束的时候检查气泡 ID 是否已经发生了改变，如果没有改变，说明气泡还在进行且没有变化，此时更新气泡内容为空。代码如下：

```
sayforsecs (args, util) {
    // 触发 SAY 事件
    this.say(args, util);
    const target = util.target;
    // 获取与该目标关联的气泡的唯一 ID
    const usageId = this._getBubbleState(target).usageId;
    return new Promise(resolve => {
        this._bubbleTimeout = setTimeout(() => {
            this._bubbleTimeout = null;
            // 清除 SAY 气泡，如果它没有被改变并且还在进行中
            if (this._getBubbleState(target).usageId === usageId) {
                this._updateBubble(target, 'say', '');
            }
            resolve();
```

```
        }, 1000 * args.SECS);
    });
}
```

以上代码中有两个关键点：一个是 say 函数，一个是_updateBubble 函数，接下来会详细讲解。say 函数其实是操作码 look_say 对应的实施函数，用于渲染出说话的气泡，在函数内对消息进行格式和内容上的处理之后，触发一个 SAY 事件。由于在 Scratch3Looks-Blocks 的构造函数中对 SAY 事件做了侦听，事件触发时调用_updateBubble 函数，因此气泡出现。say 函数的代码如下：

```
say (args, util) {
    // 获取消息内容
    let message = args.MESSAGE;
    // 消息内容转换
    if (typeof message === 'number') {
        message = parseFloat(message.toFixed(2));
    }
    // 截取消息的最大长度，最多 330 个字符
    message = String(message).substr(0, Scratch3LooksBlocks.SAY_BUBBLE_LIMIT);
    // 在当前运行时中触发事件
    this.runtime.emit('SAY', util.target, 'say', message);
}
```

通过以上分析，不难发现气泡的出现和消失都是通过调用_updateBubble 函数实现的，它首先获取指定目标的气泡状态信息，然后设置它的类型、显示内容及最新使用的 ID 信息，最后调用渲染方法_renderBubble 把气泡显现出来。代码如下：

```
_updateBubble (target, type, text) {
    // 获取目标的气泡状态信息
    const bubbleState = this._getBubbleState(target);
    // 设置气泡的类型
    bubbleState.type = type;
    // 设置气泡的内容
    bubbleState.text = text;
    // 更新气泡的唯一使用 ID
    bubbleState.usageId - uid();
    // 为目标创建可见的气泡
    this._renderBubble(target);
}
```

注意：this._getBubbleState(target)如果获取不到指定目标的气泡状态信息，则使用默认气泡状态。

_renderBubble 函数用于为目标创建可见气泡。如果目标已经存在气泡，只需将其设置为可见，并更新其类型和显示内容即可。否则，需要创建新气泡并更新相关的自定义状态。参数 target 为一个需要气泡的目标对象。函数最终把气泡渲染出来并基于目标进行定位。代码如下：

```
_renderBubble (target) {
    if (!this.runtime.renderer) return;
    // 获取气泡状态
    const bubbleState = this._getBubbleState(target);
    const {type, text, onSpriteRight} = bubbleState;
    // 如果目标是不可见的，或者气泡内容为空，移除气泡
    if (!target.visible || text === '') {
        this._onTargetWillExit(target);
        return;
    }
    // 更新皮肤
    if (bubbleState.skinId) {
        this.runtime.renderer.updateTextSkin(bubbleState.skinId, type, text,
            onSpriteRight, [0, 0]);
    } else {
        // 监听目标移动，重新定位气泡
        target.addListener(RenderedTarget.EVENT_TARGET_VISUAL_CHANGE,
            this._onTargetChanged);

        // 创建新的可绘制图形并将其添加到舞台上
        bubbleState.drawableId=this.runtime.renderer.createDrawable
            (StageLayering.SPRITE_LAYER);

        // 创建新的 SVG 皮肤
        bubbleState.skinId=this.runtime.renderer.createTextSkin(type,text,
            bubbleState.onSpriteRight, [0, 0]);

        // 更新可绘制图形
        this.runtime.renderer.updateDrawableProperties(bubbleState.drawableId, {
            skinId: bubbleState.skinId
        });
    }
    // 定位目标的气泡
    this._positionBubble(target);
}
```

🔔 注意：上面代码中的 this.runtime.renderer 是 Scratch-render 的实例，具体内容将在其他章节进行介绍。

（6）scratch3_motion.js：该文件对外提供 Scratch3MotionBlocks 类，封装了对运动类代码块的解析。我们以 motion_glidesecstoxy 操作码为例进行源码分析，它对应的实施函数为 glide，用于在指定的时间内把目标滑行到指定位置。

在滑行的过程中，首先计算出已消耗的时长占持续时长的比例，然后把目标移动到终点位置的等比例位置。如果持续时间小于或者等于 0，则将目标直接移动到终点位置。glide 函数的代码如下：

```
glide (args, util) {
    // 如果有堆栈计时器
    if (util.stackFrame.timer) {
        // 计算已消耗的时间
```

```
        const timeElapsed = util.stackFrame.timer.timeElapsed();
        // 时间还没到
        if (timeElapsed < util.stackFrame.duration * 1000) {
            // 根据时间比例，把目标移动到中间位置
            const frac = timeElapsed / (util.stackFrame.duration * 1000);
            // 等比例的 x 坐标位置
            const dx = frac * (util.stackFrame.endX - util.stackFrame.startX);
            // 等比例的 y 坐标位置
            const dy = frac * (util.stackFrame.endY - util.stackFrame.startY);
            // 移动
            util.target.setXY(
                util.stackFrame.startX + dx,
                util.stackFrame.startY + dy
            );
            util.yield();
        } else {
            // 时间已到，把目标直接移动到最终位置
            util.target.setXY(util.stackFrame.endX, util.stackFrame.endY);
        }
    } else {
        // 第一次，新建计时器
        util.stackFrame.timer = new Timer();
        // 启动计时器，以测量消耗的时间
        util.stackFrame.timer.start();
        // 滑行持续时间
        util.stackFrame.duration = Cast.toNumber(args.SECS);
        // 起始的 x 坐标
        util.stackFrame.startX = util.target.x;
        // 起始的 y 坐标
        util.stackFrame.startY = util.target.y;
        // 最终的 x 坐标
        util.stackFrame.endX = Cast.toNumber(args.X);
        // 最终的 y 坐标
        util.stackFrame.endY = Cast.toNumber(args.Y);
        if (util.stackFrame.duration <= 0) {
            // 持续时间太短不能滑行，把目标直接移动到终点位置
            util.target.setXY(util.stackFrame.endX, util.stackFrame.endY);
            return;
        }
        util.yield();
    }
}
```

注意：以上代码中的 Timer 是一个用于精确测量时间的工具类，定义在 util 文件夹下的 timer.js 中。

（7）scratch3_operators.js：该文件定义了 Scratch3OperatorsBlocks 类，用于对运算符进行解析，比如加、减、乘、除、与、或、非等操作。其中，操作码 operator_mod 对应的 mod 求模函数代码如下：

```
mod (args) {
    // 把参数转换为数字
    const n = Cast.toNumber(args.NUM1);
    const modulus = Cast.toNumber(args.NUM2);
    // 求模
    let result = n % modulus;
    if (result / modulus < 0) result += modulus;
    // 返回结果
    return result;
}
```

（8）scratch3_procedures.js：该文件定义的类 Scratch3ProcedureBlocks 用于解析用户自定义代码块，其中操作码 procedures_call 对应的解析函数为 call。在 call 函数的执行过程中，首先获取过程的参数信息，然后对参数进行初始化，并按照名字保存参数值，最后在当前线程中启动过程。函数代码如下：

```
call (args, util) {
    // 代码块还没有执行
    if (!util.stackFrame.executed) {
        // 获取过程码
        const procedureCode = args.mutation.proccode;
        // 根据过程码获取参数的 ID、名字及默认值
        const paramNamesIdsAndDefaults = util.
            getProcedureParamNamesIdsAndDefaults(procedureCode);

        // 为 null 说明没有找到过程
        if (paramNamesIdsAndDefaults === null) {
            return;
        }
        // 获取参数名、ID 和默认值
        const [paramNames, paramIds, paramDefaults] = paramNamesIdsAndDefaults;
        // 初始化过程参数
        util.initParams();
        // 按名称存储过程参数值
        for (let i = 0; i < paramIds.length; i++) {
            if (args.hasOwnProperty(paramIds[i])) {
                // 存储参数值
                util.pushParam(paramNames[i], args[paramIds[i]]);
            } else {
                // 存储参数默认值
                util.pushParam(paramNames[i], paramDefaults[i]);
            }
        }
        // 设置为已执行
        util.stackFrame.executed = true;
        // 启动过程
        util.startProcedure(procedureCode);
    }
}
```

（9）scratch3_sensing.js：该文件定义的 Scratch3SensingBlocks 类用于解析感知类代码

块，其中包括计时器、响亮度、是否按下鼠标、光标的 x/y 坐标等。其中，sensing_timer 操作码对应的实施函数为 getTimer，用于获取从工程启动到现在过去的时间。函数代码如下：

```
getTimer (args, util) {
    // 查询 clock 设备，并执行 projectTimer 函数
    return util.ioQuery('clock', 'projectTimer');
}
```

以上的 ioQuery 是一个 I/O 设备查询函数，按照名字查询设备，并执行设备的相应函数，将函数的执行结果返回。ioQuery 函数的第一个参数 device 为设备的名字，第二个参数 func 为要执行的设备函数，最后一个参数 args 为可选参数，代表调用设备函数 func 的时候所需要的参数。其代码如下：

```
ioQuery (device, func, args) {
    // 如果设备和指定的设备函数存在
    if ( this.sequencer.runtime.ioDevices[device] &&
        this.sequencer.runtime.ioDevices[device][func]) {

        // 获得设备
        const devObject = this.sequencer.runtime.ioDevices[device];
        // 执行函数并返回其结果
        return devObject[func].apply(devObject, args);
    }
}
```

（10）scratch3_sound.js：该文件对外提供 Scratch3SoundBlocks 类，用于解析声音类代码块，其中包括播放声音、播放声音等待播完、更改声音效果等，其中"播放声音等待播完"对应的实施函数为 playSoundAndWait。代码如下：

```
playSoundAndWait (args, util) {
    // 播放声音，并传递等待标志
    return this._playSound(args, util, STORE_WAITING);
}
```

以上代码中的函数 _playSound 用于播放声音，其首先获取要播放的声音在精灵所有声音中的索引值，然后获取声音的 ID，如果标志位 storeWaiting 为 true，则将声音追加到等待声音集合中，否则将声音从等待声音集合中删除，最后通过精灵的声音库播放声音。_playSound 函数的代码如下：

```
_playSound (args, util, storeWaiting) {
    // 获取声音的索引
    const index = this._getSoundIndex(args.SOUND_MENU, util);
    if (index >= 0) {
        // 目标
        const {target} = util;
        // 目标的精灵
        const {sprite} = target;
        // 声音的 ID
        const {soundId} = sprite.sounds[index];
        // 精灵的声音库
```

```
    if (sprite.soundBank) {
        if (storeWaiting === STORE_WAITING) {
            // 将声音追加到等待声音集合中
            this._addWaitingSound(target.id, soundId);
        } else {
            // 将声音从等待声音集合中删除
            this._removeWaitingSound(target.id, soundId);
        }
        // 播放声音
        return sprite.soundBank.playSound(target, soundId);
    }
}
```

3.3.3　dispatch 模块：消息派发系统

　　dispatch 是 Scratch-vm 中实现的一个消息派发系统，通过消息机制实现服务调用。它主要由消息分发中心代理和参与消息分发的工作进程组成，对应 3 个类——CentralDispatch、WorkerDispatch 及 SharedDispatch，它们分别定义在 3 个不同的文件中。其中，SharedDispatch 是中心代理和工作进程的共享部分，接下来我们将针对每一个类进行详细分析。

　　（1）CentralDispatch：定义在 central-dispatch.js 文件中，这个类充当着消息分发系统的中心代理。它希望在主线程或者主窗口上操作，并且要把所有将要参与到消息系统中的工作线程通知给它，在消息传递系统的任何上下文中，派发器可以通过 call 方法调用所有提供的服务中的所有方法。调度系统可以根据需要跨工作进程边界转发函数参数及函数的返回值。

　　在类的构造函数中维护着 3 个成员变量：services 对象、workerClass 构造函数及 workers 数组。其中，services 对象是一个服务名称到服务实体之间的映射，服务实体可以是一个工作进程，也可以是一个本地服务提供者。如果服务实体是一个工作进程，那么服务是由此工作进程上的一个对象所提供的，如果服务实体是一个本地服务，那么服务上的方法可以直接调用。workerClass 是用于识别工作进程的构造函数，以此来区分服务提供者是本地服务还是远程调用服务。workers 是一个附加到此消息派发系统上的工作进程的列表，它们是服务的提供者。

　　类的成员方法包括：同步调用本地服务 callSync、同步设置服务的提供者 setService-Sync、为消息派发系统增加工作进程 addWorker、获取服务的提供者_getServiceProvider 及一个消息调用处理函数_onDispatchMessage（只支持设置服务这一种消息）。Central-Dispatch 类继承了 SharedDispatch 类，因此除了以上内容，CentralDispatch 类还有一些继承而来的属性和方法，这部分内容将在下面讲解。

　　为消息派发系统增加工作进程的 addWorker 函数，其参数 worker 为要添加的工作进程，工作进程必须实现了一个兼容的消息分派框架。addWorker 函数首先把 work 添加到 workers 列表中，然后为其绑定消息侦听函数，之后调度器将立即尝试发起与 worker 的握手。另外，同一个 worker 是不会被添加两次的，在函数执行的开始就会进行判断，如果此 worker 已存在，则给出错误提醒。addWorker 函数的代码如下：

```
addWorker (worker) {
    // 当前列表还没有此工作进程
    if (this.workers.indexOf(worker) === -1) {
        // 添加到 workers 列表中
        this.workers.push(worker);
        // 为工作进程绑定消息处理
        worker.onmessage = this._onMessage.bind(this, worker);
        // 调度器发起对此 worker 的握手
        this._remoteCall(worker, 'dispatch', 'handshake').catch(e => {
            // 握手失败
            log.error(`Could not handshake with worker: ${JSON.stringify
(e)}`);
        });
    } else {
        // 中心调度忽略重复添加一个工作进程
        log.warn('Central dispatch ignoring attempt to add duplicate
worker');
    }
}
```

　　在以上代码中，_onMessage 继承自 CentralDispatch 的父类 SharedDispatch，用于处理从连接的 worker 中接收的消息事件，根据消息的不同，选择派发消息、调用服务或者传递响应。代码如下：

```
_onMessage (worker, event) {
    const message = event.data;
    message.args = message.args || [];
    let promise;
    if (message.service) {
        if (message.service === 'dispatch') {
            // 处理调用消息
            promise = this._onDispatchMessage(worker, message);
        } else {
            // 调用服务的方法
            promise = this.call(message.service, message.method, ... message.args);
        }
    } else if (typeof message.responseId === 'undefined') {
        // 消息不正确
        log.error(`Dispatch caught malformed message from a worker: ${JSON.
stringify (event)}`);
    } else {
        // 传递调用响应
        this._deliverResponse(message.responseId, message);
    }
```

```
    if (promise) {
        if (typeof message.responseId === 'undefined') {
            // 缺少响应的 ID
            log.error(`Dispatch message missing required response ID:
                ${JSON.stringify(event)}`);
        } else {
            promise.then(
                // 发布响应结果消息
                result => worker.postMessage({responseId: message.responseId,
                    result}),

                // 发布错误消息
                error => worker.postMessage({responseId: message.responseId,
error}))
            );
        }
    }
}
```

> 🔔注意：在文件 central-dispatch.js 的最后，导出的不是 CentralDispatch 类，而是该类的一
> 个具体实例。

　　设置服务的函数 setService 用于将一个本地对象设置为指定服务的全局提供者，从而
实现调度系统中的任何工作线程都可以调用服务提供者中的所有方法。第一个参数 service
为全局唯一的服务名，第二个参数 provider 为提供服务的本地对象。函数代码如下：

```
setService (service, provider) {
    try {
        // 同步设置服务
        this.setServiceSync(service, provider);
        return Promise.resolve();
    } catch (e) {
        return Promise.reject(e);
    }
}
```

　　以上代码中的 setServiceSync 为同步设置服务函数，如果已经有同名服务，将对其进
行覆盖，代码如下：

```
setServiceSync (service, provider) {
    // 已经存在此服务
    if (this.services.hasOwnProperty(service)) {
        // 给出覆盖提醒
        log.warn(`Central dispatch replacing existing service provider for
${service}`);
    }
    // 设置服务
    this.services[service] = provider;
}
```

　　其实，在 virtual-machine.js 中，运行时服务就是通过 setService 注册的，核心代码
如下：

```
// 运行时实例
this.runtime = new Runtime();
// 注册 runtime 服务
centralDispatch.setService('runtime', this.runtime).catch(e => {
    // 注册失败
    log.error(`Failed to register runtime service: ${JSON.stringify(e)}`);
});
```

（2）WorkerDispatch：定义在 worker-dispatch.js 文件中，它也继承了 SharedDispatch 类，此类为工作进程提供了参与消息派发系统的方法，这个消息派发系统是由 Central-Dispatch 类管理的。

其中，成员方法 setService 用于为 worker 设置服务，将本地对象设置为指定服务的全局提供程序，参数 service 是一个标识此服务的全局唯一字符串，比如 vm、gui 和 extension9 等。参数 provider 是提供此服务的本地对象，函数返回值是一个 Promise，一旦服务成功注册后便解析。setService 函数在设置服务之前，需要首先连接到分发中心，然后发出远程调用。代码如下：

```
setService (service, provider) {
    // 如果已经存在此服务，则给出提示，替换此服务的提供者
    if (this.services.hasOwnProperty(service)) {
        log.warn(`Worker dispatch replacing existing service provider for
${service}`);
    }
    // 为服务设置提供对象
    this.services[service] = provider;
    // 连接成功后触发 setService
    return this.waitForConnection.then(() => this._remoteCall(self, 'dispatch',
        'setService', service));
}
```

以上代码中的方法 _remoteCall 为调用一个服务的特定方法，函数体内只是做了对 _remoteTransferCall 的调用，代码如下：

```
_remoteCall (provider, service, method, ...args) {
    return this._remoteTransferCall(provider, service, method, null, ...args);
}
```

_remoteTransferCall 是通过服务提供者 provider 的 postMessage 方法发送调用，第二个参数为服务名，第三个参数为方法名，第四个参数是需要传输而不是复制的对象，函数最后将服务方法的返回值返回。_remoteTransferCall 类似于函数 call，但是它强制要求通过特定的通信渠道发送调用。代码如下：

```
_remoteTransferCall (provider, service, method, transfer, ...args) {
    return new Promise((resolve, reject) => {
        // 为响应消息存储回调函数
        const responseId = this._storeCallbacks(resolve, reject);
        if ((args.length > 0) && (typeof args[args.length - 1].yield ===
'function')) {
            args.pop();
```

```
    }
    // 发布消息
    if (transfer) {
        provider.postMessage({service, method, responseId, args}, transfer);
    } else {
        provider.postMessage({service, method, responseId, args});
    }
  });
}
```

（3）SharedDispatch：定义在 shared-dispatch.js 文件中，提供了 CentralDispatch 和 WorkerDispatch 公用的部分。前面介绍的_onMessage、remoteCall 和_remoteTransferCall 都是 SharedDispatch 所涵盖的部分。

3.3.4　engine 模块：虚拟机的引擎

引擎是 Scratch-vm 中最核心的部分，由 17 个文件组成，它包含的内容非常丰富，其中包括适配器、缓存、块容器、注释、运行时、目标、定序器、线程、变量等。本小节将针对每一部分进行详细讲解，并对其中的核心代码进行分析。通过本节的学习，读者能够全面了解引擎。

（1）adapter.js：对外提供一个 adapter 适配函数，它是"代码块创建事件"与"代码块表示"之间的适配器，用于将一个事件转换为 Scratch-vm 可以识别的"代码块表示"。参数 e 是 Blockly.events.create 或者 Blockly.events.endDrag 事件，函数的返回值是一个代码块列表，在转换过程中，函数 domToBlocks 是基于 Scratch-blocks 的 domToBlockHeadless_ 进行的。代码如下：

```
const adapter = function (e) {
    // 验证输入
    if (typeof e !== 'object') return;
    if (typeof e.xml !== 'object') return;
    // 将 Blockly CREATE 事件的外部 DOM 转换成运行时可用的形式
    return domToBlocks(html.parseDOM(e.xml.outerHTML, {decodeEntities:
true}));
};
```

🔔注意：html.parseDOM 是第三方包 htmlparser2 提供的方法，作用是把事件 e 的 HTML 元素解析为 DOM 树。

（2）block-utility.js：为代码块原语函数提供一些接口，便于与运行时、线程、目标进行交互。其中包括获取线程的目标、获取运行时、获取当前时间、获取线程的执行环境、更新线程的状态等。

其中，获取线程执行上下文的 stackFrame 是 BlockUtility 类的 getter 取值函数，它通过获取线程的栈帧信息返回执行上下文，其中栈帧是被循环和其他代码块用来跟踪线程内部状态的。源码如下：

```
get stackFrame () {
    // 获取线程的栈帧
    const frame = this.thread.peekStackFrame();
    if (frame.executionContext === null) {
        frame.executionContext = {};
    }
    // 返回上下文
    return frame.executionContext;
}
```

🔔注意：在上一节的 blocks 源码分析中，代码块原语实施函数的参数 util 就是 block-utility.js 的实例。

（3）blocks-execute-cache.js：该文件是一些私有方法的访问点，这些方法由 blocks.js 和 execute.js 共享，用于缓存执行信息。该文件对外导出唯一的方法 getCached，它的初始化是在 blocks.js 中进行的，在文件末尾引入了 blocks.js 文件。

getCached 是 blocks.js 和 execute.js 之间共享的一个私有方法，作用是生成一个包含 execute.js 需要的代码块信息的对象，当重置其他缓存的代码块信息时，该对象将会被重置。getCached 在 blocks-execute-cache.js 中是一个空函数，在 blocks.js 中对其进行了重写，返回一个缓存对象。代码如下：

```
BlocksExecuteCache.getCached = function (blocks, blockId, CacheType) {
    // 获取代码块的执行缓存
    let cached = blocks._cache._executeCached[blockId];
    // 缓存已存在，直接将其返回
    if (typeof cached !== 'undefined') {
        return cached;
    }
    // 通过 blockId 获取代码块
    const block = blocks.getBlock(blockId);
    // 不存在此代码块，返回 null
    if (typeof block === 'undefined') return null;
    // 如果不存在生成缓存的构造函数
    if (typeof CacheType === 'undefined') {
        // 定义缓存对象
        cached = {
            id: blockId,
            // 获取代码块的操作码
            opcode: blocks.getOpcode(block),
            // 获取代码块的所有域及其值
            fields: blocks.getFields(block),
            // 获取代码块的所有没有分支前缀的输入
            inputs: blocks.getInputs(block),
            // 获取块的变形器
            mutation: blocks.getMutation(block)
```

```
    };
} else {
    // 调用构造函数
    cached = new CacheType(blocks, {
        id: blockId,
        opcode: blocks.getOpcode(block),
        fields: blocks.getFields(block),
        inputs: blocks.getInputs(block),
        mutation: blocks.getMutation(block)
    });
}
// 把缓存保存到执行缓存对象中
blocks._cache._executeCached[blockId] = cached;
// 返回缓存对象
return cached;
};
```

以上 getCached 函数的第一个参数 blocks 是一个代码块容器，代表线程将要执行的所有代码块，第二个参数 blockId 代表所需执行缓存的代码块 ID，第三个参数 CacheType 是一个函数类型，代表生成代码块缓存信息的构造函数。

如果缓存对象中已经存在要找的代码块的执行缓存，直接将它返回，函数结束。如果没有，需要基于代码块的唯一标识 ID、操作码、域及其值、输入、变换数据来生成执行缓存，如果函数的第三个参数 CacheType 不为空，则调用此构造函数生成缓存，最后把缓存信息保存到缓存对象中并返回。

（4）blocks-runtime-cache.js：对外暴露 RuntimeScriptCache 类，用于缓存脚本顶部块的数据，以便运行时可以迭代目标操作码并更快地迭代返回的集合。另外，许多顶部块需要匹配域及操作码，并且匹配的时候使用字符串的大写形式，因此我们可以提前把缓存值转换成其大写形式。

RuntimeScriptCache 的构造函数接收两个参数，第一个参数 container 是保存块及相关数据的容器，第二个参数 blockId 代表缓存数据所属代码块的 ID。该函数首先通过代码块 ID 获取代码块，然后获取代码块中的所有域，如果代码块中不存在域，则获取所有的输入代码块，然后获取输入代码块的域。最后把域的值全部转换成大写形式，以备将来使用。函数代码如下：

```
constructor (container, blockId) {
    // 块容器
    this.container = container;
    this.blockId = blockId;
    // 通过块 ID 获取代码块
    const block = container.getBlock(blockId);
    // 获取块的域
    const fields = container.getFields(block);
    // 格式化域或者输入块的域，以便在运行时进行比较
    this.fieldsOfInputs = Object.assign({}, fields);
    // 如果块的域的长度为 0
```

```
    if (Object.keys(fields).length === 0) {
        // 获取输入块
        const inputs = container.getInputs(block);
        for (const input in inputs) {
            if (!inputs.hasOwnProperty(input)) continue;
            // 获取输入块
            const id = inputs[input].block;
            const inputBlock = container.getBlock(id);
            // 获取输入块的域
            const inputFields = container.getFields(inputBlock);
            Object.assign(this.fieldsOfInputs, inputFields);
        }
    }
    // 把域的值转换成大写形式
    for (const key in this.fieldsOfInputs) {
        const field = this.fieldsOfInputs[key] = Object.assign({}, this.
fieldsOfInputs[key]);
        if (field.value.toUpperCase) {
            field.value = field.value.toUpperCase();
        }
    }
}
```

在文件 blocks-runtime-cache.js 中，对外导出的函数 getScripts 是一个空函数，它在 blocks.js 中得到了重写，函数的第一个参数 blocks 是一个块容器，第二个参数 opcode 是用于筛选顶部块的操作码，函数的返回值是一个数组，每一个元素为 RuntimeScriptCache 类型的脚本缓存对象。

在函数执行过程中，首先判断缓存是否已经存在。如果已存在则直接将其返回，函数结束；如果不存在，创建一个缓存数组。然后循环每一个脚本，获取脚本对应的顶部块，如果顶部块的操作码符合要求，则为其创建一个 RuntimeScriptCache 类型的缓存对象，并插入到缓存数组中。代码如下：

```
BlocksRuntimeCache.getScripts = function (blocks, opcode) {
    // 获取缓存的脚本
    let scripts = blocks._cache.scripts[opcode];
    if (!scripts) {
        scripts = blocks._cache.scripts[opcode] = [];
        // 获取所有脚本
        const allScripts = blocks._scripts;
        // 匹配所有符合操作码的顶部块
        for (let i = 0; i < allScripts.length; i++) {
            // 获取顶部代码块 ID
            const topBlockId = allScripts[i];
            // 获取顶部块
            const block = blocks.getBlock(topBlockId);
            // 比较操作码
            if (block.opcode === opcode) {
                // 为每一个匹配的顶部块生成一个缓存对象
                scripts.push(new RuntimeScriptCache(blocks, topBlockId));
            }
```

```
        }
    }
    // 缓存已存在，直接将其返回
    return scripts;
};
```

（5）blocks.js：Blocks 类用于存储和修改虚拟机的代码块表示，并且处理来自 Scratch-blocks 的事件更新。其中存储的用于表示代码块的数据包括运行时、工作空间中的所有代码块、工作区中的所有顶级脚本、运行时缓存及一个发光标志。

其中，运行时缓存由六大部分组成，分别是代码块输入缓存、过程参数缓存、过程定义缓存、执行缓存、监控缓存及操作码到要执行的线程集合的缓存。Blocks 的构造函数代码如下：

```
constructor (runtime, optNoGlow) {
    // 当前运行时
    this.runtime = runtime;
    // 工作空间中的所有代码块，键是代码块 ID，值是代码块的元数据
    this._blocks = {};
    // 工作区中的所有顶级脚本，其实是一个块 ID 列表，元素是脚本第一个块的 ID
    this._scripts = [];
    // 运行时缓存
    Object.defineProperty(this, '_cache', {writable: true, enumerable:
false});
    this._cache = {
        // 以块 ID 缓存的块输入
        inputs: {},
        // 以块 ID 缓存的过程参数名
        procedureParamNames: {},
        // 以块 ID 缓存的过程定义
        procedureDefinitions: {},
        // 供执行用的缓存
        _executeCached: {},
        // 代码块 ID 和目标的缓存，当它们处于活动监控状态时启动线程
        _monitored: null,
        // 操作码到要执行的线程集的缓存
        scripts: {}
    };
    // 指示此容器中的代码块不应该发光的标志
    this.forceNoGlow = optNoGlow || false;
}
```

除了构造函数，Blocks 中的另外一个核心成员函数是 blocklyListen，它可以为代码块、变量和注释创建事件侦听器，处理有效性验证，并充当代码块、变量、注释与运行时接口之间的通用适配器。blocklyListen 函数只接收唯一的参数 e，代表 Scratch-blocks 的代码块事件、变量事件或者注释事件。

blocklyListen 函数执行时首先验证事件的有效性。如果事件不是对象类型，或者事件不是代码块、变量、注释事件中的任何一种，函数将直接返回；如果是用户切换脚本的

UI 事件，则切换运行时的脚本并退出函数。在切换脚本时，传递给函数 toggleScript 的参数 stackClick 决定开启脚本时是否显示一个可视提醒。

其中，监听的代码块事件包括创建、更新、销毁、移动、拖曳及删除。代码块的创建首先通过 adapter 生成 Scratch-vm 能够识别的代码块表示，然后通过 createBlock 把生成的所有代码块循环存放到容器_blocks 中，其中存放着工作区中的所有代码块。如果是顶层块，则通过_addScript 将其追加到_scripts 数组中。在删除事件中，如果要删除的块已经不存在，或者是阴影块，则不作处理。

监听的变量事件包括创建、重命名及删除，在处理创建事件的时候，需要检查此变量是否已经存在，如果存在就无须再次创建。另外还需要区分变量的类型——全局变量还是局部变量，全局变量需要在所有目标中检查命名冲突。而对于变量的重命名，也需要考虑是否是全局变量，全局变量需要更新所有目标中所有使用此变量的代码块，局部变量只需要更新当前目标中所有使用此变量的代码块。

监听的注释事件包括：创建、改变、移动及删除。由于从 Scratch-Blocks 2.0 项目导入的代码块注释的 x 和 y 坐标都被设置为 null，以便自动定位它们，因此在创建注释的过程中，如果我们接收到这些注释的创建事件，那么它们应该已经进行了自动定位，只要更新这些注释的 x 和 y 坐标与事件中的坐标一致即可。

另外，在块、变量以及注释的事件处理程序中，如果事件可能会影响到工程的状态，最后都会调用函数 emitProjectChanged 来触发一个工程更新事件。其中，blocklyListen 函数的代码如下：

```
blocklyListen (e) {
    // 验证事件的有效性
    if (typeof e !== 'object') return;
    // 不是代码块、变量或者注释事件
    if (typeof e.blockId !== 'string' && typeof e.varId !== 'string' &&
        typeof e.commentId !== 'string') {
        return;
    }
    // 获得 Scratch 的舞台
    const stage = this.runtime.getTargetForStage();
    // 获取当前编辑目标
    const editingTarget = this.runtime.getEditingTarget();
    // 用户通过单击切换了脚本
    if (e.element === 'stackclick') {
        // 切换运行时脚本
        this.runtime.toggleScript(e.blockId, {stackClick: true});
        return;
    }
    // 块创建、更新、销毁
    switch (e.type) {
        case 'create': {
            // 将事件转换成代码块列表
```

```
        const newBlocks = adapter(e);
        // 创建事件可以创建多个块
        for (let i = 0; i < newBlocks.length; i++) {
            // 创建块列表和脚本
            // 将代码块插入块容器中
            this.createBlock(newBlocks[i]);
        }
        break;
    }
case 'change':
    // 改变代码块
    this.changeBlock({
        id: e.blockId,
        element: e.element,
        name: e.name,
        value: e.newValue
    });
    break;
case 'move':
    // 移动代码块
    this.moveBlock({
        id: e.blockId,
        oldParent: e.oldParentId,
        oldInput: e.oldInputName,
        newParent: e.newParentId,
        newInput: e.newInputName,
        newCoordinate: e.newCoordinate
    });
    break;
case 'dragOutside':
    // 代码块拖曳到了工作区的外面, 触发事件
    this.runtime.emitBlockDragUpdate(e.isOutside);
    break;
case 'endDrag':
    // 拖曳结束
    this.runtime.emitBlockDragUpdate(false);
    // 将块拖到了另外一个精灵上
    if (e.isOutside) {
        // 重新创建代码块
        const newBlocks = adapter(e);
        // 触发事件
        this.runtime.emitBlockEndDrag(newBlocks, e.blockId);
    }
    break;
case 'delete':
    // 只处理 _blocks 中的块, 并且不是阴影块
    if (!this._blocks.hasOwnProperty(e.blockId) || this._blocks
[e.blockId].shadow) {
        return;
    }
    // 停止虚拟机产生发光/不发光事件
    if (this._blocks[e.blockId].topLevel) {
        this.runtime.quietGlow(e.blockId);
```

```
        }
        // 删除代码块
        this.deleteBlock(e.blockId);
        break;
    case 'var_create':
        // 判断创建局部变量还是全局变量，创建变量时需要检查命名冲突
        if (e.isLocal && editingTarget && !editingTarget.isStage &&
    !e.isCloud) {
            if (!editingTarget.lookupVariableById(e.varId)) {
                // 创建变量
                editingTarget.createVariable(e.varId, e.varName, e.varType);
                // 触发工程更新事件
                this.emitProjectChanged();
            }
        } else {
            if (stage.lookupVariableById(e.varId)) {
                // 已经存在此变量，无须重复创建
                return;
            }
            // 在所有目标中检查命名冲突
            const allTargets = this.runtime.targets.filter(t => t.isOriginal);
            for (const target of allTargets) {
                if(target.lookupVariableByNameAndType(e.varName,
                    e.varType, true)) {

                    // 有类型和名字都相同的变量
                    return;
                }
            }
            // 创建变量
            stage.createVariable(e.varId, e.varName, e.varType, e.isCloud);
            // 触发工程更新
            this.emitProjectChanged();
        }
        break;
    case 'var_rename':
        // 局部变量
        if (editingTarget && editingTarget.variables.hasOwnProperty
(e.varId)) {
            // 重命名
            editingTarget.renameVariable(e.varId, e.newName);
            // 更新当前目标上使用此变量的所有块
            editingTarget.blocks.updateBlocksAfterVarRename(e.varId, e.
newName);

        // 全局变量
        } else {
            // 重命名
            stage.renameVariable(e.varId, e.newName);
            // 对所有目标中使用此变量的所有代码块触发更新
            const targets = this.runtime.targets;
            // 循环所有目标
            for (let i = 0; i < targets.length; i++) {
```

```
                const currTarget = targets[i];
                // 对目标中所有使用此变量的块触发更新
                currTarget.blocks.updateBlocksAfterVarRename(e.varId,
                    e.newName);
            }
        }
        this.emitProjectChanged();
        break;
    case 'var_delete': {
        // 获取变量所属的目标
        const target = (editingTarget && editingTarget.variables.
hasOwnProperty(
            e.varId)) ? editingTarget : stage;

        // 删除变量
        target.deleteVariable(e.varId);
        this.emitProjectChanged();
        break;
    }
    case 'comment_create':
        if (this.runtime.getEditingTarget()) {
            // 获取当前编辑目标
            const currTarget = this.runtime.getEditingTarget();
            // 创建注释
            currTarget.createComment(e.commentId, e.blockId, e.text,
                e.xy.x, e.xy.y, e.width, e.height, e.minimized);

            // 兼容从 2.0 项目导入的注释
            if (currTarget.comments[e.commentId].x === null &&
                currTarget.comments[e.commentId].y === null) {

                // 更新注释的 x 和 y 坐标
                currTarget.comments[e.commentId].x = e.xy.x;
                currTarget.comments[e.commentId].y = e.xy.y;
            }
        }
        this.emitProjectChanged();
        break;
    case 'comment_change':
        if (this.runtime.getEditingTarget()) {
            const currTarget = this.runtime.getEditingTarget();
            // 判断注释是否存在
            if (!currTarget.comments.hasOwnProperty(e.commentId)) {
                // 要改变的注释不存在，抛出错误
                log.warn(`Cannot change comment with id ${e.commentId}
                    because it does not exist.`);
                return;
            }
            const comment = currTarget.comments[e.commentId];
            const change = e.newContents_;
            // 设置注释的最小化属性
            if (change.hasOwnProperty('minimized')) {
                comment.minimized = change.minimized;
            }
```

```
            // 设置注释的宽和高
        if (change.hasOwnProperty('width') && change.hasOwnProperty(
            'height')){

            comment.width = change.width;
            comment.height = change.height;
        }
            // 设置注释的文本
        if (change.hasOwnProperty('text')) {
            comment.text = change.text;
        }
        this.emitProjectChanged();
    }
    break;
case 'comment_move':
    if (this.runtime.getEditingTarget()) {
        const currTarget = this.runtime.getEditingTarget();
        if (currTarget && !currTarget.comments.hasOwnProperty
(e.commentId)) {
            // 注释不存在
            log.warn(`Cannot change comment with id ${e.commentId}
                because it does not exist.`);
            return;
        }
        const comment = currTarget.comments[e.commentId];
        const newCoord = e.newCoordinate_;
        // 设置注释的 x、y 坐标
        comment.x = newCoord.x;
        comment.y = newCoord.y;
        this.emitProjectChanged();
    }
    break;
case 'comment_delete':
    if (this.runtime.getEditingTarget()) {
        const currTarget = this.runtime.getEditingTarget();
        if (!currTarget.comments.hasOwnProperty(e.commentId)) {
            return;
        }
        // 删除当前目标的注释
        delete currTarget.comments[e.commentId];
        if (e.blockId) {
            const block = currTarget.blocks.getBlock(e.blockId);
            if (!block) {
                // 没有找到相关代码块
                log.warn(`Could not find block referenced by comment
                    with id: ${e.commentId}`);

                return;
            }
            // 删除代码块的注释
            delete block.comment;
        }
        // 触发更新
        this.emitProjectChanged();
```

```
        }
        break;
    }
}
```

（6）comment.js：该文件中定义了一个注释类 Comment，用于表示 Scratch 的注释。注释共包括两种类型，一种是代码块的注释，一种是工作区的注释。

Comment 类非常简单，类中只定义了构造函数、转换为 XML 的方法，以及宽、高的最小值和默认值的设定。其构造函数共接收 7 个参数，其中 id、text、x、y、width、height、minimized 分别对应注释的唯一 ID、文本内容、x 坐标位置、y 坐标位置、宽度、高度及最小化属性值。另外，注释的宽和高都有最小值的限制，最小化属性也有默认值 false。构造函数代码如下：

```
constructor (id, text, x, y, width, height, minimized) {
    this.id = id || uid();
    this.text = text;
    this.x = x;
    this.y = y;
    // 最小宽度处理
    this.width = Math.max(Number(width), Comment.MIN_WIDTH);
    // 最小高度处理
    this.height = Math.max(Number(height), Comment.MIN_HEIGHT);
    // 最小化
    this.minimized = minimized || false;
    // 所属代码块 id
    this.blockId = null;
}
```

（7）execute.js：对外导出一个 execute 函数，用于读取和执行一个代码块，函数接收两个参数，第一个参数 sequencer 代表正在执行的定序器，第二个参数 thread 是要读取和执行的线程。

函数在执行过程中，首先在栈顶部获取要执行的代码块及所需的栈帧信息，然后试图获取执行时需要的块缓存信息，如果获取失败线程终止，函数直接返回。如果当前帧有持久化的报告输入，恢复以前的所有值，然后计算出操作码执行的开始位置，然后循环执行操作序列。在函数最后，如果运行时有性能侦测器，执行相应的初始化工作，并对调用次数自增。函数代码如下：

```
const execute = function (sequencer, thread) {
    // 获取当前运行时
    const runtime = sequencer.runtime;
    // 把定序器和线程赋值给单例 blockUtility，以便块函数可以方便地访问它们
    blockUtility.sequencer = sequencer;
    blockUtility.thread = thread;
    // 获取顶部的代码块
    const currentBlockId = thread.peekStack();
    // 获取顶部的栈帧
    const currentStackFrame = thread.peekStackFrame();
```

```
        // 获取线程的块容器
        let blockContainer = thread.blockContainer;
        // 获取执行时需要的块信息
        let blockCached = BlocksExecuteCache.getCached(blockContainer,
            currentBlockId, BlockCached);

    if (blockCached === null) {
        // 获取 Flyout 的块容器
        blockContainer = runtime.flyoutBlocks;
        // 获取执行时需要的块信息
        blockCached = BlocksExecuteCache.getCached(blockContainer,
            currentBlockId, BlockCached);

        // 如果块或者目标已不存在
        if (blockCached === null) {
            // 中途取消线程
            sequencer.retireThread(thread);
            // 退出执行函数
            return;
        }
    }
    // 获取必须执行的非阴影操作序列
    const ops = blockCached._ops;
    const length = ops.length;
    let i = 0;
    // 如果当前帧有持久化的报告输入
    if (currentStackFrame.reported !== null) {
        const reported = currentStackFrame.reported;
        // 恢复以前的所有值
        for (; i < reported.length; i++) {
            const {opCached: oldOpCached, inputValue} = reported[i];
            const opCached = ops.find(op => op.id === oldOpCached);
            if (opCached) {
                const inputName = opCached._parentKey;
                const argValues = opCached._parentValues;
                // 如果是广播输入
                if (inputName === 'BROADCAST_INPUT') {
                    // 不需要的 id 属性置空
                    argValues.BROADCAST_OPTION.id = null;
                    // 将广播内容转化为字符串
                    argValues.BROADCAST_OPTION.name = cast.toString(
                        inputValue);
                } else {
                    //
                    argValues[inputName] = inputValue;
                }
            }
        }
        // 查找仍在操作集中的最后一个报告块
        if (reported.length > 0) {
            // 查找仍在操作集中的最后一个报告块
            const lastExisting = reported.reverse().find(report => ops.
find(op =>
```

```
                                op.id === report.opCached));

            // 如果存在，得到其在执行序列中的索引
            if (lastExisting) {
                // 执行序列从它的下一个位置开始
                i = ops.findIndex(opCached => opCached.id === lastExisting.
opCached)
                    + 1;
            } else {
                // 执行序列从 0 开始
                i = 0;
            }
        }
        // 报告块必须存在，并且必须是操作序列中的下一个
        if (thread.justReported !== null && ops[i] && ops[i].id === current
            StackFrame.reporting) {

            const opCached = ops[i];
            const inputValue = thread.justReported;
            thread.justReported = null;
            const inputName = opCached._parentKey;
            const argValues = opCached._parentValues;

            if (inputName === 'BROADCAST_INPUT') {
                // 广播输入中插入了一些内容，把它转换成字符串
                argValues.BROADCAST_OPTION.id = null;
                argValues.BROADCAST_OPTION.name = cast.toString(inputValue);
            } else {
                argValues[inputName] = inputValue;
            }
            // 开始位置加 1
            i += 1;
        }
        // 置空
        currentStackFrame.reporting = null;
        currentStackFrame.reported = null;
    }
    const start = i;
    // 从开始位置循环执行操作序列
    for (; i < length; i++) {
        const lastOperation = i === length - 1;
        const opCached = ops[i];
        // 操作的块函数
        const blockFunction = opCached._blockFunction;
        // 更新参数的值
        const argValues = opCached._argValues;
        // 域在 opCached 初始化期间设置
        // 块应该在脚本启动时发光，而不是在脚本完成后发光
        if (!blockContainer.forceNoGlow) {
            thread.requestScriptGlowInFrame = true;
        }
        // 在循环的前一个步骤设置输入
        const primitiveReportedValue = blockFunction(argValues, blockUtility);
```

```
        // 如果是一个 promise，等待 resolve
    if (isPromise(primitiveReportedValue)) {
        // 处理原语报告的异步值
        handlePromise(primitiveReportedValue, sequencer, thread, opCached,
            lastOperation);

        // 存储已报告的值
        thread.justReported = null;
        currentStackFrame.reporting = ops[i].id;
        currentStackFrame.reported = ops.slice(0, i).map(reportedCached => {
            const inputName = reportedCached._parentKey;
            const reportedValues = reportedCached._parentValues;
            // 组装返回值
            if (inputName === 'BROADCAST_INPUT') {
                return {
                    opCached: reportedCached.id,
                    inputValue: reportedValues[inputName].
                        BROADCAST_OPTION.name
                };
            }
            return {
                opCached: reportedCached.id,
                inputValue: reportedValues[inputName]
            };
        });
        // 等待 promise，停止运行此操作集，并在解冻报告的值后继续执行这些操作
        break;
    } else if (thread.status === Thread.STATUS_RUNNING) {
        if (lastOperation) {
            // 处理原语报告的值
            handleReport(primitiveReportedValue, sequencer, thread, opCached,
                lastOperation);

        } else {
            const inputName = opCached._parentKey;
            const parentValues = opCached._parentValues;
            if (inputName === 'BROADCAST_INPUT') {
                // 广播输入中插入了一些内容，把它转换成字符串
                parentValues.BROADCAST_OPTION.id = null;
                parentValues.BROADCAST_OPTION.name = cast.toString(
                    primitiveReportedValue);
            } else {
                parentValues[inputName] = primitiveReportedValue;
            }
        }
    }
}
// 运行时有分析工具
if (runtime.profiler !== null) {
    if (blockCached._profiler !== runtime.profiler) {
        _prepareBlockProfiling(runtime.profiler, blockCached);
    }
    // 确定最后执行的代码块之后的索引
    const end = Math.min(i + 1, length);
```

```
        // 从开始到结束 检测帧调用次数都加 1
        for (let p = start; p < end; p++) {
            ops[p]._profilerFrame.count += 1;
        }
    }
};
```

🔔**注意**：代码块的执行在 Scratch-vm 中非常重要，整个过程也非常复杂，不太容易理解，建议读者多看几遍。

（8）monitor-record.js：该文件中定义了一个监控器常量 MonitorRecord，它被用在运行时中以表示监视器的状态。这个常量是基于 immutable.js 的 Record 数据结构定义的，其中，spriteName 和 targetId 只有当监控器是特定于精灵时才存在。常量的定义代码如下：

```
const MonitorRecord = Record({
    // 代码块 ID
    id: null,
    // 精灵名
    spriteName: null,
    // 目标 ID
    targetId: null,
    // 操作码
    opcode: null,
    // 监控器的值
    value: null,
    // 参数
    params: null,
    // 模式
    mode: 'default',
    // 最小滑动
    sliderMin: 0,
    // 最大滑动
    sliderMax: 100,
    // 是离散的
    isDiscrete: true,
    // x/y 坐标都是 null 表示监控器应该自动定位
    x: null,
    y: null,
    // 宽度
    width: 0,
    // 高度
    height: 0,
    // 可见性
    visible: true
});
```

Immutable 数据一旦创建就无法更改，从而引导更简单的应用程序开发，无须防御性复制，并开启了具有简单逻辑的高级记忆和更改检测技术。持久性数据提供了更改的 API，但是它们不就地更改数据，而总是生成一个新的更新后的数据。

Record 是 immutable.js 提供的持久性不变的数据结构中的一种，类似于 JavaScript 的对象，但是它强制使用一组特定的字符串 key，并且都具有默认值。Record 函数用于生成新的 Record 工厂，当被调用时创建新的 Record 实例。

（9）mutation-adapter.js：对外提供了一个适配方法 mutationAdpater，用于递归地将 mutation 的 XML 字符串或者 DOM 对象转换成一个 Scratch-vm 运行时可以使用的对象。函数代码如下：

```
const mutationAdpater = function (mutation) {
    let mutationParsed;
    // 检查是否已经解析为 DOM 对象
    if (typeof mutation === 'object') {
        mutationParsed = mutation;
    } else {
        // 解析成 DOM 对象
        mutationParsed = html.parseDOM(mutation)[0];
    }
    // 将 DOM 对象转换成 scratch-vm 运行时可以使用的对象
    return mutatorTagToObject(mutationParsed);
};
```

以上代码中首先检查 mutation 是否已经做过 DOM 解析，如果是则直接赋值给 mutation-Parsed，否则通过第三方工具包 htmlparser2 的 parseDOM 方法将 mutation 字符串解析为 DOM 对象，最后调用 mutatorTagToObject 把 DOM 递归地转换为 Scratch-vm 可以使用的对象。

mutatorTagToObject 是定义在 mutation-adapter.js 中的核心转换方法，它首先定义一个空对象 obj，然后遍历 DOM 对象的每一个属性（xmlns 除外），将属性进行 HTML 解码后赋值给 obj。需要注意的是，在处理 blockinfo 属性时，需要将 key 变换成驼峰形式 blockInfo，以满足 Scratch-vm 的使用。之后递归处理 DOM 的子元素，最终把处理后的 obj 对象返回。mutatorTagToObjcct 函数的代码如下：

```
const mutatorTagToObject = function (dom) {
    // 创建一个空对象
    const obj = Object.create(null);
    obj.tagName = dom.name;
    obj.children = [];
    // 遍历 DOM 的每一个属性，解码后赋值给 obj
    for (const prop in dom.attribs) {
        if (prop === 'xmlns') continue;
        // 解码 DOM 的属性
        obj[prop] = decodeHtml(dom.attribs[prop]);
        // blockInfo 采用驼峰格式，小写的 blockinfo 是从 XML 读取的
        // 因为虚拟机使用驼峰格式，所以需要转换
        if (prop === 'blockinfo') {
            obj.blockInfo = JSON.parse(obj.blockinfo);
            delete obj.blockinfo;
```

```
        }
    }
    // 循环 DOM 子元素
    for (let i = 0; i < dom.children.length; i++) {
        // 递归调用
        obj.children.push(mutatorTagToObject(dom.children[i]))
    }
    // 返回转换后的对象
    return obj;
};
```

🔔注意：以上代码中用到的 decodeHtml 是第三方包 decode-html 提供的用于解码 HTML 实体的函数。

（10）profiler.js：一种分析 Scratch 内部性能的方法。比如，一个 step 运行了哪些代码块、耗费了多少时间、两个代码块之间耗费了多少时间。

Profiler 的目标是在记录性能数据时尽可能少地花费时间。为此，它内部有一个简单的记录数据结构，在单个数组中记录每次开始和停止事件的一系列值。这使得在一次数组调用中可以推送所有值。这种简单性使得 start 和 stop 函数调用的内容可以内联到调用频率足够高的区域中，以便从 Profiler 获得更高的性能，因此记录的内容可以更好地反映在分析的代码上，而不是 Profiler 本身。

profiler.js 文件中共定义了两个类：ProfilerFrame 和 Profiler，对外导出 Profiler。下面将结合源码分别对其进行分析。ProfilerFrame 是记录的一组关于执行帧的信息，类内只有构造函数这唯一的成员。构造函数代码如下：

```
constructor (depth) {
    // 记录符号的数字表示，比如 Runtime._step 或者 blockFunction
    this.id = -1;
    // 在记录帧及其所有更深的帧中花费的时间总和
    this.totalTime = 0;
    // 仅在记录帧中花费的时间，不包括花在更深帧上的时间
    this.selfTime = 0;
    // 记录帧的任意参数，比如，一个块函数可能将其操作码记录为参数
    this.arg = null;
    // 当前记录帧在堆栈中的深度，这有助于比较记录的递归函数
    // 每个递归级别都有不同的深度值
    this.depth = depth;
    // 对此帧的调用次数的总和
    this.count = 0;
}
```

Profiler 分析器中的内容相对复杂一些，其中包括记录的开启、关闭、解码与汇报等。需要注意的是，分析器是基于 window.performance API 做的，一些低版本的浏览器不能运行此分析器。

reportFrames 函数的作用是对记录进行解码，并将所有帧传递给处理函数 this.onFrame。

onFrame 是 Profiler 的构造函数接收的唯一参数，是一个回调函数，在报告所有记录的时间时对每个解码帧进行调用。函数代码如下：

```
reportFrames () {
    //缓存
    const stack = this._stack;
    let depth = 1;
    // 循环所有记录
    for (let i = 0; i < this.records.length;) {
        // 开始
        if (this.records[i] === START) {
            if (depth >= stack.length) {
                stack.push(new ProfilerFrame(depth));
            }
            // 存储 ID、参数、全部时间
            const frame = stack[depth++];
            frame.id = this.records[i + 1];
            frame.arg = this.records[i + 2];
            frame.totalTime = this.records[i + 3];
            // 初始化自身时间
            frame.selfTime = 0;
            // START_SIZE 为 4，每次开启记录的时候 records 数组增加 4 个元素
            i += START_SIZE;
        } else if (this.records[i] === STOP) {
            const now = this.records[i + 1];
            const frame = stack[--depth];
            frame.totalTime = now - frame.totalTime;
            frame.selfTime += frame.totalTime;
            // 从父帧的 selfTime 中减去次帧的 totalTime
            stack[depth - 1].selfTime -= frame.totalTime;
            // 此帧 frame 发生一次
            frame.count = 1;
            // 调用 onFrame
            this.onFrame(frame);
            // STOP_SIZE 为 2，每次关闭记录的时候 records 数组增加两个元素
            i += STOP_SIZE;
        } else {
            // 清空记录
            this.records.length = 0;
            // 不能解析此性能记录，抛出错误
            throw new Error('Unable to decode Profiler records.');
        }
    }
    // 对 increments 中的帧循环调用 onFrame
    for (let j = 0; j < this.increments.length; j++) {
        if (this.increments[j] && this.increments[j].count > 0) {
            this.onFrame(this.increments[j]);
            this.increments[j].count = 0;
        }
    }
    // 对 counters 中的帧循环调用 onFrame
    for (let k = 0; k < this.counters.length; k++) {
```

```
        if (this.counters[k].count > 0) {
            this.onFrame(this.counters[k]);
            this.counters[k].count = 0;
        }
    }
    // 清空记录
    this.records.length = 0;
}
```

（11）runtime.js：定义的类 Runtime 代表虚拟机的运行时，它控制着目标、脚本及定序器，是 Scratch-vm 中最核心的内容。它继承了 EventEmitter 类，可以触发事件，其构造函数如下：

```
constructor () {
    // 调用父类构造函数
    super();
    // 目标管理和存贮
    this.targets = [];
    // 与执行顺序相反的目标，与 drawables 共享顺序
    this.executableTargets = [];
    // 虚拟机中正在执行的线程列表，执行开始时添加线程，执行结束时删减线程
    this.threads = [];
    // 时序器实例
    this.sequencer = new Sequencer(this);
    // Flyout 块的存贮容器，这些块执行在 _editingTarget 上
    this.flyoutBlocks = new Blocks(this, true);
    // 监视块的存储容器
    this.monitorBlocks = new Blocks(this, true);
    // 当前已知的虚拟机编辑目标
    this._editingTarget = null;
    // 块的操作码到其实施函数的映射
    this._primitives = {};
    // 通过扩展操作码查找所有块信息的映射
    this._blockInfo = [];
    // 通过帽子块的操作码查找其元数据的映射
    this._hats = {};
    // 在前一帧中发光的脚本块 ID 的列表
    this._scriptGlowsPreviousFrame = [];
    // 上一帧期间运行的非监视器线程数
    this._nonMonitorThreadCount = 0;
    // 完成运行并从运行时中移除的所有线程，是 Sequencer.stepThreads 中的行为
    this._lastStepDoneThreads = null;
    // 当前已知的克隆数
    this._cloneCounter = 0;
    // 在步骤结束时发出目标更新的标志。当目标数据更改时，此标志设置为 true
    this._refreshTargets = false;
    // 通过操作码查找监视块信息的映射
    this.monitorBlockInfo = {};
    // 所有监视器的有序映射
    this._monitorState = OrderedMap({});
    // 上一个执行周期监视器的状态
```

```
    this._prevMonitorState = OrderedMap({});
    // 当前运行时是否处于 turbo 模式
    this.turboMode = false;
    // 是否处于兼容模式
    this.compatibilityMode = false;
    // 当前运行时步间隔的引用，由'setInterval'设置
    this._steppingInterval = null;
    // 步的当前长度。模式切换时更改，并由定序器计算工作时间
    this.currentStepTime = null;
    // 为 this.currentMSecs 设置一个最初的值
    this.updateCurrentMSecs();
    // 是否有任何原语请求过重绘。影响"Sequencer.stepThreads"
    // 在单步执行每个线程后是否会产出，并且每一帧都会重置
    this.redrawRequested = false;
    // 注册所有给定的块包
    this._registerBlockPackages();
    // 注册并初始化"IO 设备"，用于处理 IO 相关数据的容器
    this.ioDevices = {
        clock: new Clock(this),
        cloud: new Cloud(this),
        keyboard: new Keyboard(this),
        mouse: new Mouse(this),
        mouseWheel: new MouseWheel(this),
        userData: new UserData(),
        video: new Video(this)
    };
    // 扩展列表，用于管理硬件连接
    this.peripheralExtensions = {};
    // 一个运行时探查器，记录定时事件以便以后回放以诊断 Scratch 性能
    this.profiler = null;
    // 云数据管理实例，用于管理云变量
    const newCloudDataManager = cloudDataManager();
    // 检测运行时中是否有云数据
    this.hasCloudData = newCloudDataManager.hasCloudVariables;
    // 检测运行时是否可以增加一个新的云变量
    this.canAddCloudVariable = newCloudDataManager.canAddCloudVariable;
    // 跟踪运行时中新的云变量、更新云变量限制。如果这是第一个添加的云变量
    // 调用此函数将发出一个云数据更新事件
    this.addCloudVariable = this._initializeAddCloudVariable(newCloudData
Manager);
    // 一个在删除云变量时更新运行时的云变量限制
    // 并在删除最后一个云变量时发出云更新事件的函数
    this.removeCloudVariable = this._initializeRemoveCloudVariable(
        newCloudDataManager);
}
```

通过以上构造函数可以看出，运行时中几乎囊括了 Scratch-vm 中的所有概念，比如目标、线程、定序器、监视器、代码块、原语、外围设备、性能分析器和云数据管理等。接下来按照两条主线进行源码分析。

第一条主线是 UI 单击事件→toggleScript→_pushThread，在 Blocks 中通过 blocklyListen

创建事件侦听，当侦听到 UI 单击事件后，调用运行时的 toggleScript 函数，在此函数中通过 _pushThread 往线程池插入一个新的线程。

　　toggleScript 函数用于切换脚本，第一个参数 topBlockId 指启动脚本的代码块 ID，第二个参数 opts 是一个可选参数。代码如下：

```
toggleScript (topBlockId, opts) {
    // 组装目标和栈单击标志的默认值
    opts = Object.assign({
        target: this._editingTarget,
        stackClick: false
    }, opts);
    // 删除所有现有线程
    for (let i = 0; i < this.threads.length; i++) {
        // 切换到一个正在运行的脚本，将其关闭
        if (this.threads[i].topBlock === topBlockId && this.threads[i].status !==
            Thread.STATUS_DONE) {

            // 获取目标的代码块容器
            const blockContainer = opts.target.blocks;
            // 获取代码块的操作码
            const opcode = blockContainer.getOpcode(blockContainer.getBlock(
                topBlockId));

            if (this.getIsEdgeActivatedHat(opcode) && this.threads[i].stackClick !==
                opts.stackClick) {
                // 都是允许边缘激活的 HAT 线程且 stackClick 不同
                // 不需要终止，可以共存
                continue;
            }
            // 终止线程
            this._stopThread(this.threads[i]);
            return;
        }
    }
    // 新增一个线程到线程池
    this._pushThread(topBlockId, opts.target, opts);
}
```

　　_pushThread 函数首先装配 opt 对象，它有两个必须设置的属性，其中一个是字符串类型属性 target，代表要在其上运行脚本的目标 ID，如果未提供，则使用当前编辑目标。另外一个是布尔值属性 stackClick，如果是用户通过单击激活的堆栈，则其值为 true，否则为 false，它的取值决定了我们在打开脚本的时候是否显示一个可视化的提醒。opt 对象最终传递给 _pushThread 使用。

　　然后循环遍历当前线程池中的所有线程，如果有相同 topBlockId 且没有结束的线程，则通过 _stopThread 将线程终止，但是，如果进程是允许边缘激活的 HAT 线程且 stackClick

不相同，那么不需要终止此进程，可以共存。toggleScript 函数最后通过_pushThread 新增一个线程到线程池中。

　　_pushThread 函数的第一个参数 id 是启动堆栈的块 ID，target 代表运行线程的目标，最后一个参数 opts 是一个配置项。该函数中用到的字段有 stackClick 和 updateMonitor，前者的意义前面已经介绍过，后者是一个布尔值，代表脚本是否需要更新监控器的值。函数最终的返回结果为一个新创建的线程。代码如下：

```
_pushThread (id, target, opts) {
    // 创建一个线程
    const thread = new Thread(id);
    设置线程的目标
    thread.target = target;
    // 设置线程的 stackClick 及 updateMonitor 属性
    thread.stackClick = Boolean(opts && opts.stackClick);
    thread.updateMonitor = Boolean(opts && opts.updateMonitor);
    // 设置线程将要执行的块列表
    thread.blockContainer = thread.updateMonitor ? this.monitorBlocks :
target.blocks;
    // 推送栈，并更新栈帧
    thread.pushStack(id);
    // 把新创建的线程加入线程池
    this.threads.push(thread);
    // 返回新创建的线程
    return thread;
}
```

　　在 toggleScript 中判断操作码是否是边缘激活的帽子块的函数，其实就是在操作码到元数据的映射中查找此操作码 opcode，如果存在且 edgeActivated 属性为 true，则返回 true，否则返回 false。有关代码块操作码的知识请参考前面介绍 blocks 的章节。getIsEdge-ActivatedHat 函数的代码如下：

```
getIsEdgeActivatedHat (opcode) {
    // 有 opcode 这个操作码且 edgeActivated 属性为 true
    return this. hats.hasOwnProperty(opcode) && this._hats[opcode].
edgeActivated;
}
```

　　终止一个线程的操作是在_stopThread 中定义的，它会立即停止线程的运行，并稍后将其从线程池中删除。删除的时机是在定期执行的_step 函数中实现的，具体_step 的内容下面将详细介绍。

```
_stopThread (thread) {
    // 标记线程被杀，以便以后删除
    thread.isKilled = true;
    // 通知定序器终止此线程的执行
    this.sequencer.retireThread(thread);
}
```

　　另一条主线是通过运行时的 start→_step→stepThread→stepThread。首先在运行时中启动一个定时周期调用，在每个周期内执行_step，在_step 中调用定序器的 stepThreads，通过 stepThread 执行线程池中的线程。

运行时的 start 函数用于设置一个定时器，每间隔 interval 时长，执行一次_step，周期时长 interval 默认是 1000/60ms，如果处于兼容模式则为 1000/30ms。然后赋值给 currentStepTime，表示当前运行时一个 step 的时长，供定时器用于计算工作时长 WORK_TIME，它的值只有在切换模式的时候才会变化。代码如下：

```
start () {
    // 如果已经开启定时调用，函数直接返回
    if (this._steppingInterval) return;
    // 设置周期时长
    let interval = Runtime.THREAD_STEP_INTERVAL;
    // 工程处于兼容模式
    if (this.compatibilityMode) {
        interval = Runtime.THREAD_STEP_INTERVAL_COMPATIBILITY;
    }
    // 设置一个 step 的时长
    this.currentStepTime = interval;
    // 开启定时调用
    this._steppingInterval = setInterval(() => {
        this._step();
    }, interval);
    // 触发事件，告知运行时周期调用已经开启
    this.emit(Runtime.RUNTIME_STARTED);
}
```

如上所述，_step 会定期执行，它的主要职责是重复运行函数 sequencer.stepThreads，并在每一轮结束后筛选出不活动的线程。_step 函数在执行过程中还会根据需要分别对 Runtime._step、Sequencer.stepThreads 及 RenderWebGL.draw 的执行性能实施侦测。代码如下：

```
_step () {
    // 开启 Runtime._step 的性能检测
    if (this.profiler !== null) {
        if (stepProfilerId === -1) {
            stepProfilerId = this.profiler.idByName('Runtime._step');
        }
        this.profiler.start(stepProfilerId);
    }
    // 清理在上一步期间或之后被要求停止的线程
    this.threads = this.threads.filter(thread => !thread.isKilled);
    // 找到所有边缘激活的 hats，并将它们添加到要评估的线程中
    for (const hatType in this._hats) {
        if (!this._hats.hasOwnProperty(hatType)) continue;
        const hat = this._hats[hatType];
        if (hat.edgeActivated) {
            // 开启所有的帽子进程
            this.startHats(hatType);
        }
    }
```

```
    }
    this.redrawRequested = false;
    // 将监视器块排队到要运行的序列器
    this._pushMonitors();
    // 开启 Sequencer.stepThreads 的性能检测
    if (this.profiler !== null) {
        if (stepThreadsProfilerId === -1) {
            stepThreadsProfilerId = this.profiler.idByName('Sequencer.
stepThreads');
        }
        this.profiler.start(stepThreadsProfilerId);
    }
    // 执行线程池中的线程
    const doneThreads = this.sequencer.stepThreads();
    // 停止当前帧
    if (this.profiler !== null) {
        this.profiler.stop();
    }
    this._updateGlows(doneThreads);
    // 添加完成的线程，这样即使线程在 1 帧内完成，绿色标志仍将指示脚本运行
    this._emitProjectRunStatus(
        this.threads.length + doneThreads.length -
        this._getMonitorThreadCount([...this.threads, ...doneThreads]));

    // 存储本迭代完成的线程，以便之后测试和在其他内部场景时使用
    this._lastStepDoneThreads = doneThreads;
    // 如果已经附加了渲染器
    if (this.renderer) {
        // 开启 RenderWebGL.draw 的性能检测
        if (this.profiler !== null) {
            if (rendererDrawProfilerId === -1) {
                rendererDrawProfilerId = this.profiler.idByName('Render
WebGL.draw');
            }
            this.profiler.start(rendererDrawProfilerId);
        }
        // 渲染器开始绘制
        this.renderer.draw();
        // 停止当前帧
        if (this.profiler !== null) {
            this.profiler.stop();
        }
    }
    // 触发目标的更新
    if (this._refreshTargets) {
        this.emit(Runtime.TARGETS_UPDATE, false);
        this._refreshTargets = false;
    }
    // 触发监控器更新
    if (!this._prevMonitorState.equals(this._monitorState)) {
        this.emit(Runtime.MONITORS_UPDATE, this._monitorState);
        this._prevMonitorState = this._monitorState;
    }
```

```
    if (this.profiler !== null) {
        // 停止当前帧
        this.profiler.stop();
        // 解码记录，并将所有帧报告给创建 this.onFrame
        this.profiler.reportFrames();
    }
}
```

（12）scratch-blocks-constants.js：定义了一个常量对象，这些常量是从 Scratch-blocks 项目的 core/constants.js 文件中复制过来的，未来可能会想办法从 Scratch-blocks 中直接导入。常量内容如下：

```
const ScratchBlocksConstants = {
    // 输出六边形形状
    OUTPUT_SHAPE_HEXAGONAL: 1,
    // 输出圆形形状
    OUTPUT_SHAPE_ROUND: 2,
    // 输出正方形形状
    OUTPUT_SHAPE_SQUARE: 3
};
```

（13）sequencer.js：该文件中定义了 Sequencer 类，它提供了一种定序器的功能，控制着线程的有序执行，以及线程的中途退出。类中封装了 5 个非常重要的函数，其中包括进入线程池的 stepThreads、进入线程的 stepThread、进入一个代码块分支的 stepToBranch、进入一个过程的 stepToProcedure，以及中途终止一个线程的 retireThread。接下来我们将以前两个为例对其进行源码分析。

stepThreads 控制着运行时中所有线程的有序执行，只要同时满足 4 个条件，它将循环执行下去：运行时线程列表中有线程；有活动的线程；经过的时间小于工作时间；运行时是 turbo 模式或没有原语请求重绘。

stepThreads 函数在执行过程中一共分为几个关键步骤：开启性能检测、循环线程池，试图每个线程执行一次、执行线程、过滤出已完成线程，把活动线程重新插入线程池。函数最后返回执行完成的线程列表。代码如下：

```
stepThreads () {
    // 工作时间是线程步骤间隔的 75%
    const WORK_TIME = 0.75 * this.runtime.currentStepTime;
    // 为了与 Scatch 2 兼容，每一步需要更新一次运行时上的毫秒时钟
    this.runtime.updateCurrentMSecs();
    // 开始计算工作时间
    this.timer.start();
    // 活动线程的个数
    let numActiveThreads = Infinity;
    // stepThreads 是否已经运行了一个完整的周期
    let ranFirstTick = false;
    // 已经执行完成的线程
    const doneThreads = [];
    // 循环执行线程
```

```
    while (this.runtime.threads.length > 0 && numActiveThreads > 0 &&
        this.timer.timeElapsed() < WORK_TIME &&
        (this.runtime.turboMode || !this.runtime.redrawRequested)) {

        // 如果运行时有性能侦测器
        if (this.runtime.profiler !== null) {
            if (stepThreadsInnerProfilerId === -1) {
                // 产生一个新的 ID
                stepThreadsInnerProfilerId = this.runtime.profiler.idByName(
                    stepThreadsInnerProfilerFrame);
            }
            // 开启性能分析器的记录
            this.runtime.profiler.start(stepThreadsInnerProfilerId);
        }
        numActiveThreads = 0;
        let stoppedThread = false;
        // 运行时的所有线程
        const threads = this.runtime.threads;
        // 尝试每个线程执行一次
        for (let i = 0; i < threads.length; i++) {
            // 获取当前活动线程
            const activeThread = this.activeThread = threads[i];
            // 线程已经执行完毕
            if (activeThread.stack.length === 0 || activeThread.status ===
                Thread.STATUS_DONE) {

                // 完成了此线程
                stoppedThread = true;
                // 进入下一次循环
                continue;
            }
            if (activeThread.status === Thread.STATUS_YIELD_TICK && !ran
FirstTick) {
                // 清除最后一次调用 stepThreads 的 yield 状态
                activeThread.status = Thread.STATUS_RUNNING;
            }
            // 正常模式的线程
            if (activeThread.status === Thread.STATUS_RUNNING ||
                activeThread.status === Thread.STATUS_YIELD) {

                // 如果运行时有性能侦测器
                if (this.runtime.profiler !== null) {
                    if (stepThreadProfilerId === -1) {
                        // 产生一个新的 ID
                        stepThreadProfilerId = this.runtime.profiler.idByName(
                            stepThreadProfilerFrame);
                    }
                    // 增加 stepThread 的调用次数
                    this.runtime.profiler.increment(stepThreadProfilerId);
                }
                // 执行线程
                this.stepThread(activeThread);
                activeThread.warpTimer = null;
```

```
                    // 线程从列表中被删除
            if (activeThread.isKilled) {
                // 保证循环的索引值 i 不增加
                i--;
            }
        }
        if (activeThread.status === Thread.STATUS_RUNNING) {
            // 活动线程个数自增
            numActiveThreads++;
        }
        // 检查线程是否完成，以确保在所有线程的下一次迭代之前将其删除
        if (activeThread.stack.length === 0 || activeThread.status ===
            Thread.STATUS_DONE) {

            // 线程已完成
            stoppedThread = true;
        }
    }
    // 成功执行了一轮线程池
    ranFirstTick = true;
    // 停止当前帧
    if (this.runtime.profiler !== null) {
        this.runtime.profiler.stop();
    }
    // 从`this.runtime.threads 中过滤出非激活线程
    if (stoppedThread) {
        // 从 0 开始插入活动线程
        let nextActiveThread = 0;
        // 循环线程池
        for (let i = 0; i < this.runtime.threads.length; i++) {
            const thread = this.runtime.threads[i];
            if (thread.stack.length !== 0 && thread.status !==
                Thread.STATUS_DONE) {

                // 将活动线程插入线程池
                this.runtime.threads[nextActiveThread] = thread;
                // 索引自增
                nextActiveThread++;
            } else {
                // 将非活动线程插入已完成的线程列表中
                doneThreads.push(thread);
            }
        }
        // 当前线程池的长度
        this.runtime.threads.length = nextActiveThread;
    }
}
// 当前活动线程置空
this.activeThread = null;
// 返回已完成线程列表
return doneThreads;
}
```

以下代码中的 stepThread 函数用于执行一个线程，参数 thread 代表要执行的线程对象，当 stepThread 函数执行时，首先判断栈是非为空，如果是，把线程标记为已完成，函数退出。函数一共包括两层循环，其中包括 wrap 模式的判断与处理、线程的执行与终止、线程状态的判断与设置、以及性能侦测。代码如下：

```
stepThread (thread) {
    // 获取栈顶的块 ID
    let currentBlockId = thread.peekStack();
    if (!currentBlockId) {
        // 一个空分支
        thread.popStack();
        // 帽块后边是空
        if (thread.stack.length === 0) {
            // 设置线程状态为已完成
            thread.status = Thread.STATUS_DONE;
            return;
        }
    }
    // 保存当前块 ID，判断循环是否继续下去
    while ((currentBlockId = thread.peekStack())) {
        // 是否是 wrap 模式
        let isWarpMode = thread.peekStackFrame().warpMode;
        // 如果是 wrap 模式且还没有计时器
        if (isWarpMode && !thread.warpTimer) {
            // 初始化一个 wrap 模式计时器
            thread.warpTimer = new Timer();
            // 开始计时
            thread.warpTimer.start();
        }
        // 执行当前代码块
        // Execute the current block.
        // 如果运行时有性能监控器
        if (this.runtime.profiler !== null) {
            // 产生一个新的 ID
            if (executeProfilerId === -1) {
                executeProfilerId - this.runtime.profiler.idByName
(executeProfilerFrame);
            }
            // 自增调用次数
            this.runtime.profiler.increment(executeProfilerId);
        }
        // 线程的目标为空
        if (thread.target === null) {
            // 终止线程
            this.retireThread(thread);
        } else {
            // 执行线程
            execute(this, thread);
        }
        thread.blockGlowInFrame = currentBlockId;
        if (thread.status === Thread.STATUS_YIELD) {
```

```
        // 标记为运行，等待下一个迭代
        thread.status = Thread.STATUS_RUNNING;
        // 在 wrap 模式下，yield 代码块被立即重新执行
        if (isWarpMode && thread.warpTimer.timeElapsed() <=
            Sequencer.WARP_TIME) {

            // 跳出本次循环
            continue;
        }
        // 退出执行
        return;
    // 原语返回一个 Promise
    } else if (thread.status === Thread.STATUS_PROMISE_WAIT) {
        // 退出执行
        return;
    } else if (thread.status === Thread.STATUS_YIELD_TICK) {
        // 退出执行，stepThreads 会重置线程的状态为 TATUS_RUNNING
        return;
    }
    // 如果没有发生控制流
    if (thread.peekStack() === currentBlockId) {
        // 切换到下一个代码块
        thread.goToNextBlock();
    }
    // 如果此时没有找到下一个代码块，查看堆栈
    while (!thread.peekStack()) {
        thread.popStack();
        // 栈已空，没有更多栈要执行
        if (thread.stack.length === 0) {
            // 标记线程已完成
            thread.status = Thread.STATUS_DONE;
            return;
        }
        // 获取栈帧
        const stackFrame = thread.peekStackFrame();
        // 是否为 wrap 模式
        isWarpMode = stackFrame.warpMode;
        // 是循环
        if (stackFrame.isLoop) {
            if (!isWarpMode ||
                thread.warpTimer.timeElapsed() > Sequencer.WARP_TIME) {

                // 不需要做任何事，循环需要被重新执行
                return;
            }
            // 不进入下一个代码块，因为循环需要重新执行
            continue;
        // 等待一个值
        } else if (stackFrame.waitingReporter) {
            // 一个报告刚刚返回，不进入下一个代码块
            return;
        }
```

```
            // 切换到下一个代码块
            thread.goToNextBlock();
            }
        }
    }
```

（14）stage-layering.js：对外导出表示舞台分层的 StageLayering 类，舞台共分为 background 背景层、video 视频层、pen 画笔层及 sprite 精灵层 4 个层，它们之间的相对顺序可以通过源码的静态取值函数 LAYER_GROUPS 得到。代码如下：

```
static get LAYER_GROUPS () {
    return [
        StageLayering.BACKGROUND_LAYER,
        StageLayering.VIDEO_LAYER,
        StageLayering.PEN_LAYER,
        StageLayering.SPRITE_LAYER
    ];
}
```

（15）target.js：定义了 Target 目标类，目标是 Scratch-vm 中一个抽象的"代码运行"对象，比如精灵、克隆体及潜在物理设备等都可以是目标。

目标类中的大部分功能都是围绕着变量展开的，其中包括变量的增、删、改、查，广播消息的查找，以及变量的共享等。另外还预留了一些占位空函数，将在目标实施中对其覆盖。比如，获取目标名字函数 getName 及工程收到绿旗时候的处理函数 onGreenFlag 都是在 rendered-target.js 中实现的。

目标类中的函数都很简单，我们以函数 shareLocalVariableToStage 为例进行源码分析，它的作用是向舞台共享一个局部变量，并为该变量提供引用。它接收两个参数，参数 varId 为共享变量的 ID，参数 varRefs 为共享变量的引用列表，共享后，这些引用的名字和 ID 将被更新。

如果把一个局部变量与舞台共享，则这个局部变量将变成一个全局变量，这将导致它与已经存在的局部变量产生冲突，我们可以通过更改新全局变量名字的方式来解决这个问题。函数的执行大致可以分为这几个步骤：获取变量和舞台，创建新的全局变量以及更新变量引用，代码如下：

```
shareLocalVariableToStage (varId, varRefs) {
    // 如果没有运行时，函数直接返回
    if (!this.runtime) return;
    // 获取待共享的变量
    const variable = this.variables[varId];
    // 当前目标不存在此变量
    if (!variable) {
        // 不是局部变量，不能继续共享此变量
        log.warn(`Cannot share a local variable to the stage if it's not
local.`);
        return;
    }
```

```
    // 获取舞台
    const stage = this.runtime.getTargetForStage();
    // 判断是否已经对此变量做过局部到全局的转换
    const varIdForStage = `StageVarFromLocal_${varId}`;
    let stageVar = stage.lookupVariableById(varIdForStage);
    // 不存在此变量
    if (!stageVar) {
        const varName = variable.name;
        const varType = variable.type;

        // 对变量重新命名
        const newStageName = `Stage: ${varName}`;
        // 创建一个新的全局变量
        stageVar = this.runtime.createNewGlobalVariable(newStageName,
            varIdForStage, varType);
    }
    // 更新所有变量引用以使用新的变量名和 ID
    this.mergeVariables(varId, stageVar.id, varRefs, stageVar.name);
}
```

（16）thread.js：该文件中定义了栈帧类_StackFrame、线程类 Thread 及一个栈帧回收站_stackFrameFreeList。在栈的每一层都需要用到栈帧，用于存储执行上下文和参数信息，而线程是由一个正在运行的栈上下文及它所需要的所有元数据组成，接下来我们将对它们分别进行分析。

_StackFrame 在其构造函数中定义了栈帧需要存贮的信息，其中需要注意的是属性 warpMode，它是一种执行模式，在线程中有一个 warpTimer 属性与其对应。构造函数代码如下：

```
constructor (warpMode) {
    // 堆栈的这一层是否是个循环
    this.isLoop = false;
    // 是否处于 warp 模式
    this.warpMode = warpMode;
    // 刚执行的块的报告值
    this.justReported = null;
    // 等待 promise 的活动代码块
    this.reporting = '';
    // 在异步块中持久报告的输入
    this.reported = null;
    // 等待报告的名字
    this.waitingReporter = null;
    // 过程参数
    this.params = null;
    // 传递给块实现的执行上下文
    this.executionContext = null;
}
```

除了构造函数，类中还提供了栈帧的创建、重复利用、释放及属性重置函数，这些函数都比较简单，这里就不再详细分析了。

在 Thread 中定义了线程的 5 种状态，其中，STATUS_RUNNING 是线程的默认状态，初始化后或者正在运行的线程都处于这个状态，则线程从一个代码块到下一个代码块能正常执行；当原语等待 promise 的时候进程处于 STATUS_PROMISE_WAIT 状态，此时线程的执行暂停，直到 promise 更改线程的状态。STATUS_YIELD 表示产出状态；STATUS_YIELD_TICK 表示单周期产出状态。STATUS_DONE 代表线程已经完成，当没有要执行的代码块时线程处于这个状态。

Thread 的构造函数定义了线程执行需要的字段值，比如线程的头部代码块、线程的堆栈、线程的栈帧等。代码如下：

```
constructor (firstBlock) {
    // 线程头部块的 ID
    this.topBlock = firstBlock;
    // 线程的堆栈，当定序器进入控制结构时，块被推到栈中
    this.stack = [];
    // 线程的栈帧，存贮正在执行线程的元数据
    this.stackFrames = [];
    // 线程的状态
    this.status = 0;
    // 线程在执行期间是否被杀掉
    this.isKilled = false;
    // 线程所属目标
    this.target = null;
    // 线程将要执行的块容器
    this.blockContainer = null;
    // 是否要求发光
    this.requestScriptGlowInFrame = false;
    // 当前帧需要发光的块 ID
    this.blockGlowInFrame = null;
    // 线程进入 warp 模式的计时器
    this.warpTimer = null;
    // 刚执行块的报告数据
    this.justReported = null;
}
```

除了构造函数之外，Thread 中还定义了很多其他方法，大致可以分为栈操作、栈帧操作、参数处理三大类。

其中，函数 getParam 的主要作用是尽量在栈帧的底层获取参数。在函数执行过程中，从栈帧的底部往上查找，如果当前栈帧没有参数属性，继续向上一层查找，如果栈帧有参数属性且有要查找的参数，则直接返回参数值，如果栈帧有参数属性但是没有要查找的参数，则直接返回 null，不再继续往上查找。函数代码如下：

```
getParam (paramName) {
    // 从栈帧的底部往上查询
    for (let i = this.stackFrames.length - 1; i >= 0; i--) {
        // 获取栈帧
        const frame = this.stackFrames[i];
```

```
    // 当前栈帧没有参数，继续向上一层查找
    if (frame.params === null) {
        continue;
    }
    // 查找到所需参数
    if (frame.params.hasOwnProperty(paramName)) {
        // 循环退出，函数返回参数值
        return frame.params[paramName];
    }
    // 如果当前栈帧有参数属性，但是没有要找的参数，则循环退出，函数返回 null
    return null;
}
// 如果在 for 循环内没能返回值，返回 null
return null;
}
```

> 💡注意：for 循环是包裹在函数内部的，所以循环体中的 return 会直接跳出循环返回函数的最终结果。

（17）variable.js：定义了类 Variable，以表示 Scratch 的变量对象。该类由构造函数、变量转换成 XML 的工具函数，以及变量类型的定义三部分组成。变量有标量、列表 list、广播消息 broadcast_msg 三种类型。

其中，构造函数接收四个参数，第一个参数 id 代表变量的唯一 ID，如果不给这个参数传值，函数内部会默认生成一个唯一 ID，第二个参数 name 表示变量名，第三个参数 type 表示变量的类型，构造函数会针对不同的变量类型初始化为不同的值，最后一个参数 isCloud 表示当前变量是否存储在云端。代码如下：

```
constructor (id, name, type, isCloud) {
    // 变量 ID，如果没有，则生成一个唯一 ID
    this.id = id || uid();
    // 变量名
    this.name = name;
    // 变量类型
    this.type = type;
    // 是否是云变量
    this.isCloud = isCloud;
    switch (this.type) {
        // 标量类型
        case Variable.SCALAR_TYPE:
            // 值设置为 0
            this.value = 0;
            break;
        // 列表类型
        case Variable.LIST_TYPE:
            // 初始化为空数组
            this.value = [];
            break;
        // 广播消息类型
```

```
            case Variable.BROADCAST_MESSAGE_TYPE:
                // 变量的值为变量名
                this.value = this.name;
                break;
            default:
                // 抛出错误，无效的变量类型
                throw new Error(`Invalid variable type: ${this.type}`);
        }
    }
```

3.3.5　serialization 模块：序列化与反序列化

在 Scratch-vm 中，序列化与反序列化主要针对 3 种对象：SB2、SB3 及资源。其中资源的序列化是将资源转化为文件描述符，资源的反序列化是将资源从文件转化到缓存中，以备运行时加载。而 SB2 与 SB3 的序列化与反序列化，是针对 JSON 与虚拟机运行时所需要的数据结构之间的转换。

接下来我们将以下面 3 个核心文件为例进行源码分析，其中包括 sb3.js、deserialize-assets.js 及 serialize-assets.js 文件。关于 SB2 的部分内容，读者可以根据需要自行分析，这里就不做讲解了。

（1）serialize-assets.js：对外提供了两个序列化方法，分别对声音资源和造型资源实施序列化操作。其中 serializeSounds 是将所提供的运行时中的所有声音序列化为一个文件描述符数组，如果提供了目标 ID，则将指定目标中的所有声音序列化为一个文件描述符数组。其中文件描述符是一个对象，包含要写入的文件的名称及文件的内容，文件内容即序列化后的声音。代码如下：

```
const serializeSounds = function (runtime, optTargetId) {
    // 调用资源序列化方法，传入声音类型
    return serializeAssets(runtime, 'sounds', optTargetId);
};
```

serializeCostumes 是将提供的运行时中的所有造型序列化为一个文件描述符数组。如果提供了可选参数目标 ID，则是将指定目标中的所有造型序列化为一个文件描述符数组。文件描述符是一个对象，包含要写入的文件的名称及文件的内容，文件内容即序列化后的造型。代码如下：

```
const serializeCostumes = function (runtime, optTargetId) {
    // 调用资源序列化方法，传入造型类型
    return serializeAssets(runtime, 'costumes', optTargetId);
};
```

声音和造型的序列化都使用了共同的方法 serializeAssets，它接收三个参数，runtime 代表要序列化的资源所属的运行时，assetType 表示资源的类型，最后一个参数 optTargetId 是一个可选的目标 ID，函数的返回值是一个数组，数组的每一个元素是一个资源的文件描述符。代码如下：

```
const serializeAssets = function (runtime, assetType, optTargetId) {
    // 如果没提供 optTargetId，就是针对运行时中的所有目标序列化
    const targets = optTargetId ? [runtime.getTargetById(optTargetId)] :
runtime.targets;
    // 资源描述符数组
    const assetDescs = [];
    // 循环遍历所有目标
    for (let i = 0; i < targets.length; i++) {
        const currTarget = targets[i];
        // 获取当前目标的所有 assetType 类型的资源
        const currAssets = currTarget.sprite[assetType];
        // 循环遍历资源
        for (let j = 0; j < currAssets.length; j++) {
            const currAsset = currAssets[j];
            const asset = currAsset.asset;
            // 生成一个资源描述符
            assetDescs.push({ fileName: `${asset.assetId}.${asset.dataFormat}`,
                fileContent: asset.data});
        }
    }
    // 返回资源描述符
    return assetDescs;
};
```

注意：以上代码中的 currTarget.sprite[assetType]是 sprite 的取值函数，用于获取 sprite 中所有 assetType 类型的资源。

（2）deserialize-assets.js：资源的反序列化是资源序列化的反操作，用于把资源从文件反序列化到缓存存储中，以备运行时加载。该文件共提供了两个方法，分别用于反序列化声音资源和造型资源。

声音反序列化函数 deserializeSound 的第一个参数 sound 是 sb3 文件中声音的描述符，第二个参数 runtime 为要使用此声音资源的运行时，第三个参数 zip 指包含由 sound 描述的声音文件的 zip 包，最后一个参数 assetFileName 是给定资源的文件名，函数的返回值是一个 Promise，要么是所反序列化的声音资源已存储到运行时的缓存中，要么是执行过程中发生了错误。

deserializeSound 函数的整体执行流程是：首先查找声音文件，然后把声音文件转化成 uint8array 格式，最后把声音数据写入缓存中，代码如下：

```
const deserializeSound = function (sound, runtime, zip, assetFileName) {
    // 如果没有提供资源名，就取声音描述符的 MD5 值作为文件名
    const fileName = assetFileName ? assetFileName : sound.md5;
    // 获取 Scratch-storage 实例
    const storage = runtime.storage;
    if (!storage) {
        // 没有找到附加到运行时上的存储模块
```

```
        log.error('No storage module present; cannot load sound asset: ',
    fileName);
        // 返回 null
        return Promise.resolve(null);
    }
    // 如果没有提供 zip, 则返回 null
    if (!zip) {
        return Promise.resolve(null);
    }
    // 读取声音文件
    let soundFile = zip.file(fileName);
    if (!soundFile) {
        // 定义文件正则表达式
        const fileMatch = new RegExp(`^([^/]*/)?${fileName}$`);
        // 在文件的平面列表或文件夹中查找, 使用第一个匹配的文件
        soundFile = zip.file(fileMatch)[0];
    }
    if (!soundFile) {
        // 没有读取到声音文件 1
        log.error(`Could not find sound file associated with the ${sound.
    name} sound.`);
        // 返回 null
        return Promise.resolve(null);
    }
    if (!JSZip.support.uint8array) {
        // 当前浏览器不支持 JSZip uint8array
        log.error('JSZip uint8array is not supported in this browser.');
        // 返回 null
        return Promise.resolve(null);
    }
    // 设置数据格式
    const dataFormat = sound.dataFormat.toLowerCase() === 'mp3' ?
        storage.DataFormat.MP3 : storage.DataFormat.WAV;

    // 把声音数据存储到 Scratch-storage 中
    return soundFile.async('uint8array').then(data => storage.createAsset(
        storage.AssetType.Sound,
        dataFormat,
        data,
        null,
        true
    ))
    // 声音反序列化成功
    .then(asset => {
        sound.asset = asset;
        sound.assetId = asset.assetId;
        sound.md5 = `${asset.assetId}.${asset.dataFormat}`;
    });
};
```

反序列化造型函数为 deserializeCostume, 它接收五个参数, 第一个参数 costume 指 sb3 文件中造型的描述符, 第二个参数 runtime 为要使用此造型资源的运行时, 第三个参数 zip

是包含由 costume 描述的造型文件的 zip 包，第四个参数 assetFileName 是给定资源的文件名，最后一个参数 textLayerFileName 代表给定资源的文本层文件名。函数的返回值是一个 Promise，要么是所反序列化的造型资源已存储到运行时的缓存中，要么是执行过程中发生了错误。函数代码如下：

```
const deserializeCostume = function (costume, runtime, zip, assetFileName,
    textLayerFileName) {

    // 获取 Scratch-storage 实例
    const storage = runtime.storage;
    // 造型资源 ID
    const assetId = costume.assetId;
    // 文件名
    const fileName = assetFileName ? assetFileName : `${assetId}.${costume.
dataFormat}`;
    // 没有找到存储模块
    if (!storage) {
        // 运行时还没有附加 Scratch-storage 实例
        log.error('No storage module present; cannot load costume asset: ',
fileName);
        // 返回 null
        return Promise.resolve(null);
    }
    // 如果造型的 asset 非空，直接对其存储
    if (costume.asset) {
        // 通过 Scratch-storage 创建资源
        return Promise.resolve(storage.createAsset(
            costume.asset.assetType,
            costume.asset.dataFormat,
            new Uint8Array(Object.keys(costume.asset.data).map(key => costume.
                asset. data[key])),
            null,
            true
        )).then(asset => {
            costume.asset = asset;
            costume.assetId = asset.assetId;
            costume.md5 = `${asset.assetId}.${asset.dataFormat}`;
        });
    }
    // zip 为空
    if (!zip) {
        return Promise.resolve(null);
    }
    // 读取造型文件
    let costumeFile = zip.file(fileName);
    if (!costumeFile) {
        // 定义文件的正则表达式
        const fileMatch = new RegExp(`^([^/]*/)?${fileName}$`);
        // 在文件的平面列表或文件夹中查找，使用第一个匹配的文件
        costumeFile = zip.file(fileMatch)[0];
    }
```

```
        // 没有读取到造型文件
        if (!costumeFile) {
            log.error(`Could not find costume file associated with the ${costume.
                name} costume.`);

            // 返回 null
            return Promise.resolve(null);
        }
        // 设置资源类型
        let assetType = null;
        const costumeFormat = costume.dataFormat.toLowerCase();
        if (costumeFormat === 'svg') {
            assetType = storage.AssetType.ImageVector;
        } else if (['png', 'bmp', 'jpeg', 'jpg', 'gif'].indexOf(costumeFormat)
>= 0) {
            assetType = storage.AssetType.ImageBitmap;
        } else {
            // 造型只能是 svg 或者图片类型，其他类型将抛出错误
            log.error(`Unexpected file format for costume: ${costumeFormat}`);
        }
        if (!JSZip.support.uint8array) {
            // 当前浏览器不支持 JSZip uint8array
            log.error('JSZip uint8array is not supported in this browser.');
            // 返回 null
            return Promise.resolve(null);
        }
        // 处理文本层
        let textLayerFilePromise;
        // 如果造型有文本层
        if (costume.textLayerMD5) {
            // 查找文本层文件
            const textLayerFile = zip.file(textLayerFileName);
            if (!textLayerFile) {
                // 没有找到文本层文件
                log.error(`Could not find text layer file associated with the
                    ${costume.name} costume.`);

                // 返回 null
                return Promise.resolve(null);
            }
            // 把文件转化成 uint8array
            textLayerFilePromise = textLayerFile.async('uint8array')
                // 为其创建 Scratch-storage 文件
                .then(data => storage.createAsset(
                    storage.AssetType.ImageBitmap,
                    'png',
                    data,
                    costume.textLayerMD5
                ))
                .then(asset => {
                    costume.textLayerAsset = asset;
                });
        } else {
```

```
            textLayerFilePromise = Promise.resolve(null);
        }
        // 等待造型文件和文本层文件处理完毕
        return Promise.all([textLayerFilePromise,
            costumeFile.async('uint8array')
                .then(data => storage.createAsset(
                    assetType,
                    costumeFormat,
                    data,
                    null,
                    true
                ))
                .then(asset => {
                    costume.asset = asset;
                    costume.assetId = asset.assetId;
                    costume.md5 = `${asset.assetId}.${asset.dataFormat}`;
                })
        ]);
    };
```

注意：从以上代码可以看出，造型的反序列化与声音反序列化流程大致一样，只是多了文本层的处理。

（3）sb3.js：用于 SB3 的序列化和反序列化。其中有两个核心方法 serialize 和 deserialize，接下来将对其进行详细分析。

serialize 方法用于对一个指定的虚拟机运行时进行序列化，它接收两个参数，第一个参数 runtime 代表要序列化的运行时，第二个参数 targetId 为可选参数，指示只对运行时中的这一个目标进行序列化操作。serialize 最终返回一个对象，这个对象就代表序列化后的 Scratch-vm 运行时实例。

serialize 在执行过程中，首先创建一个序列化结果对象和一个扩展 ID 集合，然后获取待序列化的所有目标，其中不包括克隆的目标，然后对目标进行 JSON 扁平化处理。如果当前运行时已经绑定了 Scratch-render 渲染引擎，并且当前序列化操作不是针对一个单独的目标进行的，则为每个目标增加一个图层顺序属性。接下来对目标进行序列化、对监控器进行序列化及组装元数据等。代码如下：

```
const serialize = function (runtime, targetId) {
    // 创建一个空对象，用于存储序列化结果
    const obj = Object.create(null);
    // 创建一个扩展集合，用于存储扩展 ID
    const extensions = new Set();
    // 获取待序列化的目标
    const originalTargetsToSerialize = targetId ?
        [runtime.getTargetById(targetId)] : runtime.targets.filter(target
=> target.isOriginal);

    // 获取图层顺序
    const layerOrdering = getSimplifiedLayerOrdering(originalTargetsTo
```

```
Serialize);
    // 获取扁平化的目标
    const flattenedOriginalTargets = originalTargetsToSerialize.map(t =>
t.toJSON());

    // If the renderer is attached, and we're serializing a whole project
(not a sprite)
    // add a temporary layerOrder property to each target.
    // 为每个目标增加图层顺序属性
    if (runtime.renderer && !targetId) {
        flattenedOriginalTargets.forEach((t, index) => {
            t.layerOrder = layerOrdering[index];
        });
    }
    // 序列化目标
    const serializedTargets = flattenedOriginalTargets.map(t => serialize
        Target(t, extensions));

    // 返回第一个结果
    if (targetId) {
        return serializedTargets[0];
    }
    // 赋值目标序列化结果
    obj.targets = serializedTargets;
    // 序列化监控器
    obj.monitors = serializeMonitors(runtime.getMonitorState());
    // 组装扩展列表
    obj.extensions = Array.from(extensions);
    // 组装元数据
    const meta = Object.create(null);
    meta.semver = '3.0.0';
    meta.vm = vmPackage.version;
    // 为元数据附加用户代理
    meta.agent = 'none';
    if (typeof navigator !== 'undefined') meta.agent = navigator.userAgent;
    // 赋值元数据
    obj.meta = meta;
    // 返回序列化结果对象
    return obj;
};
```

与序列化相对应的就是反序列化，函数 deserialize 用于反序列化虚拟机运行时的指定表示形式，并将其加载到所提供的运行时实例中。

deserialize 函数一共接收四个参数，第一个参数 json 为虚拟机运行时的 JSON 表示，第二个参数 runtime 代表运行时，第三个参数 zip 为一个描述工程的 SB3 文件，最后一个参数 isSingleSprite 用于表示反序列是针对一个单独的精灵还是真个工程进行的，函数最终返回一个反序列化后的目标列表。

deserialize 函数在执行过程中，首先对目标以 layerOrder 进行排序，然后顺序执行以下操作：解析目标中的资源、解析 Scratch 对象、替换变量的 ID 为 XML 安全版本，以及反序列化监控器等操作。代码如下：

```
const deserialize = function (json, runtime, zip, isSingleSprite) {
    // 扩展对象
    const extensions = {
        extensionIDs: new Set(),
        extensionURLs: new Map()
    };
    // 记录目标的当前顺序，并以 layerOrder 排序
    const targetObjects = ((isSingleSprite ? [json] : json.targets) || [])
        .map((t, i) => Object.assign(t, {targetPaneOrder: i}))
        .sort((a, b) => a.layerOrder - b.layerOrder);

    // 获取监控器对象
    const monitorObjects = json.monitors || [];
    // 解析目标中的资源
    return Promise.resolve(
        targetObjects.map(target =>
            // 解析 Scratch 资源
            parseScratchAssets(target, runtime, zip))
    )
        .then(assets => Promise.resolve(assets))
        .then(assets => Promise.all(targetObjects
            .map((target, index) =>
                // 解析 Scratch 对象
                parseScratchObject(target, runtime, extensions, zip, assets
[index]))))
        .then(targets => targets
            // 为序列化后的对象增加 layerOrder 属性
            .map((t, i) => {
                t.layerOrder = i;
                return t;
            })
            // 把目标重新排序为之前的顺序
            .sort((a, b) => a.targetPaneOrder - b.targetPaneOrder)
            .map(t => {
                // 删除临时排序属性 targetPaneOrder
                delete t.targetPaneOrder;
                return t;
            }))
        // 替换变量 ID 为安全版本
        .then(targets => replaceUnsafeCharsInVariableIds(targets))
        .then(targets => {
            // 反序列化监控器
            monitorObjects.map(monitorDesc => deserializeMonitor(monitorDesc,
                runtime, targets, extensions));

            return targets;
        })
        .then(targets => ({
            targets,
            extensions
        }));
};
```

💬**注意**：以上代码中基于 layerOrder 对目标对象进行排序，是为了能够按照图层的顺序创建渲染图。

3.3.6　sprite 模块：精灵的渲染

在 Scratch-vm 中只有两种类型的目标：精灵和舞台。接下来本节将针对目标的渲染进行深入分析，其中涉及以下两个文件：

（1）rendered-target.js：定义了渲染目标类 RenderedTarget，继承自 Target 类，它可以表示一个精灵、精灵的克隆或者舞台的渲染实例。类中包括：目标的大小、方向、位置等的设定，精灵皮肤的增加、删除、重命名，声音的增加、删除、重命名，以及精灵信息的获取和序列化等。

接下来我们从构造函数 constructor 开始分析，它接收两个参数，第一个参数 sprite 为渲染的精灵引用，第二个参数 runtime 为 Scratch-vm 的运行时，函数内引用了 Scratch-render 的实例。代码如下：

```
constructor (sprite, runtime) {
    // 调用父类 Target
    super(runtime, sprite.blocks);
    // 渲染的精灵
    this.sprite = sprite;
    // Scratch-render 渲染引擎实例
    this.renderer = null;
    if (this.runtime) {
        this.renderer = this.runtime.renderer;
    }
    // 渲染目标的可绘制体 ID
    this.drawableID = null;
    // 渲染目标的拖曳状态
    this.dragging = false;
    // 当前图像效果值的映射
    this.effects = {
        color: 0,
        fisheye: 0,
        whirl: 0,
        pixelate: 0,
        mosaic: 0,
        brightness: 0,
        ghost: 0
    };
    // 是否是原始目标，不是克隆体
    this.isOriginal = true;
    // 渲染目标是否是舞台
    this.isStage = false;
    // x 坐标值
    this.x = 0;
```

```
    // y 坐标值
    this.y = 0;
    // 方向值
    this.direction = 90,
    // 渲染目标是否可拖曳
    this.draggable = false;
    // 是否可见
    this.visible = true;
    // 渲染目标的大小占造型大小的百分比
    this.size = 100;
    // 当前选中的造型索引值
    this.currentCostume = 0;
    // 当前渲染风格
    this.rotationStyle = RenderedTarget.ROTATION_STYLE_ALL_AROUND;
    // 声音大小的百分比
    this.volume = 100;
    // 节拍值（用于音乐扩展）
    this.tempo = 60;
    // 视频的透明度（用于有摄像机输入的扩展）
    this.videoTransparency = 50;
    // 视频输入的状态，默认为 ON
    this.videoState = RenderedTarget.VIDEO_STATE.ON;
    // 语音合成的语言，在 text2speech 扩展中
    this.textToSpeechLanguage = null;
}
```

另外一个有代表性的函数是 updateAllDrawableProperties，用于更新可绘制体的所有属性，其中包括方向、范围、可见性和位置等。其中涉及渲染引擎 Scratch-render 的内容，在下面的章节中将详细讨论。函数代码如下：

```
updateAllDrawableProperties () {
    // 有渲染引擎 Scratch-render 实例
    if (this.renderer) {
        // 获取方向和范围
        const {direction, scale} = this._getRenderedDirectionAndScale();
        // 更新位置
        this.renderer.updateDrawablePosition(this.drawableID, [this.x, this.y]);
        // 更新方向和范围
        this.renderer.updateDrawableDirectionScale(this.drawableID, direction,
scale);
        // 更新可见性
        this.renderer.updateDrawableVisible(this.drawableID, this.visible);
        // 当前皮肤
        const costume = this.getCostumes()[this.currentCostume];
        // 位图分别率
        const bitmapResolution = costume.bitmapResolution || 2;
        // 更新旋转中心
        this.renderer.updateDrawableSkinIdRotationCenter(this.drawableID,
            costume.skinId,
            [
                costume.rotationCenterX / bitmapResolution,
```

```
                costume.rotationCenterY / bitmapResolution
            ]
        );
        // 循环所有效果
        for (const effectName in this.effects) {
            if (!this.effects.hasOwnProperty(effectName)) continue;
            // 更新效果值
            this.renderer.updateDrawableEffect(this.drawableID, effectName,
                this.effects[effectName]);
        }
        // 渲染目标可见
        if (this.visible) {
            // 触发事件
            this.emit(RenderedTarget.EVENT_TARGET_VISUAL_CHANGE, this);
            // 告诉运行时请求重画
            this.runtime.requestRedraw();
        }
    }
    // 请求目标更新
    this.runtime.requestTargetsUpdate(this);
}
```

（2）sprite.js：定义了类 Sprite，用以表示 Scratch 舞台上的精灵，可以通过 createClone 为精灵创建克隆体，但是所有克隆的代码块、造型、变量及声音等都是共享的。与此不同的是，利用 duplicate 函数复制出来的精灵是一个全新的精灵，它的代码块、造型和声音资源都是重新生成的，并且每个代码块的 ID 都进行了改变，同时精灵的名字也做了全局防重处理。代码如下：

```
duplicate () {
    // 初始化一个新的精灵
    const newSprite = new Sprite(null, this.runtime);
    // 获取当前精灵的块容器
    const blocksContainer = this.blocks._blocks;
    // 原始的代码块
    const originalBlocks = Object.keys(blocksContainer).map(key => blocks
Container[key]);
    // 复制的代码块
    const copiedBlocks = JSON.parse(JSON.stringify(originalBlocks));
    // 更新复制代码块的 ID
    newBlockIds(copiedBlocks);
    //将复制的代码块循环插入新精灵的块容器中
    copiedBlocks.forEach(block => {
        newSprite.blocks.createBlock(block);
    });
    // 获取当前运行时所有目标的精灵名字
    const allNames = this.runtime.targets.map(t => t.sprite.name);
    // 为新精灵取一个未被使用的名字
    newSprite.name = StringUtil.unusedName(this.name, allNames);
    const assetPromises = [];
    // 为新精灵加载造型
    newSprite.costumes = this.costumes_.map(costume => {
```

```
        const newCostume = Object.assign({}, costume);
        assetPromises.push(loadCostumeFromAsset(newCostume, this.runtime));
        return newCostume;
    });
    // 为新精灵加载声音
    newSprite.sounds = this.sounds.map(sound => {
        const newSound = Object.assign({}, sound);
        const soundAsset = sound.asset;
        assetPromises.push(loadSoundFromAsset(newSound, soundAsset,
            this.runtime, newSprite.soundBank));
        return newSound;
    });
    // 异步返回新精灵
    return Promise.all(assetPromises).then(() => newSprite);
}
```

3.4　小　　结

　　通过本章的学习，我们已经知道 Scratch-vm 在整个 Scratch 技术生态中所起的是承上启下的作用，它是一个用于表示、运行和维护使用 Scratch-blocks 编写的计算机程序状态的库，通过与 Scratch-blocks 的结合，可以创建一种高度动态的可交互式编程环境，它把用 Scratch-blocks 代码块编写的程序解析为虚拟机状态，通过状态控制舞台区域的渲染，可以侦听到代码区的变化，更新内部状态。其中的核心模块包括运行时、线程池、定序器、目标、变量、适配器及序列化等。

第 4 章　Scratch-render：
渲染引擎源码分析

在 Scratch 技术生态中，Scratch-render 作为渲染引擎，负责整个舞台区域的绘制工作，它依附于 Scratch-vm 虚拟机实例，将虚拟机中的状态信息以图像的形式展现在舞台上。作为 Scratch 3.0 渲染引擎，它是基于 WebGL 技术实现的，其中使用了着色器、纹理等专业术语，所以阅读本章前需要提前了解一下相关知识。本章将详细探讨 Scratch-render 并对其源码进行深入分析。

本章涉及的主要内容如下：

- Scratch-render 渲染技术概述，对 Scratch-render 及其相关渲染技术进行介绍。
- Scratch-render 执行流程，梳理 Scratch-render 的代码结构与执行流程。
- twgl.js，讲解 twgl.js 技术及其内部的关键函数。
- Scratch-render 源码分析：以图的绘制过程为主线分析相关函数的源码。

注意：WebGL 和 twgl.js 技术不作为本书重点介绍的内容，如想深入理解，可以参考其他相关资料。

4.1　Scratch-render 渲染技术概述

Scratch-render 是基于 WebGL 的 Scratch 3.0 渲染引擎，负责整个舞台区域的绘制工作，与 Scratch-gui 和 Scratch-vm 有着密切的联系，它在 Scratch-gui 中被实例化并附加到了 Scratch-vm 的 VM 实例上。本节将对 Scratch-render 及相关的渲染技术进行介绍，其中包括 WebGL、canvas 和 twgl 等。

4.1.1　WebGL 概述

WebGL（Web Graphics Library）是一种 3D 绘图技术，这种绘图技术标准允许把

JavaScript 和 OpenGL ES 2.0 结合在一起,通过增加 OpenGL ES 2.0 的一个 JavaScript 绑定,可以为 HTML 5 Canvas 提供硬件 3D 加速渲染。从此,Web 开发人员可以借助系统显卡,在浏览器里更流畅地展示 3D 场景和模型,还能创建复杂的导航和数据视觉。这样,WebGL技术标准免去了开发网页专用渲染插件的麻烦。

WebGL 可被用于创建具有复杂 3D 结构的网站页面,还可以用来设计 3D 网页游戏等。但是其 API 使用起来比较烦琐,开发效率并不高,由此催生了一些封装库,比如 three.js和 twgl.js 等。

4.1.2　canvas 概述

canvas 标签是 HTML 5 新增的功能,它是一个可以通过 JavaScript 脚本在其中绘制图像的 HTML 元素,是一个具有宽高属性的矩形可绘制区域。另外,canvas 是逐个像素进行渲染的,在 canvas 中,一旦图像被绘制完成,它就不会继续得到浏览器的关注,如果其位置发生了变化,那么整个场景也需要重新绘制,包括任何或许已被图像覆盖的对象。Scratch-gui 的舞台就是一个 canvas 元素。

4.1.3　twgl.js 概述

使用过 WebGL API 的开发者应该都有这样的感受,WebGL 是一个非常冗长的 API,其中设置着色器、缓冲区、属性和 uniforms 都需要非常多的代码。比如,在 WebGL 中实现一个简单的发光立方体就需要超过 60 个 WebGL 的调用,对开发人员非常不友好,这也是 twgl.js 诞生的主要原因。

twgl.js 实现了对 WebGL 的简单封装,使 WebGL 的 API 更简洁、易懂,它的核心仅由 6 个函数组成,除此之外就是一些帮助函数及底层函数,使用起来更加便捷和高效,实现同样的功能,而代码量有了明显下降。

4.1.4　Scratch-render 概述

在 Scratch-gui 中,舞台区域的绘制是由 Scratch-render 全程接管的,它是基于 WebGL的 tscratch 3.0 渲染引擎,负责把 Scratch-vm 中的状态最终绘制成一个 canvas 标签展示在舞台上。Scratch-render 在 Scratch 生态中起着至关重要的作用,项目中既使用了 twgl.js 库提供的高级 API,也用到了 WebGL 的底层 API,对它们不太熟悉的读者可以参考一些相关资料,以便更好地理解 Scratch-render 的核心内容。

4.2　Scratch-render 代码结构与流程

快速了解一个项目的最好方法就是先熟悉其目录结构，然后根据目录归纳出该项目共分为几个模块，以及各个模块所承担的职责，最后把各个模块之间的关系梳理清楚，这样就基本掌握了项目的主线。相比于其他项目，Scatch-render 的项目结构相对比较简单，源代码量也不是非常大，流程也比较清晰。

4.2.1　Scratch-render 代码结构

本节将对 Scratch-render 项目的目录结构进行全面介绍。鉴于项目中的很多文件（如 package.json、package-lock.json、webpack.config.js 等）和目录（如 dis、node_modules、test 等）与 Scratch-vm 和 Scratch-blocks 是非常类似的，因此本节只针对项目的 src 文件夹进行目录结构的讲解，如果读者对其他没有讲解的部分不太熟悉，请参考 Scratch-vm 或者 Scratch-blocks 目录结构讲解部分。

通过对本节的学习，读者可以做到熟悉代码的整体结构，以及每一部分代码的职责，为接下来的源码分析打下基础。src 源码的目录结构如下：

- playground：此文件夹里有两个样例页面。在项目的根目录下分别执行命令 npm install 和 npm run start，成功后打开浏览器访问页面 http://0.0.0.0:8361/playground/index.html 和 http://0.0.0.0:8361/playground/queryPlayground.html，就可以看到页面效果，在后面的案例分析章节将详细介绍。
- shaders：着色器文件夹，其中有两个文件 sprite.frag 和 sprite.vert，都被文件 Shader-Manager.js 所引用。
- util：工具类文件夹，其中包括 canvas-measurement-provider.js、log.js 和 text-wrapper.js 这 3 个工具类文件。
- .eslintrc.js：Eslint 代码检查规则配置文件。
- bitmapSkin.js：创建一个新的位图皮肤。
- drawable.js：一个可由渲染器绘制的对象。
- effectTransform.js：一个实用工具，可以转换一个纹理坐标到另一个纹理坐标上，表示着色器如何应用效果。
- index.js：整个项目的最外层导出文件，以供 NPM 和 Node.js 使用。
- PenSkin.js：创建一个皮肤，实现一个 Scratch 画笔层。
- Rectangle.js：用于创建和比较轴向对齐的矩形实用程序。
- RenderConstants.js：用于整个渲染器的各种常量。

- RenderWebGL.js：Scratch-render 最核心的文件，项目对外导出的也是此文件，源码分析部分将重点讲解此文件。
- ShaderManager.js：着色器管理器。
- Silhouette.js：一种皮肤轮廓的表示，可以测试皮肤上的一个点是否在其绘制的地方呈现一个像素。
- Skin.js：创建一个皮肤，它可以存储和生成纹理用于渲染。
- SVGSkin.js：SVG 皮肤类。
- TextBubbleSkin.js：文本气泡皮肤类。

🔔注意：RenderWebGL.js 是 Scratch-render 的最核心部分，本章源码分析部分将以它为切入点进行分析。

4.2.2　Scratch-render 代码流程

Scratch-render 的实例化是在 Scratch-gui 项目的"舞台类"构造函数中进行的，该函数定义在 stage.jsx 文件中。首先创建一个 canvas 元素，然后将其传递到 Scratch-render 的构造函数中创建实例，接着将其实例附加到 Scratch-vm 上，最后在 Scratch-gui 项目中就可以通过 VM 实例访问渲染引擎了。代码如下：

```
// 文件头部引入 Scratch-render 渲染引擎
import Renderer from 'scratch-render';

// Stage 的构造函数
constructor (props) {
......
    // 创建 canvas 元素
    this.canvas = document.createElement('canvas');
    // 实例化 scratch-render
    this.renderer = new Renderer(this.canvas);
    // 将 renderer 实例附加到 scratch-vm 上
    this.props.vm.attachRenderer(this.renderer);
......
}
```

Scratch-render 的实例其实是附加到了 VM 的运行时 runtime 上，因为在 VM 的 attach-Renderer 方法中，除了调用 runtime 的同名方法外，没有进行其他操作。代码如下：

```
// virtual-machine.js
attachRenderer (renderer) {
    // 调用运行时的同名方法
    this.runtime.attachRenderer(renderer);
}

// runtime.js
```

```
attachRenderer (renderer) {
    // 把渲染器赋值给 runtime
    this.renderer = renderer;
    // 设置渲染器的图层组顺序
    this.renderer.setLayerGroupOrdering(StageLayering.LAYER_GROUPS);
}
```

细心的读者可能会有这样的疑问：既然渲染器附在了运行时上，就应该通过 this.runtime.renderer 来访问，那为什么是通过虚拟机实例 this.vm.renderer 访问呢？其实是因为在 virtual-machine.js 中定义了渲染器取值函数，其返回的就是运行时的渲染器实例。代码如下：

```
// 取值函数
get renderer () {
    return this.runtime && this.runtime.renderer;
}
```

通过 Scratch-vm 的 start 函数启动虚拟机之后，其实就是启动了运行时，在运行时的 start 函数中，会周期性地调用_step 函数，在此函数内部会调用渲染器的 draw 方法，进而对舞台进行绘制。相关代码如下：

```
// virtual-machine.js
start () {
    this.runtime.start();
}

// runtime.js
start () {
    // 虚拟机已经开始运行
    if (this._steppingInterval) return;
    // 运行时执行线程的时间间隔
    let interval = Runtime.THREAD_STEP_INTERVAL;
    if (this.compatibilityMode) {
        interval = Runtime.THREAD_STEP_INTERVAL_COMPATIBILITY;
    }
    this.currentStepTime = interval;
    // 周期调用_step()
    this._steppingInterval = setInterval(() => {
        this._step();
    }, interval);
    this.emit(Runtime.RUNTIME_STARTED);
}

// runtime.js
_step () {
......
    if (this.renderer) {
        if (this.profiler !== null) {
            if (rendererDrawProfilerId === -1) {
                rendererDrawProfilerId = this.profiler.idByName('Render
WebGL.draw');
            }
```

```
        this.profiler.start(rendererDrawProfilerId);
    }
    // 启动渲染器绘制
    this.renderer.draw();
    if (this.profiler !== null) {
        this.profiler.stop();
    }
}
......
}
```

Scratch-render 的渲染函数 draw 是渲染舞台的入口函数，用于绘制当前所有的绘图，并在 canvas 上显示画面。其中会调用_drawThese 函数来绘制_drawList 中的所有可绘制体。关键代码如下：

```
draw () {
    ......
    // 根据图片 ID 绘制图片
    this._drawThese(this._drawList, ShaderManager.DRAW_MODE.default,
        this._projection);
    ......

}
```

那么渲染器所需的渲染列表_drawList 又是如何生成的呢？这就需要从虚拟机加载工程文件开始说起。在 Scratch-vm 项目中，文件 virtual-machine.js 中的 loadProject 函数用于加载一个 Scratch 工程，在加载的过程中，通过调用函数 deserializeProject 对工程文件进行反序列化操作。

在工程反序列化函数 deserializeProject 中，会根据工程版本的不同，调用相应的反序列化方法。这里以 Scratch 3.0 为例讲解，调用 sb3.js 下的反序列化方法 deserialize，关键代码如下：

```
// virtual-machine.js
loadProject (input) {
    ......
    return validationPromise
        // 反序列化工程
        .then(validatedInput => this.deserializeProject(validatedInput[0],
validatedInput[1]))
    ......
}

// virtual-machine.js
deserializeProject (projectJSON, zip) {
    ......
    const deserializePromise = function () {
        // 获取版本
        const projectVersion = projectJSON.projectVersion;
        if (projectVersion === 2) {
            const sb2 = require('./serialization/sb2');
            return sb2.deserialize(projectJSON, runtime, false, zip);
```

```
        }
        // scratch 3.0
        if (projectVersion === 3) {
            // 加载 sb3.js
            const sb3 = require('./serialization/sb3');
            // 序列化
            return sb3.deserialize(projectJSON, runtime, zip);
        }
        return Promise.reject('Unable to verify Scratch Project version.');
    };
    ......
}
```

在 deserialize 函数的反序列化过程中，通过解析函数 parseScratchAssets 解析每一个 scratch 对象的资源，并加载这些资源，其中包括 costume 造型资源及声音资源。关键代码如下：

```
// sb3.js
const deserialize = function (json, runtime, zip, isSingleSprite) {
    ......
    targetObjects.map(target =>
        // 解析单个 Scratch 对象的资源，并加载它们
        parseScratchAssets(target, runtime, zip))
    ......

    map((target, index) =>
        // 解析 Scratch 对象
        parseScratchObject(target, runtime, extensions, zip, assets[index]))
    ......
}

// sb3.js
const parseScratchAssets = function (object, runtime, zip) {
    ......
    return deserializeCostume(costume, runtime, zip)
        .then(() => loadCostume(costumeMd5Ext, costume, runtime));
    ......

    return deserializeSound(sound, runtime, zip)
        .then(() => loadSound(sound, runtime, assets.soundBank));
    ......
}
```

在加载造型资源的时候，调用的是 load-costume.js 文件中的 loadCostume 函数，函数在执行过程中会通过 loadCostumeFromAsset 异步地从资源中初始化造型，其中会根据造型类型的不同调用函数 loadVector_加载矢量图，调用函数 loadBitmap_加载位图。整个过程的核心代码如下：

```
// load-costume.js
const loadCostume = function (md5ext, costume, runtime, optVersion) {
    ......
    // 异步地从资源初始化造型
```

```
            return loadCostumeFromAsset(costume, runtime, optVersion);
            ......
    }

    // load-costume.js
    const loadCostumeFromAsset = function (costume, runtime, optVersion) {
        ......
        if (costume.asset.assetType.runtimeFormat ===
            AssetType.ImageVector.runtimeFormat) {
            // 加载矢量图
            return loadVector_(costume, runtime, rotationCenter, optVersion)
                .catch(error => {
                    // 加载失败，使用默认资源
                    costume.assetId = runtime.storage.defaultAssetId.ImageVector;
                    costume.asset = runtime.storage.get(costume.assetId);
                    costume.md5 = `${costume.assetId}.
                        ${AssetType.ImageVector.runtimeFormat}`;

                    // 加载默认矢量图
                    return loadVector_(costume, runtime);
                });
        }
        // 加载位图
        return loadBitmap_(costume, runtime, rotationCenter, optVersion);
    }
```

在加载矢量图函数 loadVector_ 中，用到了 Scratch-render 渲染器，通过渲染器的 create-SVGSkin 创建一个 SVG 皮肤，如果没有旋转中心，则通过 getSkinRotationCenter 获取当前皮肤的旋转中心。代码如下：

```
    const loadVector_ = function (costume, runtime, rotationCenter, optVersion) {
        ......
        // 创建一个 SVG 皮肤
        costume.skinId = runtime.renderer.createSVGSkin(svgString, rotation
    Center);
        // 获取皮肤的大小
        costume.size = runtime.renderer.getSkinSize(costume.skinId);
        if (!rotationCenter) {
            // 获取当前皮肤的边框中心
            rotationCenter = runtime.renderer.getSkinRotationCenter(costume.
    skinId);
            costume.rotationCenterX = rotationCenter[0];
            costume.rotationCenterY = rotationCenter[1];
            costume.bitmapResolution = 1;
        }
        ......
    }
```

与加载矢量图类似，在加载位图的函数 loadBitmap_ 中，通过渲染器的 createBitmapSkin 函数创建一个位图皮肤，如果没有旋转中心，则调用渲染器的 getSkinRotationCenter 函数获取旋转中心。代码如下：

```
const loadBitmap_ = function (costume, runtime, _rotationCenter) {
    // 创建位图皮肤
    costume.skinId = runtime.renderer.createBitmapSkin(canvas,
        costume.bitmapResolution, rotationCenter);

    canvasPool.release(mergeCanvas);
    // 获取皮肤的大小
    const renderSize = runtime.renderer.getSkinSize(costume.skinId);
    // 实际大小，因为所有位图的分辨率都是 2
    costume.size = [renderSize[0] * 2, renderSize[1] * 2];
    if (!rotationCenter) {
        // 获取当前皮肤的边框中心
        rotationCenter = runtime.renderer.getSkinRotationCenter(costume.
skinId);
        // 为实际的旋转中心坐标设置坐标，并设置位图的分辨率为 2
        costume.rotationCenterX = rotationCenter[0] * 2;
        costume.rotationCenterY = rotationCenter[1] * 2;
        costume.bitmapResolution = 2;
    }
}
```

在加载声音资源的时候，需要调用 load-sound.js 中的 loadSound 函数，将声音资源异步加载到内存中，函数内通过 loadSoundFromAsset 从资源异步初始化一个声音，整个过程没有 Scratch-render 的参与。关键代码如下：

```
// load-sound.js
const loadSound = function (sound, runtime, soundBank) {
    ......
    return (
        (sound.asset && Promise.resolve(sound.asset)) ||
        runtime.storage.load(runtime.storage.AssetType.Sound, md5, ext)
    ).then(soundAsset => {
        sound.asset = soundAsset;
        // 从资源异步初始化一个声音
        return loadSoundFromAsset(sound, soundAsset, runtime, soundBank);
    });
    ......
};


// load-sound.js
const loadSoundFromAsset = function (sound, soundAsset, runtime, soundBank) {
    sound.assetId = soundAsset.assetId;
    if (!runtime.audioEngine) {
        // 没有音频引擎，不能加载声音资源
        return Promise.resolve(sound);
    }
    return runtime.audioEngine.decodeSoundPlayer(Object.assign(
        {},
        sound,
```

```
        {data: soundAsset.data}
    )).then(soundPlayer => {
        sound.soundId = soundPlayer.id;
        const soundBuffer = soundPlayer.buffer;
        sound.rate = soundBuffer.sampleRate;
        sound.sampleCount = soundBuffer.length;
        if (soundBank !== null) {
            soundBank.addSoundPlayer(soundPlayer);
        }
        return sound;
    });
};
```

deserialize 在解析完所有的资源之后，再通过函数 parseScratchObject 解析每一个 Scratch 对象，同时创建它的所有内存 VM 对象，进而生成渲染目标。然后通过调用文件 sprite.js 中的函数 createClone，创建克隆并从 JSON 中加载其运行状态。在创建克隆函数中，会实例化一个 RenderedTarget，并调用它的初始化方法 initDrawable 来创建一个可绘制体。关键代码如下：

```
// sb3.js
const parseScratchObject = function (object, runtime, extensions, zip,
assets) {
    ......
    // 创建克隆体
    const target = sprite.createClone(object.isStage ?
        StageLayering.BACKGROUND_LAYER : StageLayering.SPRITE_LAYER);
    ......
}

// sprite.js
createClone (optLayerGroup) {
    // 实例化 RenderedTarget
    const newClone = new RenderedTarget(this, this.runtime);
    ......
    if (newClone.isOriginal) {
        // 如果没有提供 optLayerGroup，则默认为 sprite 层组
        const layerGroup = typeof optLayerGroup === 'string' ?
            optLayerGroup : StageLayering.SPRITE_LAYER;

        // 初始化可绘制体
        newClone.initDrawable(layerGroup);
        ......
    }
    ......
}
```

函数 initDrawable 定义在 rendered-target.js 文件中，在函数执行中，首先调用渲染器的 createDrawable 函数创建一个可绘制体，此函数是由 scratch-render 项目的 RenderWebGL. js 文件定义的。

函数 createDrawable 用于创建一个新的可绘制体，并将其添加到场景中。在函数的执行过程中会生成一个可绘制体 ID，同时用此 ID 实例化一个可绘制体，然后调用_addToDraw-List 将新创建的可绘制体的 ID 插入_drawList 中，进而供渲染器的 draw 函数使用。关键代码如下：

```
// rendered-target.js
initDrawable (layerGroup) {
    ......
    if (this.renderer) {
        // 创建可绘制体
        this.drawableID = this.renderer.createDrawable(layerGroup);
    }
    ......
}

// RenderWebGL.js
createDrawable (group) {
    ......
    // 生成可绘制体的 ID
    const drawableID = this._nextDrawableId++;
    // 实例化一个可绘制体
    const drawable = new Drawable(drawableID);
    ......
    // 将可绘制体的 ID 插入_drawList 中
    this._addToDrawList(drawableID, group);
    ......
}

// RenderWebGL.js
_addToDrawList (drawableID, group) {
    ......
    // 插入渲染器的_drawList 中
    this._drawList.splice(drawListOffset, 0,
drawableID);
    ......
}
```

通过以上分析，可以大体归纳 Scratch-render 的执行过程，以及它在整个 Scratch 生态中所处的位置。Scratch-render 是在 Scratch-gui 项目中被实例化的，然后被附加于 Scratch-vm 虚拟机实例上，虚拟机会维护一个可绘制列表，随着虚拟机的启动，渲染器依照可绘制列表周期性地绘制舞台。

流程图可以分成两部分，一部分是 Scratch-render 的执行流程，另一部分是可绘制体列表的生成过程，分别如图 4.1 和 4.2 所示。

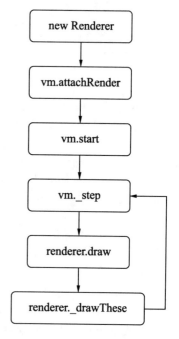

图 4.1　执行流程

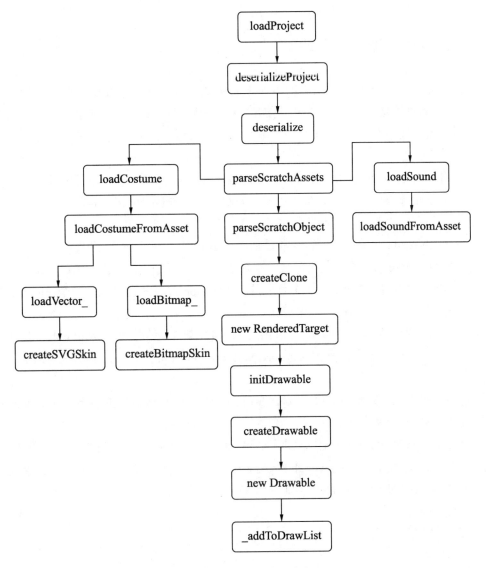

图 4.2　可绘制体生成流程

4.3　Scratch-render 核心代码分析

Scratch-render 是一个基于 WebGL 的 Scratch 3.0 渲染引擎，负责把 Scratch-vm 中的状态渲染到舞台区域，最终生成一个舞台 canvas。由于源码中使用的 WebGL 类库是 twgl.js，因此了解 twgl.js 是分析 scratch-render 源码的前提和基础。接下来本节的源码分析部分将从介绍 twgl.js 开始。

4.3.1 twgl.js 关键函数介绍

twgl.js 是一个微型的 WebGL 助手库，它实现了对 WebGL API 的简单封装。这个 JavaScript 库的目的是让 WebGL API 更加简洁、易读。WebGL 的 API 非常冗长，设置着色器、缓冲器、属性及 uniforms 都需要编写大量的代码，然而通过 twgl.js 可以大大减少代码的书写量。

本节将针对 Scratch-render 用到的一些关键函数及 v3 和 m4 模块进行简单介绍，有兴趣的读者可以对源码进行详细分析。由于 WebGL 不是本书的讲解内容，因此本节不会对 twgl.js 深入分析，读者可以参阅其他书籍。

在 Scratch-render 源码中，我们经常看到以 twgl.v3 开头的函数调用，比如 twgl.v3.create 等。它其实就是 twgl.js 的 v3 模块，是一个数学类库，模块内定义了一些有关 3 个元素向量的数学运算函数，向量可以是一个普通的 JavaScript 数组，也可以是一个 Float32Array 类型化数组。

m4 与 v3 类似，也是一个数学类库，用于 4×4 矩阵的运算，比如 twgl.m4.multiply 等。矩阵可以是一个包含 16 个元素的普通 JavaScript 数组，也可以是一个 Float32Array 类型化数组。

除了 v3 和 m4 连个数学模块，Scratch-render 还用到了 twgl.js 的以下几个关键函数，下面对它们进行分析和介绍。

（1）Twgl.getWebGLContext：获取一个 WebGL1 上下文，考虑到兼容不同的浏览器，在获取上下文的过程中，尝试 webgl 和 experimental-webgl 两个名字。上下文对象提供了用于在画布上绘图的方法和属性。代码如下：

```
// 获取 WebGL 上下文
function getWebGLContext(canvas, opt_attribs) {
    const gl = create3DContext(canvas, opt_attribs);
    return gl;
}
// 创建 3D 上下文
function create3DContext(canvas, opt_attribs) {
    const names = ["webgl", "experimental-webgl"];
    let context = null;
    // 兼容不同的浏览器
    for (let ii = 0; ii < names.length; ++ii) {
        // 获取上下文
        context = canvas.getContext(names[ii], opt_attribs);
        if (context) {
            if (defaults.addExtensionsToContext) {
                addExtensionsToContext(context);
            }
            break;
```

```
        }
    }
    return context;
}
```

（2）twgl.createTexture：创建一个纹理，第一个参数 gl 是 WebGL 上下文，options 是一个纹理配置对象，最后一个参数 callback 是一个回调函数，当一个图像已下载并上传到纹理之后调用。代码如下：

```
function createTexture(gl, options, callback) {
    callback = callback || noop;
    options = options || defaults.textureOptions;
    // 创建一个可以被任何图像绑定的纹理
    const tex = gl.createTexture();
    const target = options.target || TEXTURE_2D;
    let width = options.width || 1;
    let height = options.height || 1;
    const internalFormat = options.internalFormat || RGBA;
    // 将纹理绑定到目标
    gl.bindTexture(target, tex);
    // 目标是立方体映射纹理
    if (target === TEXTURE_CUBE_MAP) {
        // 这应该是 cubemaps 的默认设置
        gl.texParameteri(target, TEXTURE_WRAP_S, CLAMP_TO_EDGE);
        gl.texParameteri(target, TEXTURE_WRAP_T, CLAMP_TO_EDGE);
    }
    let src = options.src;
    if (src) {
        if (typeof src === "function") {
            src = src(gl, options);
        }
        if (typeof (src) === "string") {
            // 按' options.src '中的指定从 URL 加载图像的纹理
            loadTextureFromUrl(gl, tex, options, callback);
        } else if (isArrayBuffer(src) ||
            (Array.isArray(src) && (
            typeof src[0] === 'number' ||
            Array.isArray(src[0]) ||
            isArrayBuffer(src[0]))
        )
        ) {
            // 从数组或类型化数组设置纹理
            const dimensions = setTextureFromArray(gl, tex, src, options);
            width = dimensions.width;
            height = dimensions.height;
        } else if (Array.isArray(src) && (typeof (src[0]) === 'string' ||
            isTexImageSource(src[0]))) {
            if (target === TEXTURE_CUBE_MAP) {
                // 从 options.src 中指定的 6 个 URL 或 TexImageSources 中加载 cubemap
                loadCubemapFromUrls(gl, tex, options, callback);
            } else {
                // 按照 options.src 中的指定从 URL 或 TexImageSources 中
                // 加载 2D 数组或 3D 纹理
```

```
                        loadSlicesFromUrls(gl, tex, options, callback);
                }
        } else if (isTexImageSource(src)) {
                // 从元素的内容设置纹理
                setTextureFromElement(gl, tex, src, options);
                width = src.width;
                height = src.height;
        } else {
                // 不支持的 src 类型
                throw "unsupported src type";
        }
    } else {
        // 设置没有内容的纹理
        setEmptyTexture(gl, tex, options);
    }
    if (shouldAutomaticallySetTextureFilteringForSize(options)) {
            setTextureFilteringForSize(gl, tex, options, width, height,
internalFormat);
    }
    // 设置纹理参数
    setTextureParameters(gl, tex, options);
    return tex;
}
```

（3）twgl.setTextureParameters：用于为一个纹理设置纹理参数。该函数接收三个参数，其中 gl 为 WebGL 上下文，tex 是一个将要为其设置参数的纹理，最后一个参数 options 代表纹理设置对象，其中带有你想要设置的任何参数，它通常与创建纹理时传递的设置选项是相同的。代码如下：

```
function setTextureParameters(gl, tex, options) {
    const target = options.target || TEXTURE_2D;
    // 将纹理绑定到目标
    gl.bindTexture(target, tex);
    // 设置纹理的参数
    setTextureSamplerParameters(gl, target, gl.texParameteri, options);
}
// 设置纹理或采样器的参数
function setTextureSamplerParameters(gl, target, parameteriFn, options) {
    if (options.minMag) {
        // 纹理缩小滤波器
        parameteriFn.call(gl, target, TEXTURE_MIN_FILTER, options.minMag);
        // 纹理放大滤波器
        parameteriFn.call(gl, target, TEXTURE_MAG_FILTER, options.minMag);
    }
    if (options.min) {
        parameteriFn.call(gl, target, TEXTURE_MIN_FILTER, options.min);
    }
    if (options.mag) {
        parameteriFn.call(gl, target, TEXTURE_MAG_FILTER, options.mag);
    }
    if (options.wrap) {
        // 纹理坐标水平填充 s
```

```
        parameteriFn.call(gl, target, TEXTURE_WRAP_S, options.wrap);
        // 纹理坐标垂直填充 t
        parameteriFn.call(gl, target, TEXTURE_WRAP_T, options.wrap);
        if (target === TEXTURE_3D || helper.isSampler(gl, target)) {
            // 纹理坐标 r 包装功能
            parameteriFn.call(gl, target, TEXTURE_WRAP_R, options.wrap);
        }
    }
    if (options.wrapR) {
        parameteriFn.call(gl, target, TEXTURE_WRAP_R, options.wrapR);
    }
    if (options.wrapS) {
        parameteriFn.call(gl, target, TEXTURE_WRAP_S, options.wrapS);
    }
    if (options.wrapT) {
        parameteriFn.call(gl, target, TEXTURE_WRAP_T, options.wrapT);
    }
    if (options.minLod) {
        // 纹理最小细节层次值
        parameteriFn.call(gl, target, TEXTURE_MIN_LOD, options.minLod);
    }
    if (options.maxLod) {
        // 纹理最大细节层次值
        parameteriFn.call(gl, target, TEXTURE_MAX_LOD, options.maxLod);
    }
    if (options.baseLevel) {
        // 纹理映射等级
        parameteriFn.call(gl, target, TEXTURE_BASE_LEVEL, options.baseLevel);
    }
    if (options.maxLevel) {
        // 纹理最大映射等级
        parameteriFn.call(gl, target, TEXTURE_MAX_LEVEL, options.maxLevel);
    }
}
```

（4）twgl.drawBufferInfo：可以根据数据的实际情况自行选择调用函数，在一般情况下，开发者需要手动调用函数 gl.drawElements 或者 gl.drawArrays。但是如果使用了函数 drawBufferInfo，就意味着当从索引数据切换到非索引数据时，开发者不需要再记得更新 draw 调用。代码如下：

```
function drawBufferInfo(gl, bufferInfo, type, count, offset, instanceCount) {
    type = type === undefined ? TRIANGLES : type;
    const indices = bufferInfo.indices;
    const elementType = bufferInfo.elementType;
    const numElements = count === undefined ? bufferInfo.numElements : count;
    offset = offset === undefined ? 0 : offset;
    if (elementType || indices) {
        if (instanceCount !== undefined) {
            // 从数组渲染图元，并执行实例
            gl.drawElementsInstanced(type, numElements, elementType ===
            undefined ? UNSIGNED_SHORT : bufferInfo.elementType, offset,
            instanceCount);
        } else {
```

```
                // 从数组渲染图元
                gl.drawElements(type, numElements, elementType === undefined ?
                    UNSIGNED_SHORT : bufferInfo.elementType, offset);
            }
    } else {
        if (instanceCount !== undefined) {
            // 从向量数组中绘制图元，并执行实例
            gl.drawArraysInstanced(type, offset, numElements, instanceCount);
        } else {
            // 从向量数组中绘制图元
            gl.drawArrays(type, offset, numElements);
        }
    }
}
```

（5）twgl.createBufferInfoFromArrays：用于从数组对象创建一个 BufferInfo。该函数的第一个参数 gl 为 WebGL 上下文，第二个参数 array 代表数据，最后一个参数 srcBufferInfo 为一个现有的起始缓冲信息。需要注意的是，arrays 中的内容将对 srcBufferInfo 中的内容实施覆盖。代码如下：

```
function createBufferInfoFromArrays(gl, arrays, srcBufferInfo) {
    // 从数组集创建一组属性数据和 WebGLBuffers
    const newAttribs = createAttribsFromArrays(gl, arrays);
    // 以 srcBufferInfo 为基础创建一个 bufferInfo 对象
    const bufferInfo = Object.assign({}, srcBufferInfo ? srcBufferInfo : {});
    // 创建属性数据
    bufferInfo.attribs = Object.assign({}, srcBufferInfo ? srcBufferInfo.
attribs : {}, newAttribs);
    const indices = arrays.indices;
    if (indices) {
        // 创建类型化数组
        const newIndices = makeTypedArray(indices, "indices");
        // 从给定的类型化数组创建一个 WebGLBuffer，并将该类型化数组复制到其中
        bufferInfo.indices = createBufferFromTypedArray(gl, newIndices,
            ELEMENT_ARRAY_BUFFER);
        bufferInfo.numElements = newIndices.length;
        // 获取给定 GL 类型的类型化数组构造函数
        bufferInfo.elementType = typedArrays.getGLTypeForTypedArray(newIndices);
    } else if (!bufferInfo.numElements) {
        bufferInfo.numElements = getNumElementsFromAttributes(gl, bufferInfo.
attribs);
    }
    // 返回创建的 bufferInfo
    return bufferInfo;
}
```

（6）twgl.setBuffersAndAttributes：用于设置属性和缓冲区。该函数的第一个参数 gl 为 WebGL 上下文，第二个参数 programInfo 是一个从 twgl.createProgramInfo 返回的 ProgramInfo 或从 twgl.createAttributeSetters 返回的属性设置器，最后一个参数 buffers 是一个从 twgl.createBufferInfoFromArrays 返回的 BufferInfo。代码如下：

```
function setBuffersAndAttributes(gl, programInfo, buffers) {
    if (buffers.vertexArrayObject) {
        // 将 vertexArrayObject 绑定到缓冲区
        gl.bindVertexArray(buffers.vertexArrayObject);
    } else {
        // 设置属性和绑定缓冲区
        setAttributes(programInfo.attribSetters || programInfo, buffers.
attribs);
        if (buffers.indices) {
            // 将缓存区绑定到目标
            gl.bindBuffer(ELEMENT_ARRAY_BUFFER, buffers.indices);
        }
    }
}
```

（7）twgl.setUniforms：用于设置 uniforms 及绑定相关的纹理。该函数的第一个参数 setters 是一个从 twgl.createProgramInfo 返回的 ProgramInfo 或者从 twgl.createUniformSetters 返回的设置器，第二个参数 values 是一个带有 uniforms 值的对象。代码如下：

```
function setUniforms(setters, values) {
    const actualSetters = setters.uniformSetters || setters;
    const numArgs = arguments.length;
    for (let aNdx = 1; aNdx < numArgs; ++aNdx) {
        const values = arguments[aNdx];
        if (Array.isArray(values)) {
            const numValues = values.length;
            for (let ii = 0; ii < numValues; ++ii) {
                // 递归调用
                setUniforms(actualSetters, values[ii]);
            }
        } else {
            for (const name in values) {
                const setter = actualSetters[name];
                if (setter) {
                    setter(values[name]);
                }
            }
        }
    }
}
```

（8）twgl.createProgramInfo：用于创建一个 ProgramInfo。该函数接收五个参数，其中 gl 是 WebGL 上下文，shaderSources 为着色器的源数组，第一个是定点着色器，第二个为片段着色器。opt_attribs 是一个 program 或属性名称数组或错误回调的选项，opt_locations 是一个 opt_attribs 的并行数组，允许你分配位置或错误回调，opt_errorCallback 是一个错误回调，默认情况下，它只是在出错时向控制台打印一个错误。如果你想要别的东西，需要传递一个回调。代码如下：

```
function createProgramInfo(
    gl, shaderSources, opt_attribs, opt_locations, opt_errorCallback) {
    // 获取程序选项
```

```
    const progOptions = getProgramOptions(opt_attribs, opt_locations,
opt_errorCallback);
    let good = true;
    shaderSources = shaderSources.map(function(source) {
        // 如果没有\n，就是一个 ID
        if (source.indexOf("\n") < 0) {
            // 通过 ID 获得元素
            const script = getElementById(source);
            if (!script) {
                // 没有此 ID 的元素
                progOptions.errorCallback("no element with id: " + source);
                good = false;
            } else {
                source = script.text;
            }
        }
        return source;
    });
    if (!good) {
        return null;
    }
    // 从两个源创建一个程序
    const program = createProgramFromSources(gl, shaderSources, progOptions);
    if (!program) {
        return null;
    }
    // 从现有程序创建程序信息
    return createProgramInfoFromProgram(gl, program);
}
```

（9）twgl.bindFramebufferInfo：用于绑定一个 framebuffer，它同时具有将 framebuffer 绑定到目标和设置视口的功能。代码如下：

```
function bindFramebufferInfo(gl, framebufferInfo, target) {
    target = target || FRAMEBUFFER;
    if (framebufferInfo) {
        // 将 framebuffer 绑定到目标
        gl.bindFramebuffer(target, framebufferInfo.framebuffer);
        // 设置视口，即指定从标准设备到窗口坐标的 x、y 放射变换
        gl.viewport(0, 0, framebufferInfo.width, framebufferInfo.height);
    } else {
        gl.bindFramebuffer(target, null);
        gl.viewport(0, 0, gl.drawingBufferWidth, gl.drawingBufferHeight);
    }
}
```

（10）twgl.resizeFramebufferInfo：调整 framebuffer 附件大小的函数。需要注意的是，附件参数 attachments 必须跟创建 framebuffer 时传递给函数 createFramebufferInfo 的保持完全一致。代码如下：

```
function resizeFramebufferInfo(gl, framebufferInfo, attachments, width,
height) {
    width = width || gl.drawingBufferWidth;
```

```
height = height || gl.drawingBufferHeight;
framebufferInfo.width = width;
framebufferInfo.height = height;
attachments = attachments || defaultAttachments;
attachments.forEach(function(attachmentOptions, ndx) {
    const attachment = framebufferInfo.attachments[ndx];
    const format = attachmentOptions.format;
    if (helper.isRenderbuffer(gl, attachment)) {
        // 将 renderbuffer 绑定到目标
        gl.bindRenderbuffer(RENDERBUFFER, attachment);
        // 创建和初始化一个渲染缓冲区对象的数据存储
        gl.renderbufferStorage(RENDERBUFFER, format, width, height);
    } else if (helper.isTexture(gl, attachment)) {
        // 调整纹理的大小
        textures.resizeTexture(gl, attachment, attachmentOptions, width,
height);
    } else {
        // 不可识别的附件类型
        throw new Error('unknown attachment type');
    }
});
}
```

4.3.2　RenderWebGL.js：渲染引擎最外层 API 的定义

RenderWebGL.js 是 Scratch-render 项目对外导出的最外层模块，其中定义的 Render-WebGL 类是渲染引擎的基础类，也是最外层 API 提供者。其中引用了位图皮肤、SVG 皮肤、文本气泡皮肤、画笔皮肤、可绘制体、着色管理器、效果转换、矩形工具类及渲染器常量等。

在源码分析之前，我们先从以上各个模块的作用及它们之间的联系说起。其中，皮肤用于创建和存贮渲染时所用的纹理，Skin 是皮肤的基础类，BitmapSkin 是位图皮肤类，其中的纹理内容来源于位图数据。同理，SVG 皮肤类 SVGSkin 中的纹理内容来自于矢量图数据。TextBubbleSkin 作为文本气泡类，定义了一种文本气泡皮肤，PenSkin 是画笔皮肤类，它是一个实现了 scratch 画笔层的皮肤，比前三个皮肤类相对复杂一些，这里不再展开分析。

与皮肤相伴的除了纹理，还有一个轮廓的概念，用于存贮触摸数据，皮肤负责保持它的最新数据。它有一个专门的类 Silhouette，是一种皮肤轮廓的表示，可以测试皮肤上的一个点是否在其绘制的地方呈现一个像素。

可绘制体 Drawable 是一个可以被渲染器绘制的对象，每一个可绘制体都有一个唯一 ID，与可绘制体共存的还有皮肤和着色器，在着色管理器类 ShaderManager 中，定义着各种着色效果。

效果转换类 EffectTransform 是一个工具类，用于将一个纹理坐标准换为另一个纹理坐标，表示着色器是如何应用效果的。

同样，矩形类 Rectangle 也是一个工具类，用于创建和比较轴向对齐的矩形，由于矩形总是被初始化为"最大可能的矩形"，通过使用 Rectangle 中不同的初始化方法可以设置一个特定的矩形。

渲染器常量文件中没有定义类，只是定义了 3 个渲染器通用的常量，ID_NONE 用于"无项"或对象已被释放时的 ID 值；SKIN_SHARE_SOFT_LIMIT 表示共享同一个皮肤的可绘制体个数上限，超过这个数值，可能会导致中间件警告或者性能损失；NativeSize-Changed 是一个事件常量。

上面简单介绍了渲染引擎各个部分的职能，那它们之间又是怎样发生联系的呢？接下来我们将以渲染引擎绘制一个可绘制体为主线，梳理 Scratch-render 的工作流程及各部分之间的联系。

我们可以沿着三条主线进行梳理，第一条主线是创建可绘制体的过程，第二条主线是创建皮肤并与可渲染体发生关联的过程，第三条主线是渲染可绘制体的过程。接下来我们将分别介绍这三条主线。

主线在前面已经介绍过了，最后通过 createDrawable 创建一个新的绘图 drawable，并将其插入绘图列表 _allDrawables 中，与此同时，把绘图的唯一 ID 插入待绘制列表中，等待渲染引擎的绘制。需要注意的是，新创建的绘图其皮肤为空。函数代码如下：

```
createDrawable (group) {
    if (!group || !this._layerGroups.hasOwnProperty(group)) {
        // 没有一个已知的层组，无法创建绘图
        log.warn('Cannot create a drawable without a known layer group');
        return;
    }
    // 创建一个自增的绘图 ID
    const drawableID = this._nextDrawableId++;
    // 创建一个新的绘图
    const drawable = new Drawable(drawableID);
    // 将新创建的绘图插入绘图列表中
    this._allDrawables[drawableID] = drawable;
    // 将新创建的绘图 ID 插入待绘制列表中
    this._addToDrawList(drawableID, group);
    // 可绘制体的皮肤为空
    drawable.skin = null;
    // 返回可绘制体 ID
    return drawableID;
}
```

在创建绘图的时候，首先调用绘图类的构造函数，其中主要进行一些初始化工作，包括模型矩阵、颜色、效果、位置、缩放、方向和位掩码等。在函数的最后，对当前绘图的皮肤更改响应函数进行 this 绑定。

需要注意的是 uniform 这个新概念，它是一种变量类型，可以在顶点着色器与片元着色器中使用，并且必须是全局的。如果在顶点与片源着色器中使用了同名的 uniform 变量，那么就会被两种着色器共享。

除了 uniform 之外，着色器中还有 attribute 和 varying 两种类型的变量，在 Scratch-render 项目的 src/shaders 着色器目录下，大家可以找到定义了以上 3 种类型变量的文件。有关这 3 种类型变量的具体含义和使用方法，这里不做详细讲解，对其有兴趣的读者可以参考 webgl 的其他书目。代码如下：

```
constructor (id) {
    // 绘图 ID
    this._id = id;
    // 其中一些也会被渲染引擎的其他部分使用
    this._uniforms = {
        // 模型矩阵
        u_modelMatrix: twgl.m4.identity(),

        // 在轮廓绘制模式中使用的颜色
        u_silhouetteColor: Drawable.color4fFromID(this._id)
    };
    // 将着色管理器的效果值赋值给_uniforms
    const numEffects = ShaderManager.EFFECTS.length;
    for (let index = 0; index < numEffects; ++index) {
        const effectName = ShaderManager.EFFECTS[index];
        const effectInfo = ShaderManager.EFFECT_INFO[effectName];
        const converter = effectInfo.converter;
        this._uniforms[effectInfo.uniformName] = converter(0);
    }
    // 初始化一些绘图属性
    this._position = twgl.v3.create(0, 0);
    this._scale = twgl.v3.create(100, 100);
    this._direction = 90;
    this._transformDirty = true;
    this._rotationMatrix = twgl.m4.identity();
    this._rotationTransformDirty = true;
    this._rotationAdjusted = twgl.v3.create();
    this._rotationCenterDirty = true;
    this._skinScale = twgl.v3.create(0, 0, 0);
    this._skinScaleDirty = true;
    this._inverseMatrix = twgl.m4.identity();
    this._inverseTransformDirty = true;
    this._visible = true;
    // 初始化位掩码，用以识别当前正在使用的效果
    this.enabledEffects = 0;
    this._convexHullPoints = null;
    this._convexHullDirty = true;
    // 绑定皮肤更改响应函数的 this 值
    this._skinWasAltered = this._skinWasAltered.bind(this);
}
```

创建完新的绘图后，通过_addToDrawList 函数将绘图的 ID 插入绘制列表中，等待渲染引擎的绘制。_addToDrawList 函数的内容比较简单，主要是找到插入位置，然后更新下

偏移量的值，函数代码如下：

```
_addToDrawList (drawableID, group) {
    const currentLayerGroup = this._layerGroups[group];
    const currentGroupOrderingIndex = currentLayerGroup.groupIndex;
    // 给定一个层组，返回它结束的地方的索引
    const drawListOffset = this._endIndexForKnownLayerGroup(currentLayer
Group);
    // 将绘图 id 插入到绘制列表
    this._drawList.splice(drawListOffset, 0, drawableID);
    // 更新偏移值
    this._updateOffsets('add', currentGroupOrderingIndex);
}
```

至此，第一条主线分析完毕，接下来我们梳理第二条主线。首先从造型的添加开始谈起，在 scratch-vm 项目的 virtual-machine.js 中，有一个 addCostume 函数，用于为一个渲染目标增加一个造型。函数代码如下：

```
addCostume (md5ext, costumeObject, optTargetId, optVersion) {
    // 通过 ID 获取渲染目标
    const target = optTargetId ? this.runtime.getTargetById(optTargetId) :
this.editingTarget;
    if (target) {
        // 异步地将造型资源加载到内存中
        return loadCostume(md5ext, costumeObject, this.runtime, optVersion).
then(() => {
            // 为渲染目标增加造型
            target.addCostume(costumeObject);
            // 设置当前造型
            target.setCostume(
                target.getCostumes().length - 1
            );
            this.runtime.emitProjectChanged();
        });
    }
    // 如果通过 ID 没有找到目标，返回一个拒绝的 Promise
    return Promise.reject();
}
```

从以上代码中可以看到，在为渲染目标增加造型的过程中有一个 setCostum 的函数调用，它在 Scratch-vm 的 rendered-target.js 文件中，用于设置当前造型，它是我们分析第二条主线的关键函数。代码如下：

```
// rendered-target.js
setCostume (index) {
    // 保持索引值的有效
    // 进行取整操作
    index = Math.round(index);
    // 正负无穷和 NaN，重置为 0
    if ([Infinity, -Infinity, NaN].includes(index)) index = 0;
    // 保证 index 在一个合理的取值范围内
    this.currentCostume = MathUtil.wrapClamp(
```

```
        index, 0, this.sprite.costumes.length - 1
    );
    if (this.renderer) {
        // 获取要设置的造型
        const costume = this.getCostumes()[this.currentCostume];
        if (
            typeof costume.rotationCenterX !== 'undefined' &&
            typeof costume.rotationCenterY !== 'undefined'
        ) {
            const scale = costume.bitmapResolution || 2;
            const rotationCenter = [
                costume.rotationCenterX / scale,
                costume.rotationCenterY / scale
            ];
            // 更新绘图的皮肤和旋转中心
            this.renderer.updateDrawableSkinIdRotationCenter(this.drawableID,
                costume.skinId, rotationCenter);

        } else {
            // 更新绘图的皮肤
            this.renderer.updateDrawableSkinId(this.drawableID, costume.
skinId);
        }
        // 如果当前渲染目标可见
        if (this.visible) {
            // 触发事件
            this.emit(RenderedTarget.EVENT_TARGET_VISUAL_CHANGE, this);
            // 告诉运行时重新重绘
            this.runtime.requestRedraw();
        }
    }
    // 发出目标更新
    this.runtime.requestTargetsUpdate(this);
}
```

在以上 setCostume 函数体中，根据不同场景情况调用了两个 scratch-render 项目的函数 updateDrawableSkinIdRotationCenter 和 updateDrawableSkinId，这两个函数的前两个调用参数都是 this.drawableID 和 costume.skinId，分别代表绘图 ID 和皮肤 ID，函数内通过 ID 将皮肤赋值给了绘图。从这一刻开始，绘图和皮肤产生了联系。需要注意的是，函数 updateDrawableSkinIdRotationCenter 还对皮肤的旋转中心进行了设置。这两个函数的源码分别如下：

```
// RenderWebGL.js
updateDrawableSkinId (drawableID, skinId) {
    // 获取绘图
    const drawable = this._allDrawables[drawableID];
    if (!drawable) return;
    // 为绘图的皮肤赋值
    drawable.skin = this._allSkins[skinId];
}
```

```
// RenderWebGL.js
updateDrawableSkinIdRotationCenter (drawableID, skinId, rotationCenter) {
    // 获取绘图
    const drawable = this._allDrawables[drawableID];
    if (!drawable) return;
    // 为绘图的皮肤赋值
    drawable.skin = this._allSkins[skinId];
    // 为绘图的皮肤设置旋转中心
    drawable.skin.setRotationCenter(rotationCenter[0], rotationCenter[1]);
}
```

🔔注意：第一条主线中，新增的绘图其皮肤属性为 null。

到目前为止，第二条主线也已梳理完毕，接下来分析第三条主线，即渲染引擎对图形的绘制过程。这个过程也是 scratch-render 最核心的部分，我们首先从绘制函数谈起。

draw 是 scratch-render 的绘制函数，用于绘制当前的所有图形，并将帧显示在 canvas 上。draw 函数首先执行一系列初始化工作，其中包括：强制退出当前区域、获取渲染上下文、设置视口、清空颜色缓存等，然后通过函数_drawThese 对绘图列表进行绘制。draw 函数的代码如下：

```
draw () {
    // 强制退出当前区域
    this._doExitDrawRegion();
    // 获取渲染上下文
    const gl = this._gl;
    // 为上下文绑定一个空的帧缓存
    twgl.bindFramebufferInfo(gl, null);
    // 设置视口
    gl.viewport(0, 0, gl.canvas.width, gl.canvas.height);
    // 设置颜色预设值
    gl.clearColor.apply(gl, this._backgroundColor);
    // 使用预设值清空颜色缓存
    gl.clear(gl.COLOR_BUFFER_BIT);
    // 通过绘图 ID 绘制一组绘图
    this._drawThese(this._drawList, ShaderManager.DRAW_MODE.default,
        this._projection);
    if (this._snapshotCallbacks.length > 0) {
        const snapshot = gl.canvas.toDataURL();
        this._snapshotCallbacks.forEach(cb => cb(snapshot));
        this._snapshotCallbacks = [];
    }
}
```

_drawThese 函数接收四个参数，第一个参数 drawables 为待绘制的绘图 ID 数组，第二个参数 drawMode 代表绘制模式，比如正常绘制、用纯色画一个轮廓等，具体请参考着色器管理器的 DRAW_MODE 属性。第三个参数 projection 是一个要使用的投影矩阵，最后一个参数 opts 是可选参数，其中可以包含过滤器、extraUniforms、位掩码及 ignoreVisibility 忽略可见性标志位。

　　_drawThese 函数在执行过程中，首先获取 WebGL 的上下文，置空当前着色器，然后通过循环对绘图逐个绘制。代码如下：

```
_drawThese (drawables, drawMode, projection, opts = {}) {
    // 获取渲染上下文
    const gl = this._gl;
    let currentShader = null;
    // 绘图的数量
    const numDrawables = drawables.length;
    // 逐个绘制
    for (let drawableIndex = 0; drawableIndex < numDrawables; ++drawable
Index) {
        const drawableID = drawables[drawableIndex];
        // 过滤绘图 ID
        if (opts.filter && !opts.filter(drawableID)) continue;
        // 当前绘图
        const drawable = this._allDrawables[drawableID];
        // 跳过隐藏且没有 ignoreVisibility 标志的绘图
        if (!drawable.getVisible() && !opts.ignoreVisibility) continue;
        // 获取绘图的屏幕空间比例，即绘图的“正常”大小的百分比
        const drawableScale = this._getDrawableScreenSpaceScale(drawable);
        // 跳过没有皮肤，或皮肤没有纹理的绘图
        if (!drawable.skin || !drawable.skin.getTexture(drawableScale))
continue;
        const uniforms = {};
        // 设置位掩码
        let effectBits = drawable.enabledEffects;
        effectBits &= opts.hasOwnProperty('effectMask') ? opts.effectMask :
effectBits;
        // 获取一组特定活动效果的着色器
        const newShader = this._shaderManager.getShader(drawMode,
effectBits);
        // 手动执行区域检测
        if (this._regionId !== newShader) {
            this._doExitDrawRegion();
            this._regionId = newShader;
            currentShader = newShader;
            // 把当前着色器的程序添加到当前的渲染状态中
            gl.useProgram(currentShader.program);
            // 设置缓存和属性
            twgl.setBuffersAndAttributes(gl, currentShader, this._bufferInfo);
            Object.assign(uniforms, {
                u_projectionMatrix: projection
            });
        }
        // 组装 uniforms
        Object.assign(uniforms,
            drawable.skin.getUniforms(drawableScale),
            drawable.getUniforms());

        if (opts.extraUniforms) {
            Object.assign(uniforms, opts.extraUniforms);
```

```
        }
        // 如果 uniforms 中有皮肤
        if (uniforms.u_skin) {
            // 设置纹理参数
            twgl.setTextureParameters(
                gl, uniforms.u_skin, {minMag: drawable.useNearest(drawableScale) ?
                    gl.NEAREST : gl.LINEAR}
            );
        }
        // 设置 unifiorms，并绑定相应的纹理
        twgl.setUniforms(currentShader, uniforms);
        // 绘制图元
        twgl.drawBufferInfo(gl, this._bufferInfo, gl.TRIANGLES);
    }
    // 置空区域 ID
    this._regionId = null;
}
```

我们以一个图形的绘制过程为例进行分析，首先执行一系列的过滤操作，不满足要求的绘图将终止接下来的绘制过程，然后通过位掩码和绘制模式获取当前着色器。函数 getShader 的代码如下：

```
// ShaderManager.js
getShader (drawMode, effectBits) {
    // 获取当前模式下的着色器缓存
    const cache = this._shaderCache[drawMode];
    if (drawMode === ShaderManager.DRAW_MODE.silhouette) {
        effectBits &= ~(ShaderManager.EFFECT_INFO.color.mask |
            ShaderManager.EFFECT_INFO.brightness.mask);
    }
    let shader = cache[effectBits];
    if (!shader) {
        // 如果缓存没有命中，重新构建着色器
        shader = cache[effectBits] = this._buildShader(drawMode, effectBits);
    }
    return shader;
}
```

在获取着色器的过程中，首先试图从缓存中读取，如果缓存没有命中，就需要通过函数 _buildShader 重新构建，将筛选出的 effect 合并到顶点和片段着色器中，传递给 twgl 的函数 createProgramInfo。代码如下：

```
_buildShader (drawMode, effectBits) {
    const numEffects = ShaderManager.EFFECTS.length;
    // 定义着色器文本数组
    const defines = [
        `#define DRAW_MODE_${drawMode}`
    ];
    // 筛选有效的 effect
    for (let index = 0; index < numEffects; ++index) {
        if ((effectBits & (1 << index)) !== 0) {
            defines.push(`#define ENABLE_${ShaderManager.EFFECTS[index]}`);
```

```
        }
    }
    const definesText = `${defines.join('\n')}\n`;
    // 加载顶点着色器
    const vsFullText = definesText + require('raw-loader!./shaders/sprite.
vert');
    // 加载片段着色器
    const fsFullText = definesText + require('raw-loader!./shaders/sprite.
frag');
    // 创建 ProgramInfo
    return twgl.createProgramInfo(this._gl, [vsFullText, fsFullText]);
}
```

在获取到着色器之后，通过 WebGL 的 useProgram 函数将当前着色器的程序添加到当前的渲染状态中，函数的源码就不在这里展示了，有兴趣的读者可以参考官方文档。添加完程序之后，通过 twgl.js 的 setBuffersAndAttributes 函数设置缓存和属性。函数源码请参考上面的 twgl.js 源码分析章节。

接下来就是组装 uniforms 对象的过程，它的来源包括绘图的 _uniforms 属性、皮肤的 _uniforms 属性，也可以来自可选参数 opts 的 extraUniforms 属性。如果 uniforms 对象中有皮肤，通过函数 setTextureParameters 设置纹理参数。

组装完 uniforms 之后，通过 setUniforms 设置 unifiorms，并绑定相应的纹理，之前绘制前的工作已经全部准备完毕，最后通过 twgl.js 的 drawBufferInfo 绘制图元，至此第三条主线分析完毕。

🔖**注意**：着色器是一个非常重要的概念，理解着色器对理解整个渲染过程有非常大的帮助，读者可以自行参考相关资料。

4.4 小 结

本章分别从概述、目录结构、执行流程及源码分析四个层次展开对 Scratch-render 的讲解，在概述中还介绍了 WebGL、canvas 及 twgl 技术，执行流程部分从上游 Scratch-gui 和 Scratch-vm 着手，梳理了渲染引擎从实例化到虚拟机状态周期渲染的整个过程，其中包括：加载工程、反序列化、创建渲染目标、创建绘图、绘制绘图等。在源码分析部分，通过三条主线分析了 Scratch-render 的绘制过程，其中涉及绘图的创建、皮肤的创建及图形的绘制过程。

第5章 Scratch-storage:
资源存储源码分析

在 Scratch 技术生态中,Scratch-storage 作为存储模块负责加载和存储 Scratch 3.0 的工程和资产文件,它提供了两种存储方式:网络存储和内存存储。在加载资源时,这两种存储方式的资源都以一个 Asset 实例的形式返回,从而保证数据结构上的统一。另外 Scratch-storage 还提供了一些声音和图片类型的内置资源文件,它们常驻内存,在加载资源失败的情况下,这些内置资源将被作为默认资源使用。本章将对 Scratch-storage 进行深入讲解,并对其源码进行分析。

本章涉及的主要内容如下:

- Scratch-storage 概述,对 Scratch-storage 的主要功能进行阐述。
- Scratch-storage 代码流程,梳理 Scratch-storage 的代码执行流程。
- Scratch-storage 源码分析,以创建和加载资源为主线分析相关函数的源码。

🔔注意:Scratch-storage 相对于其他 Scratch 项目都要简单很多,相信大家可以快速掌握。

5.1 Scratch-storage 概述

作为 Scratch 3.0 的存储工具,Scratch-storage 承担着工程及资产文件的存储和加载的职责,资源的类型包括矢量图、位图、声音及 JSON。存储方式有网络存储和内存存储两种,其中网络资源又有 3 种不同的获取和发送方式。本节将分别针对以上内容进行详细介绍。

5.1.1 什么是 Scratch-storage

随着 Scratch 3.0 的发展,工程及资产文件的存储变得越来越重要,Scratch-storage 作为存储工具为我们提供了方便可靠的资源存取功能,其对外导出的工具类 ScratchStorage

有创建资源、获取资源、加载和存储网络资源等 API，并且所有类型的资源一律用 Asset 类进行封装，统一了数据结构。

在 Scratch 生态中并没有直接使用 Scratch-storage 提供的 ScratchStorage 类，在 Scratch-gui 项目的 src/lib/storage.js 文件中重新定义了一个新类 Storage，它是基于 ScratchStorage 的扩展类，其中增加了一些内置的默认网络资源，同时还提供了增加官方 Scratch 网络资源仓库的 API。

storage.js 文件对外导出的并不是 Storage 类，而是它的一个实例，并且与 Scratch-render 类似，Scratch-vm 中使用的 Storage 也是在 Scratch-gui 中通过函数 attachStorage 依附到 VM 实例上的。

5.1.2　Scratch-storage 的主要内容

在 Scratch-storage 项目中采取了网络存储和内存存储两种存储方式，每一种存储方式分别对应一个帮助类，分别是网络资源存储类 WebHelp 和内置资源存储类 BuiltinHelper。在网络资源存储类中使用了 3 种网络工具：Fetch、Nets 及 FetchWorker，在网络请求过程中，假设其中一个工具处于不可用状态，可以自动切换到下一个工具，从而保证网络资源的正常存取，这其中涉及一些网络请求的知识。另外针对数据内容，也用到了 MD5 哈希值和编解码。

5.2　Scratch-storage 代码结构与流程

Scratch-storage 的功能逻辑相对比较单一，无非就是创建资源、存储资源及加载资源，因此代码结构比较简单。另外，以实现功能为出发点，就可以很清晰地梳理出整个项目的执行流程，接下来我们将分别介绍。

5.2.1　Scratch-storage 代码结构

Scratch-storage 的代码结构比较简单、清晰，本节将对项目的源码目录 src 进行结构讲解，其余部分与 Scratch 的其他项目比较相似，读者可以参考其他章节的介绍。目录结构如下：

- index.js：项目的根文件，导出项目最外层类 ScratchStorage，以备 NPM 和 Node.js 使用。
- builtins：内置资源文件夹，其中包括一个 PNG 位图，一个 SVG 矢量图，以及一个

WAV 声音文件。

- Asset.js：资产文件，包括资产的数据设置、编码和解码。
- AssetType.js：资产类型文件，其中枚举了支持的资源类型，包括位图、矢量图、工程文件、声音及精灵。
- DataFormat.js：数据格式列表文件，运用在资产类型的 runtimeFormat 字段，表示运行时在内存中存储此类资产的格式，比如一个工程文件在磁盘中被保存为 SB3 格式，当加载在内存中时是以 JSON 格式存在的。
- Helper.js：资产加载和保存的基础类，除了保存 ScratchStorage 的实例，没有其他实质性内容。
- BuiltinHelper.js：内置资源的加载和保存类，继承自 Helper.js，加载的内置资源为 builtins 中的内容，保存在 assets 对象中。
- WebHelper.js：网络资源的加载和保存类，继承自 Helper.js。维护一个资源仓库数组 stores。
- FetchTool.js：网络资源存取工具类，使用标准的网页 API fetch 来获取资源和发送资源到服务器。
- NetsTool.js：网络资源存取工具类，使用第三方 HTTP 客户端 nets 来获取资源和发布资源到服务器。
- FetchWorkerTool.worker.js：基于 fetch 定义的 worker 类，被应用于 FetchWorkerTool.js 中。
- FetchWorkerTool.js：网络资源获取工具类，使用基于 fetch 的 worker 来获取资源和发布资源到服务器上。
- ProxyTool.js：网络资源获取工具的代理类，如果当前工具不支持，自动切换到下一个工具。
- log.js：基于第三方包 minilog 的日志工具。
- ScratchStorage.js：scratch-storage 的核心，提供整个项目最外层的 API 供引用者使用。

5.2.2　Scratch-storage 代码流程

本节分别以内置资源的存取和网络资源的存取为主线，展开 Scratch-storage 的流程梳理。首先从内置资源开始。

我们首先从 Scratch-storage 的实例化开始谈起，在 Scratch-gui 项目中对 ScratchStorage 的扩展类 Storage 进行实例化，在 Storage 的构造函数中调用父类的构造函数。核心源码如下：

```
// storage.js
constructor () {
    // 调用父类构造函数
```

```
    super();
    ......
}

// ScratchStorage.js
constructor () {
    // 默认资源的类型/id 映射
    this.defaultAssetId = {};
    ......
    // 实例化内置资源帮助类
    this.builtinHelper = new BuiltinHelper(this);
    ......
    // 注册默认资源
    this.builtinHelper.registerDefaultAssets(this);
}
```

在 ScratchStorage 的构造函数中，首先实例化内置资源帮助类，然后对默认资源进行注册，我们先从内置资源实例化开始讲解。在 BuiltinHelper 的构造函数中，创建一个存储对象 assets，然后循环调用存储函数 _store 将所有内置资源存储在 assets 中。关键代码如下：

```
// BuiltinHelper.js
constructor (parent) {
    ......
    // 所有内置资源的内存存储
    this.assets = {};
    // 循环存储内置资源
    BuiltinAssets.forEach(assetRecord => {
        // 存储
        assetRecord.id = this._store(assetRecord.type, assetRecord.format,
            assetRecord.data, assetRecord.id);
    });
}
```

_store 函数的主要作用是缓存资源，以便将来通过资源 ID 进行查找。其中，资源的 ID 值是通过计算数据内容的 MD5 得出的，最后将资源以 ID 为键值保存在 assets 对象中。核心代码如下：

```
_store (assetType, dataFormat, data, id) {
    ......
    // 内容的 MD5 哈希值
    id = md5(data)
    ......
    this.assets[id] = {
        type: assetType,
        format: dataFormat,
        id: id,
        data: data
    };
    ......
}
```

到目前为止，所有内置资源都存储到了内存中，然后就是注册默认资源，在注册函数内部通过 setDefaultAssetId 将默认资源的类型和 ID 映射保存在对象 defaultAssetId 中。核心代码如下：

```javascript
// BuiltinHelper.js
registerDefaultAssets () {
    const numAssets = DefaultAssets.length;
    // 遍历所有的默认资源
    for (let assetIndex = 0; assetIndex < numAssets; ++assetIndex) {
        const assetRecord = DefaultAssets[assetIndex];
        // 设置默认资源 ID
        this.parent.setDefaultAssetId(assetRecord.type, assetRecord.id);
    }
}


// ScratchStorage.js
setDefaultAssetId (type, id) {
    // defaultAssetId 中保存着资源类型到资源 ID 的映射关系
    this.defaultAssetId[type.name] = id;
}
```

至此，内置资源的保存及默认资源的注册流程已经梳理完毕，整个执行流程如图 5.1 所示。

那么，内置的默认资源又是怎么加载的呢？这就要从 Scratch-vm 的造型加载谈起。在文件 load-costume.js 的函数 loadCostumeFromAsset 中，如果加载过程中发生了错误，资源没有成功加载，则使用默认资源，首先获取默认资源的 ID，然后调用 get 函数进行加载。关键代码如下：

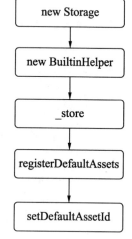

图 5.1　默认资源的保存流程

```javascript
// scratch-vm
const loadCostumeFromAsset = function (costume, runtime, optVersion) {
    ......
    return loadVector_(costume, runtime, rotationCenter, optVersion)
        .catch(error => {
            // 原资源没有加载，使用默认资源
            // 获取默认资源 id
            costume.assetId = runtime.storage.defaultAssetId.ImageVector;
            // 加载默认资源
            costume.asset = runtime.storage.get(costume.assetId);
            ......
            return loadVector_(costume, runtime);
        });
    ......
};

// ScratchStorage.js
get (assetId) {
```

```
        return this.builtinHelper.get(assetId);
}

// BuiltinHelper.js
get (assetId) {
        ......
        if (this.assets.hasOwnProperty(assetId)) {
            // 获取内置资源
            const assetRecord = this.assets[assetId];
            // 实例化一个 Asset 类
            asset = new Asset(assetRecord.type, assetRecord.id, assetRecord.
                format, assetRecord.data);
        }
        // 返回所需资源
        return asset;
}
```

在 ScratchStorage 的 get 函数中调用了 builtinHelper 的 get 函数，在函数内首先通过资源 ID 获取资源对象，然后实例化一个 Asset 类并将其返回，在实例化的过程中对资源进行了设置。核心代码如下：

```
// Asset.js
constructor (assetType, assetId, dataFormat, data, generateId) {
        ......
        this.setData(data, dataFormat || assetType.runtimeFormat, generateId);
        ......
}

//设置数据和资源 ID
setData (data, dataFormat, generateId) {
        ......
        this.dataFormat = dataFormat;
        this.data = data;
        if (generateId) this.assetId = md5(data);
        ......
}
```

以上 Assert 构造函数中调用了 setData 函数，用于为资源实例进行设置，如数据内容、资源类型及资源 ID。至此，默认的内置资源加载流程讲解完毕，其执行流程如图 5.2 所示。

接下来我们开始梳理网络资源存储和加载的整个流程。网络资源的存储需要完成 3 个步骤：网络仓库的创建、网络资源的存储及网络资源的加载。首先从网络资源的创建开始讲起。

我们以增加官方 Scratch 网络仓库为例，在 Scratch-gui 的 gui.jsx 文件中调用 Storage 类的 addOfficialScratchWebStores 方法，其中通过 ScratchStorage 提供的 addWebStore 方法增加

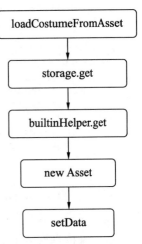

图 5.2　默认资源的加载流程

网络仓库。核心代码如下：

```
// scratch-gui/src/containers/gui.jsx
......
GUI.defaultProps = {
    ......
    // 增加官方的 Scratch 网络仓库
    onStorageInit: storageInstance => storageInstance.addOfficialScratch
WebStores(),
    ......
};
......

// scratch-gui/src/lib/storage.js
addOfficialScratchWebStores () {
    ......
    // 创建网络仓库
    this.addWebStore(
        [this.AssetType.ImageVector, this.AssetType.ImageBitmap, this.
AssetType.Sound],
        this.getAssetGetConfig.bind(this),
        this.getAssetCreateConfig.bind(this),
        this.getAssetCreateConfig.bind(this)
    );
    ......
}
```

在 ScratchStorage 的 addWebStore 函数中，直接调用 WebHelper 的 addStore 方法向 stores 中增加一条新的仓库数据。其中，stores 是 WebHelper 中维护的一个仓库数组。核心代码如下：

```
// scratch-storage/src/ScratchStorage.js
addWebStore (types, getFunction, createFunction, updateFunction) {
    // 增加仓库
    this.webHelper.addStore(types, getFunction, createFunction, updateFunction);
}

// scratch-storage/src/WebHelper.js
addStore (types, getFunction, createFunction, updateFunction) {
    // 向 stores 中增加一个新仓库
    this.stores.push({
        types: types.map(assetType => assetType.name),
        get: getFunction,
        create: createFunction,
        update: updateFunction
    });
}
```

到目前为止，Scratch-storage 的网络资源仓库创建流程已经梳理完毕，其整个流程如图 5.3 所示。

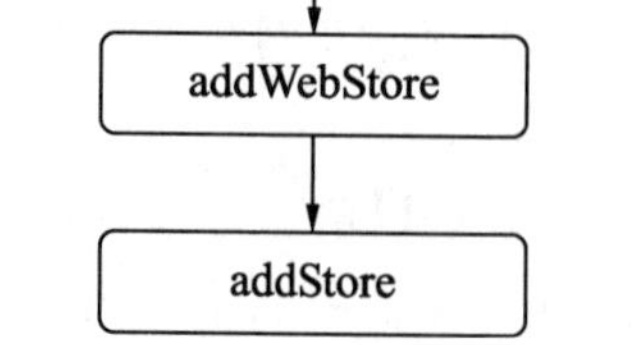

现在来梳理网络资源的创建流程。我们以 Scratch-gui 项目中的"存储工程"为例开始讲起，在文件 project-saver-hoc.js

图 5.3　网络仓库的创建流程

的 storeProject 函数中，通过 scratch-storage 的 store 函数存储资源。核心代码如下：

```
// scratch-gui/src/lib/project-saver-hoc.jsx
storeProject (projectId, requestParams) {
    ......
    return Promise.all(this.props.vm.assets
        .filter(asset => !asset.clean)
        .map(
            // 存储资源
            asset => storage.store(
                asset.assetType,
                asset.dataFormat,
                asset.data,
                asset.assetId
            )
            ......
        )
    )
    ......
}

// scratch-storage/src/ScratchStorage.js
store (assetType, dataFormat, data, assetId) {
    ......
    return new Promise(
        (resolve, reject) =>
            // 网络存储
            this.webHelper.store(assetType, dataFormat, data, assetId)
                .then(body => {
                    // 内置存储
                    this.builtinHelper._store(assetType, dataFormat, data,
body.id);
                    return resolve(body);
                })
                ......
    );
}
```

在 ScratchStorage 的 store 函数中，先把资源通过 webHelper.store 进行网络存储。其中，网络存储是通过网络代理工具的 send 函数把数据保存到服务器上。核心代码如下：

```
store (assetType, dataFormat, data, assetId) {
    ......
    const store = this.stores.filter(s =>
        s.types.indexOf(assetType.name) !== -1 && (
        (create && s.create) || s.update
        )
    )[0];
    const method = create ? 'post' : 'put';
    ......
    // 获取网络上传代理工具
    let tool = this.assetTool;
    if (assetType.name === 'Project') {
```

```
        tool = this.projectTool;
    }
    ......
    // 发送数据到服务器上
    return tool.send(reqBodyConfig)
        .then(body => {
            ......
            return Object.assign({
                id: body['content-name'] || assetId
                }, body);
        });
}
```

在将资源成功保存到服务器上之后，又通过 builtinHelper. _store 把资源保存在内置资源库中，整个流程如图 5.4 所示。

最后一个有待梳理的流程是网络资源的加载。我们以 Scratch-vm 项目中声音资源的加载为例进行流程梳理。在声音加载文件 load-sound.js 中，loadSound 函数用于将声音资源以异步的方式加载到内存中，其中调用了 Scratch-storage 项目的资源加载函数 load。关键代码如下：

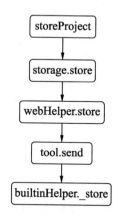

图 5.4　网络资源的存储流程

```
// scratch-vm/src/import/load-sound.js
const loadSound = function (sound, runtime, soundBank) {
    ......
    return (
        (sound.asset && Promise.resolve(sound.asset)) ||
        // 从 Scratch-storage 中加载声音资源
        runtime.storage.load(runtime.storage.AssetType.Sound, md5, ext)
    ).then(soundAsset => {
        sound.asset = soundAsset;
        ......
    });
};
```

在 load 函数中，首先选用内置资源加载方式，加载成功，则函数直接返回，如果加载失败，则采用下一种加载方式，即网络加载方式。加载方式是通过 helperIndex 控制的。关键代码如下：

```
// scratch-storage/src/ScratchStorage.js
Constructor() {
    ......
    // 加载方式的优先级定义
    this._helpers = [
        {
            helper: this.builtinHelper,
            priority: 100
        },
        {
            helper: this.webHelper,
            priority: -100
        }
```

```
        ];
    }
    // 加载资源
    load (assetType, assetId, dataFormat) {
        ......
        const helpers = this._helpers.map(x => x.helper);
        ......
        let helperIndex = 0;
        let helper;
        const tryNextHelper = err => {
            ......
            helper = helpers[helperIndex++];
            if (helper) {
                // 加载资源
                const loading = helper.load(assetType, assetId, dataFormat);
                if (loading === null) {
                    return tryNextHelper();
                }
                return loading
                    .catch(tryNextHelper);
            } else if (errors.length > 0) {
                return Promise.reject(errors);
            }
            ......
        };
        return tryNextHelper();
    }
```

在内置加载方式的 load 函数中调用的是 get 函数，返回一个 Asset 的实例。核心代码如下：

```
// scratch-storage/src/BuiltinHelper.js
load (assetType, assetId) {
    if (!this.get(assetId)) {
        return null;
    }
    // 返回 Asset 实例
    return Promise.resolve(this.get(assetId));
}

get (assetId) {
    let asset = null;
    if (this.assets.hasOwnProperty(assetId)) {
        const assetRecord = this.assets[assetId];
        // 构建 Asset 实例
        asset = new Asset(assetRecord.type, assetRecord.id, assetRecord.
            format, assetRecord.data);
    }
    return asset;
}
```

在网络加载方式中，因为一个 store 可以存储多种类型的资源，所以在 store 函数中，首先过滤出那些满足要求的 store，然后对每个 store 分别尝试加载，直至加载成功或者循

环结束为止。核心代码如下:

```
// scratch-storage/src/WebHelper.js
load (assetType, assetId, dataFormat) {
    ......
    const stores = this.stores.slice()
        .filter(store => store.types.indexOf(assetType.name) >= 0);
    const asset = new Asset(assetType, assetId, dataFormat);
    ......
    let storeIndex = 0;
    const tryNextSource = () => {
        const store = stores[storeIndex++];
        const reqConfigFunction = store.get;
        ......
        // 从网络获取资源
        return tool.get(reqConfig)
            .then(body => asset.setData(body, dataFormat))
            // 尝试下一个 store
            .catch(tryNextSource);

        ......
        return Promise.resolve(null);
    };
    return tryNextSource().then(() => asset);
}
```

至此, 网络资源的加载流程已经梳理清楚, 首先尝试从内置资源中查找, 如果查找失败, 则再去网络上下载, 如图 5.5 所示。

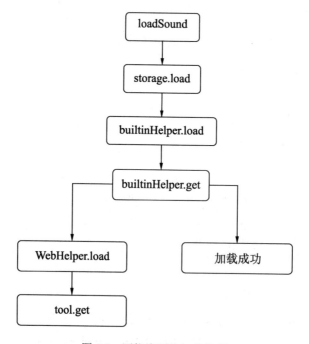

图 5.5　网络资源的加载流程

5.3　Scratch-storage 核心代码分析

在上一节的流程梳理环节，我们已经对部分核心代码进行了大致讲解，鉴于 Scratch-storage 的源码相对简单明了一些，因此在本节核心代码分析部分，只针对上一节没有涉及的 3 种网络工具及代理工具进行源码分析，其中包括：fetchfetch worker、nets 及 proxy。

5.3.1　ProxyTool 模块：网络代理工具

在网络资源存取中，与 WebHelper 直接打交道的是 ProxyTool，它是一个网络代理工具，用其代理的网络工具向服务器发送和请求数据。如果其中一个网络工具不支持，自动切换到下一个。

我们首先从其构造函数说起。在文件 ProxyTool.js 中定义了一个网络工具过滤器，构造函数会根据值为 all 或者 ready 创建不同的网络工具实例，最后保存在 tools 数组中。代码如下：

```
constructor (filter = ProxyTool.TOOL_FILTER.ALL) {
    let tools;
    // 根据过滤器创建不同的工具实例
    if (filter === ProxyTool.TOOL_FILTER.READY) {
        tools = [new FetchTool(), new NetsTool()];
    } else {
        tools = [new FetchWorkerTool(), new FetchTool(), new NetsTool()];
    }
    // 代理的网络工具序列
    this.tools = tools;
}
```

利用 ProxyTool 从服务器获取网络资源是通过 get 函数完成的，该函数内定义了一个闭包函数 nextTool 来访问外部函数定义的索引变量 toolIndex，开始发送请求之前首先判断当前网络工具是否被支持，如果不支持则自动切换到下一个，最终把请求结果返回给 get 函数。代码如下：

```
get (reqConfig) {
    let toolIndex = 0;
    // 闭包函数
    const nextTool = err => {
        const tool = this.tools[toolIndex++];
        if (!tool) {
            throw err;
        }
        // 如果不支持，自动切换到下一个
```

```
        if (!tool.isGetSupported) {
            return nextTool(err);
        }
        // 获取数据
        return tool.get(reqConfig).catch(nextTool);
    };
    // 返回请求结果
    return nextTool();
}
```

利用 ProxyTool 向服务器发送网络资源是通过 send 函数完成的，send 函数的源码与 get 非常相似，只是把 tool.get 变成了 tool.send，在此就不再对其进行详细讲解了，变化的代码如下：

```
send (reqConfig) {
    ......
    const nextTool = err => {
        ......
        // 发送数据
        return tool.send(reqConfig).catch(nextTool);
    };
    ......
}
```

5.3.2　FetchTool 模块：基于 Fetch 的网络工具

FetchTool 是一个基于 Fetch 这个标准的网络 API 封装的工具类，包括环境的支持性检测，从网络服务器请求数据 get 及向网络服务器发送数据 send 的封装。其中，get 和 send 的函数代码如下：

```
// 请求数据
get ({url, ...options}) {
    // options 为 fetch 的配置对象
    return fetch(url, Object.assign({method: 'GET'}, options))
        // 把数据解析为 ArrayBuffer 形式
        .then(result => result.arrayBuffer())
        // 返回一个 Uint8Array 数组
        .then(body => new Uint8Array(body));
}
// 发送数据
send ({url, withCredentials = false, ...options}) {
    return fetch(url, Object.assign({
        credentials: withCredentials ? 'include' : 'omit'
    }, options))
        .then(result => result.text());
}
```

注意：Fetch 是 Web 标准的 API，对其不了解的读者可以参考其他相关资料，本节不做展开介绍。

5.3.3　NetsTool 模块：基于 Nets 的网络工具

Nets 是一个可以工作在浏览器和 Node 环境中的 HTTP 客户端，NetsTool 是基于它封装而成的网络请求工具类，类中包括资源获取 get 及资源发送 send 两个方法。具体代码如下：

```
// 请求数据
get (reqConfig) {
    return new Promise((resolve, reject) => {
        // 加载 Nets 模块
        const nets = require('nets');
        nets(Object.assign({
            method: 'get'
        }, reqConfig), (err, resp, body) => {
            // body 默认是 Buffer
            if (err || Math.floor(resp.statusCode / 100) !== 2) {
                // 状态码不是以 2 开头
                reject(err || resp.statusCode);
            } else {
                resolve(body);
            }
        });
    });
}
```

细心的读者可能会问：Nets 包为何不是在文件开始引入呢？因为在代理工具 ProxyTool 中，只有 FetchTool 不可用的情况下才会使用到 NetsTool，因此对 Nets 及其依赖采取了延迟加载的策略。另外，send 的源码与 get 非常类似，在此就不做展示了，读者可以直接参考项目源代码，

🔔注意：Nets 在默认情况下返回的数据是 Buffer，可以通过配置参数{encoding: undefined} 将其关闭。

5.3.4　FetchWorkerTool 模块：基于任务的网络工具

在 Scratch-storage 的三种网络工具中，FetchWorkTool 是最复杂的一个，它涉及两个文件，我们首先从 FetchWorkerTool.worker.js 说起。FetchWorkTool 是任务接收者，主要负责四个方面的内容：环境支持性检测、接收任务并发送请求，以及将请求到的数据返回。接下来我们通过源码分别进行讲解。

环境支持性检测是指检测 FetchWorkTool 在当前执行环境是否可用，因为 FetchWork-Tool 是基于 fetch API 的，所以只需要判断 fetch 函数是否可用即可，其代码如下：

```
// 检测 fetch 是否可用
if (self.fetch) {
    // 发送当前环境支持消息
    postMessage({support: {fetch: true}});
    // 监听消息
    self.addEventListener('message', onMessage);
} else {
    // 发送当前环境不支持消息
    postMessage({support: {fetch: false}});
    // 监听消息
    self.addEventListener('message', ({data: job}) => {
        postMessage([{id: job.id, error: new Error('fetch is unavailable')}]);
    });
}
```

🔔注意：postMessage 和 addEventListener 是用于 Window 对象之间通信的 API，读者可以参考官方文档。

接收任务并发送请求是指接收到获取资源的任务消息，并启用 fetch 请求资源，如果需要开启周期调用，则将请求的结果保存到 complete 数组中，以待将结果返回给任务发出者。代码如下：

```
// 接收到任务消息
const onMessage = ({data: job}) => {
    // 如果没有待处理任务且周期调用没启用
    if (jobsActive === 0 && !intervalId) {
        // 启用周期调用
        registerStep();
    }
    // 自增待处理任务个数
    jobsActive++;
    // 发送请求获取数据
    fetch(job.url, job.options)
        .then(response => response.arrayBuffer())
        // 将数据信息存入 complete 中
        .then(buffer => complete.push({id: job.id, buffer}))
        // 将错误信息存入 complete 中
        .catch(error => complete.push({id: job.id, error}))
        // 完成一个任务，任务数自减
        .then(() => jobsActive--);
};
```

将请求的数据返回给任务发出者是通过周期调用完成的，registerStep 函数用于启用周期调用，在周期调用中，定期检查是否有已完成的任务，将已完成的任务结构发送给任务发起者。代码如下：

```
const registerStep = function () {
    intervalId = setInterval(() => {
        if (complete.length) {
            // 把任务结果发送给任务发起者
```

```
        postMessage(
            complete.slice(),
            complete.map(response => response.buffer).filter(Boolean)
        );
        complete.length = 0;
    }
    if (jobsActive === 0) {
        // 所有任务完成后，清除周期调用
        clearInterval(intervalId);
        intervalId = null;
    }
}, 1);
};
```

接下来开始讲解 FetchWorkTool.js，它是一个任务发起者，文件中定义了两个类，一个私有类 PrivateFetchWorkerTool，一个公共类 PublicFetchWorkerTool，文件对外暴露的是这个公共类。公共类是通过使用私有类的实例完成任务发送的，其内部没有实质性功能定义。核心代码如下：

```
// PublicFetchWorkerTool 的构造函数
constructor () {
    // 所有实例共享一个 PrivateFetchWorkerTool 的实例
    this.inner = PrivateFetchWorkerTool.instance;
}

// PrivateFetchWorkerTool 的取值函数
static get instance () {
    if (!this._instance) {
        // 私有类实例化
        this._instance = new PrivateFetchWorkerTool();
    }
    return this._instance;
}
```

任务的发送是通过私有类的 get 函数完成的，首先为每一个任务生成任务 ID，然后把任务 ID、请求地址及请求参数组装成一条消息发送出去，同时在 jobs 对象中增加一条任务信息。代码如下：

```
// PrivateFetchWorkerTool
get ({url, ...options}) {
    return new Promise((resolve, reject) => {
        // 生成任务 ID
        const id = Math.random().toString(16).substring(2);
        // 发出任务
        this.worker.postMessage({
            id,
            url,
            options: Object.assign({method: 'GET'}, options)
        });
        // 把新发出的任务保存到 jobs 对象中
        this.jobs[id] = {
            id,
```

```
            resolve,
            reject
        };
    })
        .then(body => new Uint8Array(body));
}
```

那么任务发起者是怎么接收任务结果的呢？它是通过侦听任务接收者的消息事件来获取的。接收到的消息有支持性检测结果和任务结果两种，任务结果需要根据消息的状态 resolve 资源数据或者 reject 错误。代码如下：

```
Constructor () {
    ......
    try {
        if (this.isGetSupported) {
            // 加载 FetchWorkerTool.worker.js
            const FetchWorker = require('worker-loader?{"inline":true,
"fallback":true}!.
            /FetchWorkerTool.worker');

            // 实例化
            this.worker = new FetchWorker();
            // 事件侦听
            this.worker.addEventListener('message', ({data}) => {
                // 接收到支持性检测结果
                if (data.support) {
                    this._workerSupport = data.support;
                    return;
                }
                for (const message of data) {
                    if (this.jobs[message.id]) {
                        if (message.error) {
                            // 返回错误
                            this.jobs[message.id].reject(message.error);
                        } else {
                            // 返回数据
                            this.jobs[message.id].resolve(message.buffer);
                        }
                        // 删除已完成任务
                        delete this.jobs[message.id];
                    }
                }
            });
        }
    } catch (error) {
        this._supportError = error;
    }
}
```

🔔注意：FetchWorkTool 工具不支持 send 方法，不可以发送数据到网络服务器上，有兴趣的读者可以实践一下。

5.4　小　　结

本章分别从目录结构、代码流程和源码分析三个层面对 Scratch-storage 进行了全面分析，其中涉及资源的内置存取和网络存取这两个核心点，以及网络存取的三个工具类，并且以创建资源、保存资源、加载资源三条主线对代码流程进行了梳理，相信通过本章的学习，读者能对 Scratch-storage 有更深的理解。

第 6 章　Scratch-gui：
图形化界面源码分析

在 Scratch 技术生态中，Scratch-gui 作为最外层模块与用户直接打交道，它通过将 Scratch-blocks、Scratch-vm、Scratch-render 及 Scratch-storage 等项目融合起来，为用户提供一个可以创建和运行 Scratch 3.0 工程的 UI 界面。整个 UI 界面是基于 React 技术栈开发的，其中涉及组件封装和状态管理等。本章将对 Scratch-gui 进行深入讲解，并对其源码进行分析。

本章涉及的主要内容如下。

- Scratch-gui 内容概述，对 Scratch-gui 从功能和技术层面进行整体性介绍。
- React 技术栈介绍，对 Scratch-gui 中用到的 React 等相关技术进行讲解。
- Scratch-gui 代码流程，从项目层面梳理 Scratch-gui 的整体执行流程。
- Scratch-gui 源码分析，以 Scratch-blocks 与 Scratch-vm 的连接为主线进行源码分析。

🔔注意：Scratch-gui 是一个基于 React 的项目。对 React 不太熟悉的读者阅读本章内容之前可以先了解相关书籍。

6.1　Scratch-gui 概述

直观来看，Scratch-gui 就是一个 UI 界面，用户可以基于它创建和运行 Scratch 3.0 工程，其中包括代码区、舞台区、角色区及菜单区。从技术层面来看，它融合了 Scratch 生态的 Scratch-blocks、Scratch-vm 和 Scratch-render 等核心技术，最终以 React 组件的形式为用户提供操作界面。

6.1.1　Scratch-gui 所处的位置

Scratch-gui 与 Scratch 生态的其他项目是有根本性区别的。在职责定位上，它不仅是一个为用户提供操作界面的 UI 项目，而且作为 Scratch 生态最外层的项目，负责把 Scratch-blocks、Scratch-vm、Scratch-render 及 Scratch-storage 等模块融合起来，各尽其职，共同为用户提供一个创作和运行 Scratch 3.0 工程的入口。

通过前面章节的学习大家应该都知道，Scratch-vm、Scratch-render 及 Scratch-storage 都是在 Scratch-gui 项目中被实例化的，并且实例化后的渲染引擎和存储引擎都被依附到虚拟机实例 VM 上，由 VM 统一控制资源的存储和舞台区域的绘制。那么 Scratch-blocks 与 Scratch-vm 是怎么发现关联的呢？这也是 Scratch-gui 项目最核心的部分，接下来将对这个话题进行详细探讨。

6.1.2　Scratch-gui 的主要内容

一个项目的职责决定着其中包含的内容，Scratch-gui 作为用户操作 Scratch 的最外层入口，它的首要职能是提供一个方便使用的 UI 界面。为了满足这个要求，在 Scratch-gui 的底层就需要把 Scratch-vm 虚拟机与 Scratch-blocks 代码块进行连接，然后根据用户的不同操作指令，把代码块的组合逻辑反映到虚拟机的状态上，最终控制舞台区域的正确绘制，实现整个闭环。

Scratch-gui 是一个基于 React 技术栈的前端项目，其中涉及 UI 组件和容器组件的封装、高阶组件的增强及与 Redux 状态管理的连接等。接下来我们就从 React 技术栈开始讲起，让大家熟悉一下项目中用到的一些关键技术，为流程梳理和源码分析打下良好的基础。

6.2　React 技术栈概述

React 是 Facebook 在 2013 年开源的 JavaScript 库，它把用户界面抽象成一个个组件，然后开发者通过组合这些组件，最终得到一个可交互的前端页面。其引入了一种新的 JSX 语法，使得组件复用变得非常容易。另外 React 是数据驱动的，通过与 Redux 的结合使数据流动更加清晰可控。

6.2.1　什么是 React

React 是一个声明式、高效且灵活的用于构建用户界面的 JavaScript 库，使用 React 可以将一些简短、独立的代码片段组合成复杂的 UI 界面，这些代码片段就称为"组件"。另外，React 与其他前端框架不同，它并不是一个完整的 MVC/MVVM 框架，它更专注于提供一个清晰、简洁的视图层解决方案，同时它又与模板引擎不同，除了 View 视图层，还包括 Controller 控制层的部分。

由于 DOM 的操作是非常昂贵的，在前端开发中，性能消耗最大的就是 DOM 操作。React 把真实的 DOM 树转换为 JavaScript 对象数，也就是虚拟 DOM，每次数据变化后重新计算虚拟 DOM，并与上一次生成的虚拟 DOM 进行对比，对发生变化的部分批量更新，从而提高了性能。

React 中提出的 JSX 是一种新的 JavaScript 语法扩展，它类似于模板语言，但又具有 JavaScript 的全部能力。它完美地利用了 JavaScript 自带的语法特性，并使用大家熟悉的 HTML 语法来创建虚拟元素。JSX 最终会被编译为 React.createElement 函数调用，返回一个表示虚拟元素的 JavaScript 对象。

6.2.2 React 关键技术

在 React 中，有一些核心概念需要重点关注，深入理解这些概念对于阅读 Scratch-gui 的源码有非常大的帮助。

- 组件化：组件允许将 UI 拆分为独立可复用的代码片段，并对每个片段进行独立构思。在 React 中，根据定义方式的不同，可以分为函数组件和类组件；根据功能的不同，可以分为 UI 组件和容器组件。
- props：组件从概念上类似于 JavaScript 函数，它接收的任意入参就可以看作是 props，当 React 元素为用户自定义组件时，它会将 JSX 所接收的属性转换为单个对象传递给组件，这个对象被称之为 props。另外需要注意的是，所有 React 组件都必须像纯函数一样保护它们的 props 不被更改。
- state：state 与 props 类似，但 state 是私有的，并且完全受控于当前组件。不要直接修改 state，而是要通过 setState 函数，该函数是唯一可以给 this.state 赋值的地方。另外，state 的更新可能是异步的。
- 生命周期：每个 React 组件都有自己的生命周期，根据广义定义可以分为挂载、渲染和卸载，当渲染后的组件需要更新时，会重新渲染组件，直至卸载。在生命周期的不同阶段提供了相应的生命周期方法，我们可以重写这些方法，以便在运行过程中的特定阶段执行相应的操作。
- context：其提供了一个无须为每层组件手动添加 props，就能在组件树间进行数据传递的方法。context 设计的目的是为了共享那些"全局"的数据。其主要应用场景在于很多不同层级的组件需要访问同样的数据，但是需要谨慎使用，因为这会使得组件的复用性变差。
- refs：其提供了一种方式，允许我们访问 DOM 节点或在 render 方法中创建的 React 元素。要避免使用 refs 来做任何可以通过声明式实现来完成的事情，除了这几种场景：管理焦点、文本选择或媒体播放、触发强制动画，以及集成第三方 DOM 库。ref 属性应用于 HTML 元素时，current 就指向底层的 DOM 元素，应用于类组件时，就指向当前的类实例，不可以在函数组件上使用 ref。React 还支持另外一种"回调 refs"，它不同于传递 createRef 创建的 ref 属性，而是传递一个函数，Scratch-gui 中 Scratch-blocks 的注入就是使用的这种方式获取的 DOM 元素。

- 静态类型检查：随着应用的不断复杂，可以通过类型检查捕获大量错误，React 内置了一些类型检查的功能，要在组件的 props 上进行类型检查，只需配置特定的 propTypes 属性即可。propTypes 提供了一系列验证器，可用于确保组件接收到的数据类型是有效的。
- 高阶组件：是 React 中用于复用组件逻辑的一种高级技巧，它自身不是 React API 的一部分，而是一种基于 React 的组合特性而形成的设计模式。具体而言，高阶组件是一个函数，参数为一个组件，返回值为增强的新组件。Scratch-gui 中用到了大量的高阶组件，如 Scratch-vm 的事件触发高阶组件，另外，Redux 中的连接函数 connect 也是一个高阶组件。

6.2.3　什么是 Redux

Redux 是一种 JavaScript 状态容器，提供可预测化的状态管理。Redux 由 Flux 演变而来，同时又避开了 Flux 的复杂性，非常容易上手，其主要由 Action、Reducer 及 store 三部分构成，其有三大原则。

- 单一数据源：整个应用的 state 被存储在一棵对象树中，并且这个对象树只存在于唯一一个 store 中。这使得同构应用变得容易，来自服务端的 state 不需要编写太多代码就可以注入客户端中。另外，受益于单一对象树，开发期间的调试及"撤销/重做"功能也变得简单。
- state 是只读的：唯一改变 state 的方法就是触发 action，Action 是一个用于描述已发生事件的普通对象。由此确保了视图和网络请求都不可以直接修改 state，它们只能表达想要修改的意图。所有 state 的修改都被集中化处理，并且严格按照一个接一个的顺序执行。
- 使用纯函数来执行修改：为了描述 Action 如何改变状态树，就需要编写 Reducer。Reducer 是纯函数，它接收先前的 state 及 Action，返回更改后的新 state。可以对其进行拆分，以操作状态树的不同部分。

6.2.4　react-redux 介绍

react-redux 是 Redux 官方提供的 React 绑定库，具有高效且灵活的特性。它并不是

Redux 的内置库，需要进行独立安装。其中关键的 API 如下。

- Provider：<Provider /> 使通过 connect 连接后的内嵌组件都可以访问 Redux 的 store，由于任何 React 组件都可以连接，所以大多数应用程序都会在顶层渲染 <Provider />，整个应用程序的组件都在其中。
- connect：用于将 React 组件连接到 Redux 的 store，它是一个高阶组件。connect 可以为其连接的组件提供所需要的数据片段及一些函数，数据片段来自于 store，这些函数可以用来将 Action 派发到 store。connect 并不会改变传递给它的组件类，而是返回一个新的已经与 Redux store 连接的组件类。
- connectAdvanced：也是用于将组件连接到 Redux 的 store，它是 connect 的基础，提供更高级的连接功能，大部分应用程序都应用不到此函数，因为 connect 的默认行为已经可以满足要求。
- batch：通过使用 batch 函数，可以确保在 React 之外的多个动作只产生一次渲染更新。
- hooks：React 的 hooks API 为函数组件提供了使用局部组件状态、执行副作用等功能，从 v7.1.0 版本开始，React-redux 也提供了一些 hook API 作为现在 connect 高阶组件的替代方案，这些组件允许订阅 Redux 的 store 及派发 Action，而不必将组件包裹在 connect 中。

6.3　Scratch-gui 代码结构与流程

Scratch-gui 的代码结构比较清晰，主要由组件部分、类库部分及页面部分构成。分析整个 Scratch-gui 项目的执行流程需要从页面的生成开始讲起，其中包括 Webpack 的构建、Scratch-blocks 的注入、Scratch-vm 的实例化等，其中最核心的内容是 Scratch-blocks 与 Scratch-vm 两者的连接，连接之后，我们编辑的 Scratch 代码块才被真正地翻译成指令，最终体现在舞台上。

6.3.1　Scratch-gui 代码结构

Scratch-gui 的代码结构比较简单，主要有 UI 组件、容器组件、样式、类库、页面及状态管理等。我们只分析源代码下的 src 目录，对其他部分不了解的读者，可以参考其他章节，src 目录结构如下：

- component：React 的 UI 组件部分，它通过 this.props 接收输入的数据并返回展示内容，内部不需要维护 state 状态。
- containers：React 的容器组件部分，其中除了使用外部数据，还可以维护组件内部的状态数据。

- css：一些全局排版样式和 CSS 公共变量的定义，变量包括颜色变量、z-index 变量及一些布局变量。
- examples：一个 Scratch 扩展的样例。
- lib：库文件夹，其中定义了一些工具类及高阶组件，如视频管理工具类、Scratch-vm 事件触发高阶组件。
- playground：页面相关的内容，其中包括页面组件、页面样式、页面模板及页面所需的 JS 文件。
- reducers：Redux 中的状态处理部分，其中包括 sction 的定义、Action 的生成及相应的状态改变。
- index.js：整个 Scratch-gui 项目最外层的文件，其中定义了对外导出的 API，以便第三方项目直接使用。

6.3.2　Scratch-gui 代码流程

分析 Scratch-gui 的代码流程，我们首先从 Webpack 的构建开始讲起。根目录下的 webpack.config.js 文件是 Webpack 的配置文件，其决定了打包的规则及页面的生成方式。核心配置代码如下：

```
......
// 打包入口
entry: {
    // react 和 react-dom 模块打包成 lib.min.js
    'lib.min': ['react', 'react-dom'],
    // index.jsx 打包成 gui.js
    'gui': './src/playground/index.jsx',
    'blocksonly': './src/playground/blocks-only.jsx',
    'compatibilitytesting': './src/playground/compatibility-testing.jsx',
    'player': './src/playground/player.jsx'
},
......
......
// Scratch-gui 主页面的生成
new HtmlWebpackPlugin({
    // 依赖的 chunks
    chunks: ['lib.min', 'gui'],
    // 模板文件
    template: 'src/playground/index.ejs',
    // 生成的 HTML 文件标题
    title: 'Scratch 3.0 GUI',
    // 哨兵配置
    sentryConfig: process.env.SENTRY_CONFIG ? '"' +
        process.env.SENTRY_CONFIG + '"' : null
}),
......
```

其中，entry 中定义了多个打包入口，最终会生成 lib.min.js 和 gui.js 等多个打包后的文件，以供不同的页面使用。

HtmlWebpackPlugin 是 Webpack 的插件，用于 HTML 文件的生成，其中定义了 Scratch-gui 主页面的生成方式，主页面以 index.ejs 为模板，并将 lib.min.js 和 gui.js 两个 chunk 包以 script 标签的形式插入页面中，同时定义了 title 页面标题和 sentryConfig 哨兵配置两个变量，以供模板文件使用。

在模板文件中，根据 title 参数设置页面标题，同时根据参数 sentryConfig 来配置 sentry，sentry 提供自托管和基于云的错误监视，帮助软件开发者实时发现、分类和优先处理错误。部分代码如下：

```
......
// 页面标题
<title><%= htmlWebpackPlugin.options.title %></title>
// 是否加入哨兵
<% if (htmlWebpackPlugin.options.sentryConfig) { %>
    // 接入 Sentry 以帮助发现代码问题
    <script src="https://cdn.ravenjs.com/3.22.1/raven.min.js" crossorigin=
"anonymous">
    </script>
    <script>
        Raven.config(<%= htmlWebpackPlugin.options.sentryConfig %>).install();
    </script>
<% } %>
......
```

注意：Sentry 已经有了新的 JavaScript 接入 SDK，如果有必要接入 Sentry，建议更改成最新的。

打包之后，在 Scratch-gui 的主页面 HTML 中有两个 script 标签，其中 lib.min.js 是 React 与 react-dom 类库生成的，gui.js 是以 playground/index.jsx 为入口文件，分析其所有依赖生成的。页面标签如下：

```
......
<script type="text/javascript" src="lib.min.js"></script>
<script type="text/javascript" src="chunks/gui.js"></script>
......
```

接下来我们从入口文件 playground/index.jsx 开始，来梳理整个 Scratch-gui 项目的执行流程。在入口文件中，首先创建页面根元素，然后进行浏览器支持性判断，如果浏览器满足要求，则引入 render-gui.js 文件，该文件对外导出一个默认函数 default，此时将新创建的页面根元素 appTarget 以参数的形式传递给此默认函数。核心代码如下：

```
......
// 引入浏览器支持性判定模块
import supportedBrowser from '../lib/supported-browser';
......
```

```
// 创建页面根元素
const appTarget = document.createElement('div');
appTarget.className = styles.app;
document.body.appendChild(appTarget);
// 判断浏览器是否支持
if (supportedBrowser()) {
    // 导入 GUI playground 的渲染文件
    require('./render-gui.jsx').default(appTarget);
} else {
    ......
}
```

📢 **注意**：不在文件顶部导入 render-gui.js 文件，是为了避免在不支持的浏览器中引入导致浏览器崩溃的代码。

render-gui.js 负责渲染 Scratch-gui 的 playground，在文件头部引入了 Redux 状态高阶组件和 GUI 容器组件，对外导出一个独立的函数，函数接收唯一的参数 appTarget 表示要渲染的根元素。

在函数执行过程中，首先对 GUI 组件执行了 Hash 解析和 Redux 状态高阶函数，然后把返回的增强组件 WrappedGui 通过 react-dom 渲染到根元素 appTarget 上。核心代码如下：

```
......
import {compose} from 'redux';
// 引入提供 Redux state 的高阶组件
import AppStateHOC from '../lib/app-state-hoc.jsx';
// 引入 GUI 容器组件
import GUI from '../containers/gui.jsx';
// 引入解析页面 Hash 的高阶组件
import HashParserHOC from '../lib/hash-parser-hoc.jsx';
......
// 导出默认渲染函数
export default appTarget => {
    // 绑定弹框到页面元素
    GUI.setAppElement(appTarget);
    // 连续执行两个高阶组件
    const WrappedGui = compose(
        AppStateHOC,
        HashParserHOC
    )(GUI);
    ......
    // 把组件渲染在页面上
    ReactDOM.render(
        ......
        <WrappedGui
            canEditTitle
            backpackVisible
            showComingSoon
            backpackHost={backpackHost}
            canSave={false}
            onClickLogo={onClickLogo}
```

```
        />,
        appTarget
    );
};
```

🔔**注意:** 以上代码中从 Redux 中引入了 compose 函数,其实跟 Redux 的 compose reducers 没有任何关系,compose 函数只是被当作一个工具函数来使用,从而使高阶组件构造函数的调用层次结构更加清晰。

在以上高阶组件中,HashParserHOC 为包裹的组件提供了获取工程 ID 的功能,该工程 ID 是从页面 URL 的 Hash 中获得的,Redux 状态高阶组件 AppStateHOC 的主要功能是在最外层组件注入 Redux store,使 React 的任一组件都可以访问 Redux 的 store。核心代码如下:

```
const AppStateHOC = function (WrappedComponent, localesOnly) {
    class AppStateWrapper extends React.Component {
        // 构造函数
        constructor (props) {
            ......
            // 创建 store
            this.store = createStore(
                reducer,
                initialState,
                enhancer
            );
        }
        ......
        // 渲染函数
        render () {
            ......
            return (
                <Provider store={this.store}>
                    <ConnectedIntlProvider>
                        <WrappedComponent
                            {...componentProps}
                        />
                    </ConnectedIntlProvider>
                </Provider>
            );
        }
    }
    ......
}
```

到目前为止,Scratch-gui 的最外层组件 WrappedGui 已经渲染到页面上了,至于容器组件 GUI 内部的执行流程,将在接下来的章节进行深入分析,以上整个执行过程的流程如图 6.1 所示。

接下来我们分析 containers/gui.jsx 中 GUI 容器组件的执行

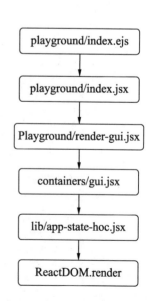

图 6.1　网络资源的加载流程

流程。gui.jsx 文件中首先定义了一个组件 GUI，然后通过 connect 与 Redux store 发生连接，返回一个新的组件 ConnectedGUI，之后对其分别实施以下高阶函数的调用。

（1）cloudManagerHOC：管理云服务器连接的高阶组件，为 Scratch-vm 的实例 VM 提供了连接到云服务器的功能，所使用的连接是 WebSocket 长连接。其中，连接到云服务器的代码如下：

```
// 连接到云数据服务器
connectToCloud () {
    // 新建一个云数据提供商
    this.cloudProvider = new CloudProvider(
        this.props.cloudHost,
        this.props.vm,
        this.props.username,
        this.props.projectId);

    // 为 VM 设置云数据提供商
    this.props.vm.setCloudProvider(this.cloudProvider);
}
```

> 注意：CloudProvider 创建并管理到 Scratch 云数据服务器的 Web 套接字连接，负责与 VM 的云输入/输出设备进行连接。

（2）vmManagerHOC：管理 Scratch-vm 实例的高阶组件，其中包括 VM 的初始化、VM 的开启及 VM 的工程加载，最后把 VM 实例以 props 的形式传递给被包裹组件。核心代码如下：

```
componentDidMount () {
    if (!this.props.vm.initialized) {
        // VM 初始化
        this.audioEngine = new AudioEngine();
        this.props.vm.attachAudioEngine(this.audioEngine);
        this.props.vm.setCompatibilityMode(true);
        this.props.vm.initialized = true;
        this.props.vm.setLocale(this.props.locale, this.props.messages);
    }
    // 进入编辑模式且 VM 没有开启
    if (!this.props.isPlayerOnly && !this.props.isStarted) {
        // 开启 VM
        this.props.vm.start();
    }
}

componentDidUpdate (prevProps) {
    if (this.props.isLoadingWithId && this.props.fontsLoaded &&
        (!prevProps.isLoadingWithId || !prevProps.fontsLoaded)) {
        // 加载工程
        this.loadProject();
    }
    ......
}
```

（3）vmListenerHOC：一个管理 Scratch-vm 事件监听和触发的高阶组件。需要注意的是，高阶组件的 componentDidMount 是在包装组件挂载后触发的。如果包装组件需要在 componentDidMount 中使用 VM，那么我们需要在加载包装组件之前开始监听，所以放在了构造函数里。核心代码如下：

```
......
// 部分 Action 生成器模块导入
Import {updateTargets} from '../reducers/targets';
import {updateBlockDrag} from '../reducers/block-drag';
......
constructor (props) {
    ......
    // 部分事件监听代码
    this.props.vm.on('targetsUpdate', this.handleTargetsUpdate);
    this.props.vm.on('MONITORS_UPDATE', this.props.onMonitorsUpdate);
    this.props.vm.on('BLOCK_DRAG_UPDATE', this.props.onBlockDragUpdate);
    ......
}

// 部分事件触发代码
const mapDispatchToProps = dispatch => ({
    onTargetsUpdate: data => {
        dispatch(updateTargets(data.targetList, data.editingTarget));
    },
    onMonitorsUpdate: monitorList => {
        dispatch(updateMonitors(monitorList));
    },
    onBlockDragUpdate: areBlocksOverGui => {
        dispatch(updateBlockDrag(areBlocksOverGui));
    }
    ......
});
```

（4）ProjectSaverHOC：提供工程保存功能的高阶组件，其中包括工程自动保存、工程更新和新建工程等。以新建工程为例，在组件每次更新后，根据状态判断是否创建新工程，创建工程的时候需要先将工程保存到仓库中，如果保存成功，则触发一个工程创建成功的 Action，否则先创建一个显示错误弹框的 Action，然后触发一个工程错误的 Action。核心代码如下：

```
// 组件更新后调用
componentDidUpdate (prevProps) {
    ......
    if (this.props.isCreatingNew && !prevProps.isCreatingNew) {
        // 在仓库中新建工程
        this.createNewProjectToStorage();
    }
    ......
}

createNewProjectToStorage () {
```

```
    // 存储新工程
    return this.storeProject(null)
        .then(response => {
            // 触发创建成功
            this.props.onCreatedProject(response.id.toString(), this.props.
loadingState);
        })
        .catch(err => {
            // 触发错误弹窗
            .this.props.onShowAlert('savingError');
            // 触发工程错误
            this.props.onProjectError(err);

        });
}

const mapDispatchToProps = dispatch => ({
    ......
    // 触发创建成功 Action
    onCreatedProject: (projectId, loadingState) =>
        dispatch(doneCreatingProject(projectId, loadingState)),

    // 触发工程错误 Action
    onProjectError: error => dispatch(projectError(error)),
    // 触发显示弹窗 Action
    onShowAlert: alertType => dispatch(showStandardAlert(alertType)),
    ......
});
```

（5）TitledHOC：通过此高阶组件的增强能力，返回的组件具有获取和设置工程标题的能力。

（6）ProjectFetcherHOC：此高阶组件提供通过 ID 加载工程的能力，如果没有工程 ID，则加载默认工程，并且是通过 Scratch-storage 加载的。

（7）QueryParserHOC：此高阶组件通过分析 URL 中的查询字符串，从中获取 tutorialId 参数并初始化 Redux 中 state 的状态，进而根据获取的"教程 ID"的不同值，以显示相应的教程内容。

（8）FontLoaderHOC：为包裹的组件提供加载字体能力的高阶组件，通过浏览器的字体加载接口完成加载。

（9）ErrorBoundaryHOC：提供错误边界能力的高阶组件，给出浏览器崩溃信息或者错误弹框提示。

（10）LocalizationHOC：提供组件本地化能力的高阶组件，接收一个 onSetLanguage 回调函数，该函数在语言环境更改的时候调用。在返回的组件中使用了第三方库 react-intl，来提供国际化上下文。

至此，containers/gui.jsx 导出的 GUI 容器组件已经具备了以上 10 种高阶组件所提供的

能力，最后为文件 render-gui.jsx 渲染使用。以上高阶组件执行的顺序为从 1 到 10。代码
如下：

```
// 对 ConnectedGUI 执行高阶组件增强
const WrappedGui = compose(
    LocalizationHOC,
    ErrorBoundaryHOC('Top Level App'),
    FontLoaderHOC,
    QueryParserHOC,
    ProjectFetcherHOC,
    TitledHOC,
    ProjectSaverHOC,
    vmListenerHOC,
    vmManagerHOC,
    cloudManagerHOC
)(ConnectedGUI)
```

在文件 containers/gui.jsx 中定义的 GUI 组件，引用了定义在文件 components/gui/gui.jsx
中的 GUIComponent 组件，其中定义了整个 Scratch-gui 页面的布局，接下来我们对其进行
流程分析。

Scratch-gui 的整个页面以区域来分，分为菜单、选项卡、代码区、造型区、声音区、
背包区、舞台区及目标窗格 8 个大的区域，它们分别对应的 React 组件是 MenuBar、Tabs、
Blocks、CostumeTab、SoundTab、Backpack、StageWrapper 及 TargetPane，具体如图 6.2～
图 6.4 所示。

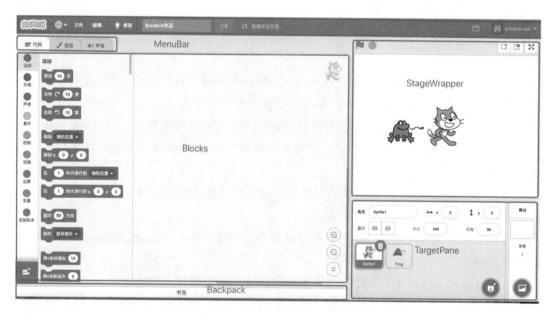

图 6.2 显示代码块的页面布局

图 6.3 显示造型的页面布局

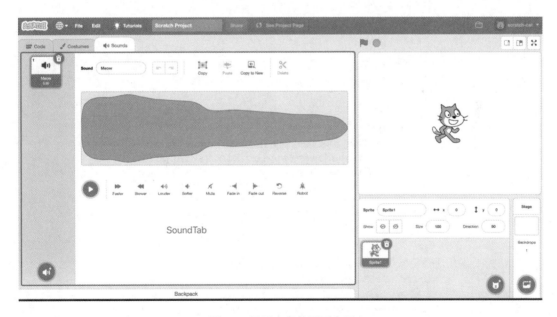

图 6.4 显示声音的页面布局

GUIComponent 组件是一个函数组件，根据 props 参数返回页面的内容，如果有子元素，则直接返回子元素内容，否则按照不同的状态显示相应的页面内容。其中，函数返回的主要代码如下：

```
const GUIComponent = props => {
    // 获取 props 属性，忽略 dispatch
    const {
        ......
        children,
        vm,
        ...componentProps
    } = omit(props, 'dispatch');
    // 如果有 children 属性，页面直接返回其内容
    if (children) {
        return <Box {...componentProps}>{children}</Box>;
    }
    // 判断 Scratch-render 的支持性
    if (isRendererSupported === null) {
        isRendererSupported = Renderer.isSupported();
    }
    //
    return (<MediaQuery minWidth={layout.fullSizeMinWidth}>{isFullSize => {
        ......
        return isPlayerOnly ? (
            // 只展示舞台区
            <StageWrapper>
            ......
            </StageWrapper>
        ) : (
        <Box>
            ......
            // 顶部菜单
            <MenuBar />
            ......
            <Tabs>
                ......
                // 代码区
                <TabPanel className={tabClassNames.tabPanel}>
                    <Box className={styles.blocksWrapper}>
                        <Blocks
                            canUseCloud={canUseCloud}
                            grow={1}
                            isVisible={blocksTabVisible}
                            options={{
                                media: `${basePath}static/blocks-media/`
                            }}
                            stageSize={stageSize}
                            vm={vm}
                        />
                    </Box>
                    ......
                </TabPanel>
                // 造型区
                <TabPanel className={tabClassNames.tabPanel}>
                    {costumesTabVisible ? <CostumeTab vm={vm} /> : null}
                </TabPanel>
                // 声音区
                <TabPanel className={tabClassNames.tabPanel}>
```

```
                {soundsTabVisible ? <SoundTab vm={vm} /> : null}
            </TabPanel>
        </Tabs>
        // 背包区
        {backpackVisible ? (
            <Backpack host={backpackHost} />
        ) : null}
    </Box>
    ......
    // 舞台区域
    <StageWrapper
        isRendererSupported={isRendererSupported}
        isRtl={isRtl}
        stageSize={stageSize}
        vm={vm}
    />
    // 目标区
    <Box className={styles.targetWrapper}>
        <TargetPane
            stageSize={stageSize}
            vm={vm}
        />
    <Box>
    ......
    }</MediaQuery>);
};
```

6.4　Scratch-gui 核心代码分析

Scratch-gui 作为用户操作界面，其核心由 Scratch-blocks 的注入及它与 Scratch-vm 的连接两部分组成，Scratch-blocks 为用户提供了编程入口，Scratch-vm 控制着舞台的变化，只有实现了两者的连接，上层用户的操作才变得有意义。接下来我们将以这两个核心为主线进行详细的代码分析。

Blocks 组件定义在 containers/blocks.jsx 文件中，它负责把 Scratch-blocks 注入页面上，其在整个 Scratch-gui 项目中处于非常重要的地位，接下来我们将以源码为基础对其进行详细的介绍。在文件的开始是一些依赖模块的引入，笔者对其中每个模块的具体含义进行了说明，具体如下：

```
// 为多个函数绑定 this 值
import bindAll from 'lodash.bindall';
// 函数节流，延期调用目标更新函数
import debounce from 'lodash.debounce';
// 对象的复制
import defaultsDeep from 'lodash.defaultsdeep';
// 生成 toolbox 的 XML 文档
import makeToolboxXML from '../lib/make-toolbox-xml';
```

```
// 组件 props 的运行时类型检查
import PropTypes from 'prop-types';
// 导入 React 库
import React from 'react';
// 连接 Scratch-blocks 与 Scratch-vm
import VMScratchBlocks from '../lib/blocks';
// 导入 Scratch-vm，本文件只在 props 类型检测中用到了
import VM from 'scratch-vm';
// 控制台日志输出
import log from '../lib/log.js';
// 弹出框提示
import Prompt from './prompt.jsx';
// 注入 Scratch-blocks 的 div 元素
import BlocksComponent from '../components/blocks/blocks.jsx';
// 扩展页面
import ExtensionLibrary from './extension-library.jsx';
// 扩展所用的数据
import extensionData from '../lib/libraries/extensions/index.jsx';
// 自制代码块
import CustomProcedures from './custom-procedures.jsx';
// 错误提示高阶组件
import errorBoundaryHOC from '../lib/error-boundary-hoc.jsx';
// 舞台大小的名称（large、small、largeConstrained）
import {STAGE_DISPLAY_SIZES} from '../lib/layout-constants';
// 高阶组件，使组件能够对某些对象的拖放做出反应
// 这些对象存储在 assetDrag Redux 状态中
import DropAreaHOC from '../lib/drop-area-hoc.jsx';
// 对拖曳做出反应的资源类型常量
import DragConstants from '../lib/drag-constants';
// 定义动态块
import defineDynamicBlock from '../lib/define-dynamic-block';
// 实现组件与 Redux store 的连接
import {connect} from 'react-redux';
// 创建一个 Action，用于更新 Toolbox
import {updateToolbox} from '../reducers/toolbox';
// 创建一个 Action，用于激活颜色选择器
import {activateColorPicker} from '../reducers/color-picker';
// 创建一个 Action，用于关闭扩展库，打开录音机，打开连接设备模态框
import {closeExtensionLibrary, openSoundRecorder, openConnectionModal} from
    '../reducers/modals';
// 创建两个 Action，分别用于激活和关闭自制代码块
import {activateCustomProcedures, deactivateCustomProcedures} from
    '../reducers/custom-procedures';
// 创建两个 Action，分别用于设置连接模态框扩展 ID
import {setConnectionModalExtensionId} from '../reducers/connection-modal';
// 创建两个 Action，分别用于激活声音 Tab 标签
import {
    activateTab,
    SOUNDS_TAB_INDEX // 声音 Tab 索引值 2
} from '../reducers/editor-tab';
```

在组件 Blocks 的构造函数中，首先调用父类的构造函数，然后执行 Scratch-vm 与

Scratch-block 的连接，返回连接后的实例 ScratchBlocks，这是一个关键，所有内容都是基于它开始展开的。

　　接下来为组件内的函数绑定 this 值、覆盖 Scratch-blocks 的一些默认处理函数、初始化组件状态、对目标更新处理函数进行节流处理，以及初始化一个 toolbox 更新函数队列，以保证更新函数顺序执行。

　　Scratch-blocks 的默认 prompt 函数是基于 window.prompt 实现的，状态按钮回调函数 statusButtonCallback 默认是基于 window.alert 实现的，在这里都进行了相应的覆盖处理。组件构造函数代码如下：

```
constructor (props) {
    super(props);
    // Scratch-blocks 与 Scratch-vm 连接
    this.ScratchBlocks = VMScratchBlocks(props.vm);
    // 绑定 this 值
    bindAll(this, [
        'attachVM',
        'detachVM',
        ......
    ]);
    // 覆盖 Scratch-blocks 的默认处理函数
    this.ScratchBlocks.prompt = this.handlePromptStart;
    this.ScratchBlocks.statusButtonCallback = this.handleConnectionModalStart;
    // 增加录音的回调
    this.ScratchBlocks.recordSoundCallback = this.handleOpenSoundRecorder;
    // 初始化组件内状态
    this.state = {
        workspaceMetrics: {},
        prompt: null
    };
    // 目标更新节流处理
    this.onTargetsUpdate = debounce(this.onTargetsUpdate, 100);
    // toolbox 更新函数队列
    this.toolboxUpdateQueue = [];
}
```

　　在组件加载完成之后的 componentDidMount 生命周期函数中，主要进行了两件事情，其一是把 ScratchBlocks 注入页面，然后就是实现 VM 与 ScratchBlocks 的相互连接。代码如下：

```
componentDidMount () {
    // 设置颜色滴管回调函数，默认为 null
    this.ScratchBlocks.FieldColourSlider.activateEyedropper_ =
        this.props.onActivateColorPicker;

    // 创建自定义代码块的回调函数，默认为一个空函数
    this.ScratchBlocks.Procedures.externalProcedureDefCallback =
        this.props.onActivateCustomProcedures;
```

```
// 为 ScratchMsgs 消息设置语言
this.ScratchBlocks.ScratchMsgs.setLocale(this.props.locale);
// 生成 workspace 的配置对象
const workspaceConfig = defaultsDeep({},
    Blocks.defaultOptions,
    this.props.options,
    {rtl: this.props.isRtl, toolbox: this.props.toolboxXML}
);
// 将 ScratchBlocks 注入到页面
this.workspace = this.ScratchBlocks.inject(this.blocks, workspaceConfig);
// 获取 toolbox 内的工作区
const toolboxWorkspace = this.workspace.getFlyout().getWorkspace();
// 定义创建变量和列表的回调函数
const varListButtonCallback = type =>
    (() => this.ScratchBlocks.Variables.createVariable(this.workspace,
null, type));

// 定义创建自定义块的回调函数
const procButtonCallback = () => {
    this.ScratchBlocks.Procedures.createProcedureDefCallback_(this.
workspace);
};
// 注册"创建变量"按钮的回调函数
toolboxWorkspace.registerButtonCallback('MAKE_A_VARIABLE',
    varListButtonCallback(''));

// 注册"创建列表"按钮的回调函数
toolboxWorkspace.registerButtonCallback('MAKE_A_LIST', varListButton
Callback('list'));
// 注册"创建新的代码块"按钮的回调函数
toolboxWorkspace.registerButtonCallback('MAKE_A_PROCEDURE',
    procButtonCallback);

// 存储 toolbox 的 XML
this._renderedToolboxXML = this.props.toolboxXML;
// 为"设置 toolbox 是否可以刷新"函数绑定执行环境
this.setToolboxRefreshEnabled = this.workspace.setToolboxRefreshEnabled.
    bind(this.workspace);

// 设置 toolbox 为不可刷新
this.workspace.setToolboxRefreshEnabled = () => {
    this.setToolboxRefreshEnabled(false);
};

// 为工作区的转变绑定处理函数
addFunctionListener(this.workspace, 'translate', this.onWorkspace
MetricsChange);
// 为工作区的缩放绑定处理函数
addFunctionListener(this.workspace, 'zoom', this.onWorkspaceMetrics
Change);
// 连接 VM
this.attachVM();
// 当 Blocks 可见时,设置 Blocks 和 VM 的语言
```

```
    if (this.props.isVisible) {
        this.setLocale();
    }
}
```

以上代码中的 this.attachVM 函数实现了 VM 与 ScratchBlocks 的连接，当其中一方发生变化或者发生某些事件的时候，可以告知另一方执行相应的操作，中间是通过事件绑定的方式实现的。

例如，当 ScratchBlocks 的主工作区发生变化的时候，可以告知 VM 为当前编辑目标处理一个块事件。当 VM 触发一个代码块发光事件 BLOCK_GLOW_ON 的时候，告知 ScratchBlocks 对某个具体的代码块执行颜色更改，以实现发光的效果。具体代码及事件说明如下：

```
attachVM () {
    // 当 main workspace 发生改变时，调用 VM 的 blockListener
    this.workspace.addChangeListener(this.props.vm.blockListener);
    // 获取 Flyout 中的的 workspace
    this.flyoutWorkspace = this.workspace.getFlyout().getWorkspace();
    // 当 Flyout 中的 workspace 发生改变时，调用 VM 的 flyoutBlockListener
    // 和 monitorBlockListener 函数
    this.flyoutWorkspace.addChangeListener(this.props.vm.flyoutBlock
Listener);
    this.flyoutWorkspace.addChangeListener(this.props.vm.monitorBlock
Listener);

    // 当 VM 触发相应事件时，执行 Blocks 的相应函数
    // 脚本发光开启事件（可以是 topBlock 下的多个代码块）
    this.props.vm.addListener('SCRIPT_GLOW_ON', this.onScriptGlowOn);
    // 脚本发光关闭事件
    this.props.vm.addListener('SCRIPT_GLOW_OFF', this.onScriptGlowOff);
    // 代码块发光开启事件
    this.props.vm.addListener('BLOCK_GLOW_ON', this.onBlockGlowOn);
    // 代码块发光关闭事件
    this.props.vm.addListener('BLOCK_GLOW_OFF', this.onBlockGlowOff);
    // 可视值报告事件
    this.props.vm.addListener('VISUAL_REPORT', this.onVisualReport);
    // 工作区更新事件
    this.props.vm.addListener('workspaceUpdate', this.onWorkspaceUpdate);
    // 目标更新事件
    this.props.vm.addListener('targetsUpdate', this.onTargetsUpdate);
    // 增加扩展事件
    this.props.vm.addListener('EXTENSION_ADDED', this.handleExtensionAdded);
    // blocksInfo 更新事件
    this.props.vm.addListener('BLOCKSINFO_UPDATE', this.handleBlocksInfo
Update);
    // 外围设备已连接事件
    this.props.vm.addListener('PERIPHERAL_CONNECTED',
        this.handleStatusButtonUpdate);
```

```
    // 外围设备断开连接事件
    this.props.vm.addListener('PERIPHERAL_DISCONNECTED',
        this.handleStatusButtonUpdate);
}
```

有关 Blocks 组件中的事件处理函数这里就不一一解析了，接下来分析下组件的渲染函数 render。在函数的开始，首先获取所需要的 props 属性，并根据情况对其做处理或者直接传递给子组件。

render 函数返回的 JSX 部分主要分为四大模块：Scratch-blocks 的挂载容器 DroppableBlocks、弹出框组件 Prompt、扩展库页面 extensionLibraryVisible，以及自定义代码块页面 CustomProcedures。其中只有 DroppableBlocks 是常驻的，其余三部分是根据状态值控制显示和隐藏的。代码如下：

```
render () {
    // 获取 props 属性值
    const {
        anyModalVisible,
        canUseCloud,
        customProceduresVisible,
        extensionLibraryVisible,
        options,
        stageSize,
        vm,
        isRtl,
        isVisible,
        onActivateColorPicker,
        onOpenConnectionModal,
        onOpenSoundRecorder,
        updateToolboxState,
        onActivateCustomProcedures,
        onRequestCloseExtensionLibrary,
        onRequestCloseCustomProcedures,
        toolboxXML,
        // 剩余的 props 整体传递给子组件 DroppableBlocks
        ...props
    } = this.props;
    return (
        // 整个 Blocks 组件的 JSX 部分
        <React.Fragment>
            // Scratch-blocks 的挂载点
            <DroppableBlocks
                // 传递 ref 函数给包裹组件 BlocksComponent
                componentRef={this.setBlocks}
                onDrop={this.handleDrop}
                {...props}
            />
            // 显示弹窗
            {this.state.prompt ? (
                <Prompt
                    defaultValue={this.state.prompt.defaultValue}
                    isStage={vm.runtime.getEditingTarget().isStage}
```

```
                    label={this.state.prompt.message}
                    showCloudOption={this.state.prompt.showCloudOption}
                    showVariableOptions={this.state.prompt.showVariableOptions}
                    title={this.state.prompt.title}
                    vm={vm}
                    onCancel={this.handlePromptClose}
                    onOk={this.handlePromptCallback}
                />
            ) : null}
            // 显示扩展库页面
            {extensionLibraryVisible ? (
                <ExtensionLibrary
                    vm={vm}
                    onCategorySelected={this.handleCategorySelected}
                    onRequestClose={onRequestCloseExtensionLibrary}
                />
            ) : null}
            // 显示自定义代码块页面
            {customProceduresVisible ? (
                <CustomProcedures
                    options={{
                        media: options.media
                    }}
                    onRequestClose={this.handleCustomProceduresClose}
                />
            ) : null}
        </React.Fragment>
    );
}
```

其中，DroppableBlocks 是一个经过高阶组件 DropAreaHOC 包裹之后的组件，当存储在 assetDrag Redux 状态中的对象拖放时，此组件可以做出相应的反应。例如，拖曳过程中使拖曳区域高亮，拖曳结束后执行 onDrop 函数。

在本例中设置的拖曳类型为 BACKPACK_CODE，当拖曳结束后，发送网络请求获得代码块，然后将代码块添加到当前编辑目标上，最后刷新工作区及更新工具箱。核心代码如下：

```
......
// 引入相关模块
import BlocksComponent from '../components/blocks/blocks.jsx';
import DropAreaHOC from '../lib/drop-area-hoc.jsx';
......
// 调用高阶组件
const DroppableBlocks = DropAreaHOC([
    // 只对.BACKPACK_CODE 类型的拖放做出反应
    DragConstants.BACKPACK_CODE
])(BlocksComponent);
......
// 渲染
<DroppableBlocks
    componentRef={this.setBlocks}
    onDrop={this.handleDrop}
```

```
        {...props}
    />
    ......
    // 传递给 onDrop 的函数
    handleDrop (dragInfo) {
        // 请求网络资源
        fetch(dragInfo.payload.bodyUrl)
            .then(response => response.json())
            // 将获取的代码块加到编辑目标上
            .then(blocks => this.props.vm.shareBlocksToTarget(blocks,
                this.props.vm.editingTarget.id))
            .then(() => {
                // 用当前编辑对象的代码块重新填充 workspace
                this.props.vm.refreshWorkspace();
                // 更新 toolbox 以显示新的变量或自定义块
                this.updateToolbox();
            });
    }
```

接下来我们需要讨论的一个问题是：Scratch-blocks 到底是通过哪些步骤注入页面的？我们首先从注入函数 inject 开始，它接收两个参数，第一个是挂载到的元素节点，第二个是配置对象。代码如下：

```
// scratch-gui/src/containers/blocks.jsx
// 将 Scratch-blocks 挂载到页面的 this.blocks 元素中
this.workspace = this.ScratchBlocks.inject(this.blocks, workspaceConfig);
```

那么 this.blocks 元素是在哪里生成的呢？在 blocks.jsx 文件中有一个 setBlocks 函数，其代码如下：

```
// scratch-gui/src/containers/blocks.jsx
// 设置挂载元素 this.blocks
setBlocks (blocks) {
    this.blocks = blocks;
}
```

setBlocks 是在什么时机调用的呢？参数是什么？我们继续分析。在 render 函数中，setBlocks 以 props 的形式传递给了高阶组件 DroppableBlocks，属性名为 componentRef。代码如下：

```
// scratch-gui/src/containers/blocks.jsx
<DroppableBlocks
    // props
    componentRef={this.setBlocks}
    ......
/>
```

在 DroppableBlocks 组件内部，componentRef 被一个名为 setRef 的函数所接收，并进行了调用，而 setRef 又以名为 containerRef 的 props 被传递给了包裹组件 BlocksComponent。相关代码如下：

```
// scratch-gui/src/lib/drop-area-hoc.jsx
setRef (el) {
    this.ref = el;
    if (this.props.componentRef) {
        // 调用
        this.props.componentRef(this.ref);
    }
}

// WrappedComponent 其实就是 BlocksComponent
<WrappedComponent
    // props
    containerRef={this.setRef}
    dragOver={this.state.dragOver}
    {...componentProps}
/>
```

接下来我们分析组件 BlocksComponent，其内部非常简单，在接收到 containerRef 之后没有做任何处理，直接以名为 componentRef 的 props 又传递给了子组件 Box。部分代码如下：

```
// scratch-gui/src/components/blocks/blocks.jsx
......
import Box from '../box/box.jsx';
......
// 函数组件 BlocksComponent
const BlocksComponent = props => {
    // 获取 props
    const {
        containerRef,
        dragOver,
        ...componentProps
    } = props;
    return (
        <Box
            className={classNames(styles.blocks, {
                [styles.dragOver]: dragOver
            })}
            {...componentProps}
            // 赋值
            componentRef={containerRef}
        />
    );
};
```

Box 组件是一个函数组件，其内部主要是通过函数 React.createElement 创建并返回指定类型的 React 元素。元素类型 element 默认为 div，其中最关键的一点是将接收到的 props 属性 componentRef 传递给了 ref。

ref 是 React 中的一个概念，它有一种使用方式是"回调 refs"，是指为 ref 传递一个函数，React 将在组件挂载时，调用 ref 回调函数，并传入 DOM 元素。因此，最外层组件 DroppableBlocks 的 setBlocks 函数得以调用，Scratch-blocks 获得了挂载元素 div。Box 组件的核心代码如下：

```
const Box = props => {
    const {
        ......
        // 父组件传递来的引用函数
        componentRef,
        direction,
        // 元素类型
        element,
        ......
        style,
        ...componentProps
    } = props;
    // 创建元素
    return React.createElement(element, {
        className: classNames(className, styles.box),
        // ref 属性
        ref: componentRef,
        ......
        ...componentProps
    }, children);
};
// Box 组件的默认 props
Box.defaultProps = {
    // 元素类型默认为 div
    element: 'div',
    style: {}
};
```

至此，Scratch-blocks 已经完成了页面的注入，细心的读者可能已经发现，在 Blocks 组件中，注入页面的其实不是原生的 Scratch-blocks，而是引用了文件/scratch-gui/src/lib/blocks.js 中的 VMScratchBlocks。它主要进行了 Scratch-blocks 与 Scratch-vm 的连接及性能优化的工作，接下来我们将举例进行分析。

1. 代码块与VM的连接

连接也分为两类，第一类是对代码块进行了重新初始化定义，如控制类的 create_clone_of_menu 代码块，用于复制舞台的角色，其初始化函数被覆盖。源码如下：

```
ScratchBlocks.Blocks.control_create_clone_of_menu.init = function () {
    // 重新生成用于描述代码块的结构化数据
    const json = jsonForMenuBlock('CLONE_OPTION', cloneMenu, controlColors, []);
    // 调用 Blockly.Block 的代码块初始化函数
    this.jsonInit(json);
};
```

以上 jsonForMenuBlock 是一个为菜单块生成 JSON 描述的函数，其接收 4 个参数，第一个参数为下拉菜单的名字，第二个参数为生成菜单项的函数，第三个参数为代码块的颜色值对象，第四个参数为菜单项的初始值，函数最终生成一个可以描述代码块的 JSON 结构。代码如下：

```
const jsonForMenuBlock = function (name, menuOptionsFn, colors, start) {
    return {
        message0: '%1',
        args0: [
            {
                type: 'field_dropdown',
                // 名字
                name: name,
                options: function () {
                    // 下拉菜单选项
                    return start.concat(menuOptionsFn());
                }
            }
        ],
        inputsInline: true,
        output: 'String',
        // 颜色
        colour: colors.secondary,
        colourSecondary: colors.secondary,
        colourTertiary: colors.tertiary,
        outputShape: ScratchBlocks.OUTPUT_SHAPE_ROUND
    };
};
```

其中，菜单生成函数 cloneMenu 用于生成可以复制的目标选项，这个时候就要考虑到 VM 的当前状态，也就是所谓的与 Scratch-vm 的连接，因为可以复制的对象是随着虚拟机的状态而改变的。

如果当前编辑对象是舞台，可复制的菜单选项就是舞台上的所有角色，如果当前编辑对象是某个角色，那么可复制的菜单选项就是 myself 和舞台上的其他所有角色。cloneMenu 函数代码如下：

```
const cloneMenu = function () {
    // 当前编辑对象是舞台
    if (vm.editingTarget && vm.editingTarget.isStage) {
        // 生成除去舞台和当前编辑对象的目标菜单
        const menu = spriteMenu();
        if (menu.length === 0) {
            // 返回空菜单以匹配 Scratch 2 的行为
            return [['', '']];
        }
        return menu;
    }
    // 根据当前语言翻译 myself
    const myself = ScratchBlocks.ScratchMsgs.translate(
        'CONTROL_CREATECLONEOF_MYSELF', 'myself');

    // 拼装上返回菜单
    return [[myself, '_myself_']].concat(spriteMenu());
};
```

以上代码中的 **spriteMenu** 是一个角色菜单生成函数,其根据当前 VM 运行时的状态生成除去舞台和当前编辑目标的角色菜单,同时复制出来的角色也是不考虑在内的。函数代码如下:

```
const spriteMenu = function () {
    const sprites = [];
    // 循环 VM 运行时的所有目标
    for (const targetId in vm.runtime.targets) {
        // 如果没有此 targetId 属性,开始下一次循环
        if (!vm.runtime.targets.hasOwnProperty(targetId)) continue;
        // 必须是原始目标,不能是复制出来的
        if (vm.runtime.targets[targetId].isOriginal) {
            // 不可以是舞台
            if (!vm.runtime.targets[targetId].isStage) {
                // 跳过当前编辑目标
                if (vm.runtime.targets[targetId] === vm.editingTarget) {
                    continue;
                }
                // 增加一条选项
                sprites.push([vm.runtime.targets[targetId].sprite.name,
                    vm.runtime.targets[targetId].sprite.name]);
            }
        }
    }
    // 返回角色选项
    return sprites;
};
```

📖 **注意**:为什么不考虑当前编辑目标,因为如果当前编辑目标是舞台,则不可以复制;如果是角色,在外层函数 cloneMenu 中会拼装上 myself。

以上是第一类连接,第二类是重新定义 Scratch-blocks 中预留的函数,例如在 toolbox 中有一些监控代码块,用来监控角色的变化,这些监控块旁边都有一个复选框,用于设置是否开启监控。

在 Scratch-blocks 的 VerticalFlyout 模块中,预留了一个 getCheckboxState 函数,用于获取监控代码块是否开启的状态,函数内并没有实际逻辑,直接返回了 false,即未开启。getCheckboxState 函数代码如下:

```
// scratch-blocks/core/flyout_vertical.js
Blockly.VerticalFlyout.getCheckboxState = function() {
    return false;
};
```

但是在 Scratch-gui 真实的使用场景下,需要根据 VM 的运行状态进行监控代码块状态的判断。因此在重新定义后的函数中,接收唯一的参数 blockId,通过代码块 ID 判断其是否在当前 VM 运行时监控块队列中,如果在,继续判断其开启状态,否则返回 false。函数代码如下:

```
// scratch-gui/src/lib/blocks.js
ScratchBlocks.VerticalFlyout.getCheckboxState = function (blockId) {
    // 获取监控块
    const monitoredBlock = vm.runtime.monitorBlocks. blocks[blockId];
    // 返回监控状态
    return monitoredBlock ? monitoredBlock.isMonitored : false;
};
```

另外一个类似的函数是获取扩展的状态 getExtensionState，在 Scratch-blocks 中也是提供了一个初始函数，直接返回未就绪状态，在外部使用的时候，需要重写此函数。函数代码如下：

```
// scratch-blocks/core/flyout_extension_category_header.js
Blockly.FlyoutExtensionCategoryHeader.getExtensionState = function() {
    // 直接返回未就绪
    return Blockly.StatusButtonState.NOT_READY;
};
```

在 Scratch-gui 中，对此函数进行了覆盖，新函数接收扩展 ID 为参数，然后通过 ID 判断其是否有一个当前已经连接的外围设备，如果有则返回就绪状态，否则返回未就绪状态。代码如下：

```
// scratch-gui/src/lib/blocks.js
ScratchBlocks.FlyoutExtensionCategoryHeader.getExtensionState = function
(extensionId) {
    // 扩展是否已经有连接完成的外围设备
    if (vm.getPeripheralIsConnected(extensionId)) {
        // 就绪
        return ScratchBlocks.StatusButtonState.READY;
    }
    // 未就绪
    return ScratchBlocks.StatusButtonState.NOT_READY;
};
```

在 Scratch-blocks 的音符输入字段 FieldNote 中，有一个函数的作用是弹出一个与所选琴键相对应的音符，函数内部没有任何操作，直接返回，外部使用需要对其进行覆盖。其代码如下：

```
// scratch-blocks/core/field_note.js
Blockly.FieldNote.playNote_ = function() {
    return;
};
```

在 Scratch-gui 中对其覆盖后，接收两个参数，第一个参数 noteNum 为音符号，第二个参数 extensionId 为播放音符的扩展 ID，在函数内部触发 PLAY_NOTE 事件，以告知 VM 播放音符。代码如下：

```
// scratch-gui/src/lib/blocks.js
ScratchBlocks.FieldNote.playNote_ = function (noteNum, extensionId) {
    // 触发播放音符的事件
    vm.runtime.emit('PLAY_NOTE', noteNum, extensionId);
};
```

2．性能优化

性能优化也分为两个部分，第一部分是对两个字符串之间比较的优化。在 Scratch-blocks 的工具模块 scratchBlocksUtils 中，有一个 compareStrings 函数用于比较两个字符串的大小，其内部是通过 String 的原型方法 localeCompare 进行比较的。函数代码如下：

```
// scratch-blocks/core/scratch_blocks_utils.js
Blockly.scratchBlocksUtils.compareStrings = function(str1, str2) {
    return str1.localeCompare(str2, [], {
        sensitivity: 'base',
        numeric: true
    });
};
```

由于每一次字符串比较，在 localeCompare 的内部都会创建一个 Intl.Collator 实例，因此可以创建一个公用的 Intl.Collator 来应对所有比较，进而提高浏览器的效率。优化后的代码如下：

```
// scratch-gui/src/lib/blocks.js
// 创建一个公共实例 collator
const collator = new Intl.Collator([], {
    sensitivity: 'base',
    numeric: true
});
// 覆盖 Scratch-blocks 中的 compareStrings 函数
ScratchBlocks.scratchBlocksUtils.compareStrings = function (str1, str2) {
    // 比较并返回结果
    return collator.compare(str1, str2);
};
```

另外一个优化是三维转换支持性判断，因为在 Scratch-blocks 中提供了一种优化拖曳的方案，这个方案需要浏览器支持三维转换，因此会有一个支持性判断函数 is3dSupported。代码如下：

```
// scratch-blocks/core/utils.js
Blockly.utils.is3dSupported = function() {
    // 如果有之前的缓存结果，直接返回结果
    if (Blockly.utils.is3dSupported.cached_ !== undefined) {
        return Blockly.utils.is3dSupported.cached_;
    }
    // 没有获取计算样式函数，直接返回 false
    if (!goog.global.getComputedStyle) {
        return false;
    }
    // 创建一个元素
    var el = document.createElement('p');
    var has3d = 'none';
    var transforms = {
        'webkitTransform': '-webkit-transform',
        'OTransform': '-o-transform',
```

```
        'msTransform': '-ms-transform',
        'MozTransform': '-moz-transform',
        'transform': 'transform'
    };
    // 将元素添加到 body 以获取计算样式
    document.body.insertBefore(el, null);
    // 循环判断
    for (var t in transforms) {
        if (el.style[t] !== undefined) {
            el.style[t] = 'translate3d(1px,1px,1px)';
            var computedStyle = goog.global.getComputedStyle(el);
            // 计算样式为空
            if (!computedStyle) {
                document.body.removeChild(el);
                return false;
            }
            has3d = computedStyle.getPropertyValue(transforms[t]);
        }
    }
    document.body.removeChild(el);
    // has3d 不为 none 即是支持
    Blockly.utils.is3dSupported.cached_ = has3d !== 'none';
    return Blockly.utils.is3dSupported.cached_;
};
```

因为支持 Scratch-gui 的浏览器都支持三维转换，因此可以省去此判断，从而减少第一个加载的事件。覆盖后的函数代码如下：

```
// scratch-gui/src/lib/blocks.js
ScratchBlocks.utils.is3dSupported = function () {
    // 直接返回 true
    return true;
};
```

6.5　小　　结

Scratch-gui 是一个基于 React 技术栈的前端项目，它为用户提供了一个可以创建和运行 Scratch 3.0 工程的 UI 界面，其内部最核心的部分是实现了 Scratch-blocks 与 Scratch-vm 的连接，用户通过拖动代码块进行编程，然后将程序转换为虚拟机内部的状态，最终控制舞台区的变化。此项目官方还在持续开发中，只要底层不变，读者可以根据自己的项目需要对其 UI 层进行重构和优化。

第 7 章　Scratch 生态其他项目

前面章节中我们对 Scratch-blocks、Scratch-vm、Scratch-render、Scratch-storage 及 Scratch-gui 等项目进行了深入讲解并做了源码分析，在这些项目中也引用了一些 Scratch 生态的其他项目，包括绘图编辑器、音频引擎及工程解析等，本章我们将对它们进行概括性讲解。

本章涉及的主要内容如下。

- Scratch-paint 概述，介绍 Scratch-paint 提供的绘图编辑器所包含的主要功能。
- Scratch-audio 概述，介绍 Scratch-audio 怎样实现声音播放和乐器演奏的效果。
- Scratch-parser 概述，介绍 Scratch-parser 是怎样解析和验证 Scratch 项目的。

> 🔔注意：本章只对项目进行概括性讲解，不做深入的源码分析，有兴趣的读者可以以此为引子，自行对源码进行分析。

7.1　Scratch-paint：绘图编辑器

Scratch-paint 为我们提供了一个"绘图编辑器"的 React 组件，通过它可以获取和输出 SVG 或者 PNG 图片。组件提供了矢量图和位图两种操作模式，并且彼此可以切换。Scratch-gui 的造型选项卡就用到了此组件。

7.1.1　Scratch-paint 目录结构

在 src 目录下是 Scratch-paint 的源码部分，由于它是一个基于 React 和 Redux 技术栈的项目，因此其目录结构与 Scratch-gui 有几分相似，接下来将对其目录进行介绍。

- components：展示组件部分，其中最核心的组件是 paint-editor。
- containers：容器组件部分，其中整个项目提供的最外层的组件定义在文件 paint-editor.jsx 中。
- reducers：Redux 代码部分，包括 Action 和 reducer。

- css：包含共享的 CSS 样式，一般的样式文件都在组件文件的旁边。
- helper：包含容器组件使用的纯 JavaScript，如果想改变某些模块的工作方式，可以在这里查找，如单击 Group 按钮的代码在 helper/group.js 中。
- hocs：高阶组件部分，例如复制/粘贴高阶组件、撤销高阶组件及键盘快捷键高阶组件等都定义在这里。
- lib：库文件部分，其中包含一些工具函数和常量定义，例如获取事件的 x 和 y 坐标，以及消息定义等。
- log：日志模块，基于 minilog 的一个控制台分级日志工具，方便代码调试。
- playground：一个 Scratch-paint 的使用案例代码。

7.1.2　Scratch-paint 使用方法

在 src 下的 index.js 中，Scratch-paint 对外暴露了两个接口，一个是最外层"绘图编辑器"组件 PaintEditor ，一个是 reducer。具体代码如下：

```
import PaintEditor from './containers/paint-editor.jsx';
import ScratchPaintReducer from './reducers/scratch-paint-reducer';
export {
    // 默认导出容器组件
    PaintEditor as default,
    // 导出 reducer
    ScratchPaintReducer
};
```

在使用 Scratch-paint 的时候，需要将组件 PaintEditor 引入到项目中并设置需要的 prop。示例代码如下：

```
import PaintEditor from 'scratch-paint';
......
<PaintEditor
    image={optionalImage}
    imageId={optionalId}
    imageFormat='svg'
    rotationCenterX={optionalCenterPointX}
    rotationCenterY={optionalCenterPointY}
    rtl={true|false}
    onUpdateImage={handleUpdateImageFunction}
    zoomLevelId={optionalZoomLevelId}
/>
```

从以上代码中可以看出，可以在父组件上对 PaintEditor 传递很多 prop，其中核心的 props 及其作用如表 7.1 所示。

表 7.1　PaintEditor中常用prop属性说明

属　　性	说　　明
image	图像，可以是一个SVG字符串或者Base64的数据URI
imageId	图像ID，如果该参数发生更改，将清除绘图编辑器中的内容，重置撤销堆栈，并重新导入图像
imageFormat	图像格式，目前只支持SVG、PNG和JPG三种
rotationCenterX	相对于左上角的旋转中心x坐标
rotationCenterY	相对于左上角的旋转中心y坐标
rtl	如果设置为true，绘图编辑器从右向左布局
onUpdateImage	每次编辑绘图时，使用新的图像（SVG字符串或者ImageData）调用的处理函数
zoomLevelId	缩放ID，如果不设置就是不进行缩放

将 ScratchPaintReducer 引入，并放入项目最外层的 combineReducers 中。示例代码如下：

```
// reducer.js
......
import {ScratchPaintReducer} from 'scratch-paint';
......
export default combineReducers({
    ......
    // 名字必须是 scratchPaint
    scratchPaint: ScratchPaintReducer
});
```

注意：Scratch-paint 期望它的状态都在 state.scratchPaint 下，所以在上面合并 reducer 的时候名字必须是 scratchPaint。

例如，在FillMode 容器组件的mapStateToProps 中，对状态的获取都是基于state.scratchPaint 的。示例代码如下：

```
const mapStateToProps = state => ({
    // 都是将 state.scratchPaint 下的状态映射为 props
    fillModeGradientType: state.scratchPaint.fillMode.gradientType,
    fillColor: state.scratchPaint.color.fillColor,
    fillColor2: state.scratchPaint.color.fillColor2,
    hoveredItemId: state.scratchPaint.hoveredItemId,
    isFillModeActive: state.scratchPaint.mode === Modes.FILL,
    selectModeGradientType: state.scratchPaint.color.gradientType
});
```

把合并后的reducer引入，通过 Redux 的 createStore 函数创建 store，然后通过 react-redux 的高阶组件 Provider 把 store 引入项目的最外层组件中，从而使得所有的子组件都可以连接到 store。最后通过 react-dom 的 ReactDOM 将组件渲染在页面元素中，运行效果如图 7.1 所示。核心代码如下：

```
import {createStore} from 'redux';
Import reducer from 'reducers';
import {Provider} from 'react-redux';
import ReactDOM from 'react-dom';

// 创建 store
const store = createStore(
    reducer,
    ......
    intlInitialState,
);
......
// 把根组件渲染在元素 dom 中
ReactDOM.render((
    // 引入 store
    <Provider store={store}>
        <Roo t/>
    </Provider>
), dom);
```

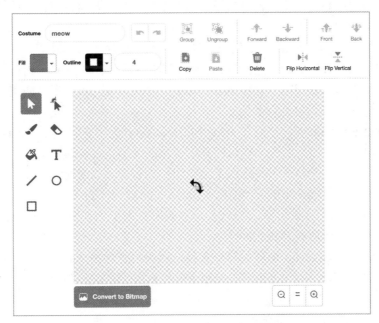

图 7.1　Scratch-paint 的运行效果图

7.2　Scratch-audio：音频引擎

　　Scratch-audio 是 Scratch 的音频引擎，用于在 Scratch 3.0 项目中播放声音以及控制音频效果。它是被附加在 Scratch-vm 虚拟机中使用的。目前该项目还处于早期阶段，还没有准备好 pull request（代码拉取请求）。

7.2.1 Scratch-audio 目录结构

Scratch-audio 的源码目录非常简单，src 下只有一个 effects 文件夹和一些 JavaScript 文件，接下来针对每个文件进行概括介绍。

- effects/Effect.js：一个对音频播放器及其所有声音播放器的效果基础类。
- effects/EffectChain.js：可以应用于一组声音播放器的效果链。
- effects/PanEffect.js：平移效果，将声音在扬声器之间左右移动，效果值为-100 代表将音频完全放在左侧通道上，效果值为 0 表示中间，效果值为 100 代表将音频完全放在右侧通道上。
- effects/PitchEffect.js：指音高变化效果，通过改变声音的播放速率来改变其音高，降低播放速率会降低音高，提高播放速率会提高音高，同时声音的持续时间也会随着音高的变化而改变。
- effects/VolumeEffect.js：音量效果，控制声音的大小。
- ADPCMSoundDecoder.js：解码已用 ADPCM 格式压缩的 WAV 文件，虽然 Web 浏览器有很多音频格式的本地解码器，但是 ADPCM 是 Scratch 早期使用的非标准格式，因此这个解码也是有必要的。
- ArrayBufferStream.js：定义了 ArrayBufferStream 类，它封装了 JavaScript 内置的 ArrayBuffer，增加了像流一样访问其中数据的能力，跟踪其位置。用户可以请求从数组前面读取一个值，它将跟踪字节数组中的位置，以便连续读取。可以读取的类型包括 Uint8、Uint8String、Int16、Uint16、Int32 及 Uint32。
- AudioEngine.js：音频引擎，它只有一个实例，用于处理全局音频属性和效果，为精灵的声音加载所有音频缓冲区。
- index.js：Scratch-audio 最外层导出文件，用于对外导出 AudioEngine。
- log.js：基于第三方包 minilog 的控制台分级日志工具。
- Loudness.js：从本地麦克风检测音量值的工具类。
- SoundBank.js：可以播放的声音库。
- SoundPlayer.js：声音播放器。
- StartAudioContext.js：开启 Web 音频 API 的 AudioContext。
- uid.js：全局唯一的 ID 生成器。

7.2.2 Scratch-audio 在 Scratch-gui 中的使用

在 Scratch 中，Scratch-audio 的实例化是在 Scratch-gui 中进行的，是被附加到 Scratch-vm

上使用的，接下来将讲解整个使用过程及其使用场景。

在 Scratch-gui 项目中，一共有两处引用并实例化了 Scratch-audio，下面分别对其进行介绍。

（1）sound-library.jsx：其中主要进行了声音的解码和播放，首先是音频引擎的实例化。代码如下：

```
// 引入音频引擎
import AudioEngine from 'scratch-audio';
......
componentDidMount () {
    // 实例化音频引擎
    this.audioEngine = new AudioEngine();
    ......
}
// 光标进入时播放声音
handleItemMouseEnter (soundItem) {
    const md5ext = soundItem._md5;
    const idParts = md5ext.split('.');
    const md5 = idParts[0];
    const vm = this.props.vm;
    // 停止播放上一次声音
    this.stopPlayingSound();
    // 从网络上加载声音
    this.playingSoundPromise = vm.runtime.storage.load(
        vm.runtime.storage.AssetType.Sound, md5)

        .then(soundAsset => {
            const sound = {
                md5: md5ext,
                name: soundItem.name,
                format: soundItem.format,
                data: soundAsset.data
            };
            // 通过音频引擎解码声音，并把它解压成音频样本
            // 同时创建一个用于播放声音的 SoundPlayer
            return this.audioEngine.decodeSoundPlayer(sound);
        })
        .then(soundPlayer => {
            // 将播放器连接到音频引擎
            soundPlayer.connect(this.audioEngine);
            // 播放声音
            soundPlayer.play();
            // 侦听停止事件
            soundPlayer.addListener('stop', this.onStop);
            if (this.playingSoundPromise !== null) {
                // 设置声音正在播放
                this.playingSoundPromise.isPlaying = true;
            }
            // 返回声音播放器
            return soundPlayer;
```

```
        });
    }
```

（2）vm-manager-hoc.jsx：其中使用的音频引擎是附加到 Scratch-vm 实例上的，下面从音频引擎的实例化开始分析。代码如下：

```
// 引入音频引擎
import AudioEngine from 'scratch-audio';
......
componentDidMount () {
    if (!this.props.vm.initialized) {
        // 实例化音频引擎
        this.audioEngine = new AudioEngine();
        // 为 Scratch-vm 设置音频引擎
        this.props.vm.attachAudioEngine(this.audioEngine);
        ......
    }
    ......
}
```

在以上为 VM 设置音频引擎的函数 attachAudioEngine 内，调用了运行时的同名函数。代码如下：

```
// scratch-vm/src/virtual-machine.js
attachAudioEngine (audioEngine) {
    // 为运行时设置音频引擎
    this.runtime.attachAudioEngine(audioEngine);
}
......
// scratch-vm/src/engine/runtime.js
attachAudioEngine (audioEngine) {
    // 设置 audioEngine 实例
    this.audioEngine = audioEngine;
}
```

在 Scratch-vm 中，使用到 audioEngine 的地方有多处，下面以从音频引擎中获取声音缓冲区为例来介绍。代码如下：

```
// scratch-vm/src/virtual-machine.js
// 获取声音缓冲区
getSoundBuffer (soundIndex) {
    // 获取声音 ID
    const id = this.editingTarget.sprite.sounds[soundIndex].soundId;
    // 声音 ID、运行时及音频引擎都存在
    if (id && this.runtime && this.runtime.audioEngine) {
        // 通过声音 ID 在音频仓库中获取声音播放器
        // 然后返回其解码后的音频缓冲区
        return this.editingTarget.sprite.soundBank.getSoundPlayer(id).buffer;
    }
    return null;
}
```

7.3 Scratch-parser：解析验证工具

Scratch-parser 是一个用于解包、解析、验证及分析 Scratch 工程的 Node 模块，如果执行成功，将返回一个带有附加元数据的有效 Scratch 工程对象。在 Scratch-vm 加载工程和增加精灵的时候用到了 Scratch-parser。

7.3.1 Scratch-parser 目录结构

Scratch-parser 的源码目录非常简单，除了最外层的 index.js，就是一个 lib 文件夹，下面将对每个源码文件进行概述。

- lib/parse.js：将字符串转换为工程对象，目前只是对 JSON.parse 的简单封装，未来这个方法会进行扩展以支持 Scratch 1.4 文件格式。
- lib/sb2_definitions.json：Scratch 2.0 工程和精灵的定义。
- /lib/sb2_schema.json：Scratch 2.0 工程模式。
- /lib/sb3_definitions.json：Scratch 3.0 工程和精灵的定义。
- /lib/sb3_schema.json：Scratch 3.0 工程模式。
- /lib/sprite2_schema.json：Scratch 2.0 精灵模式。
- /lib/sprite3_schema.json：Scratch 3.0 精灵模式。
- /lib/unpack.js：定义了一个输入处理函数，如果输入是一个字符串，将该字符串传递给指定的回调函数；如果输入是一个缓冲区，将其转换成 UTF-8 字符串；如果输入以 zip 格式进行了编码，则进行提取和解码操作。
- /lib/unzip.js：解压缩一个 zip 文件。
- /lib/validate.js：根据定义的模式对输入进行有效性验证。
- index.js：Scratch-parser 的最外层导出文件，对外导出一个函数，用于解包、解析、验证及分析 Scratch 工程。

7.3.2 Scratch-parser 在 Scratch-vm 中的使用

在 Scratch-vm 中，有两个场景中用到了 Scratch-parser，一个是从 SB2、SB3 文件或者 JSON 字符串中加载 Scratch 工程，另一个是从 sprite2 或者 sprite3 加载一个精灵，下面分别进行介绍。

（1）加载 Scratch 工程：验证器的第二个参数为 false，用于告知验证器输入为整个工程，而不是单个精灵。核心代码如下：

```
// scratch-vm/src/virtual-machine.js
loadProject (input) {
    ......
    // 引入验证器
    const validate = require('scratch-parser');
    // 解析并验证输入
    validate(input, false, (error, res) => {
        // 验证失败
        if (error) return reject(error);
        // 验证成功
        resolve(res);
    });
    ......
}
```

（2）加载精灵：验证器的第二个参数为 true，用于告知验证器输入为单个精灵。核心代码如下：

```
addSprite (input) {
    ......
    // 引入验证器
    const validate = require('scratch-parser');
    // 解析并验证输入
    validate(input, true, (error, res) => {
        // 验证失败
        if (error) return reject(error);
        // 验证成功
        resolve(res);
    });
    ......
}
```

📖注意：以上两种场景的唯一区别在于验证器的第二个参数，true 代表输入为单个精灵，false 代表输入是整个工程。

7.4 小　　结

本章简单介绍了 Scratch 生态的几个小的项目，其中包括绘图编辑器 Scratch-paint、音频引擎 Scratch-audio 及 Scratch 工程解析验证工具 Scratch-parser。它们虽然不像第一篇介绍的项目那么复杂，但是在整个 Scratch 技术生态中也起到了非常关键的作用。受篇幅所限，还有很多项目没有介绍，如 Scratchjr、Scratch-www 等，读者可以根据本章的思路自行进行分析。

推荐阅读

推荐阅读